高等学校电子信息类专业系列教材

现代交换原理与技术

师向群　孟庆元　编著

西安电子科技大学出版社

内 容 简 介

交换技术是现代通信网的核心技术之一，交换技术的发展决定了整个通信网的发展。本书介绍了现代通信网中几种主要交换技术。全书共六章，涉及到的内容有：交换和通信网的概念，通信网中常用的交换技术，数字程控交换原理、程控交换设备软硬件结构及工作原理，信令的基本概念和 No.7 信令系统，分组交换和帧中继基本原理及相关技术，ATM 交换原理、TCP/IP 协议及多协议标签交换 MPLS，下一代网络体系结构及软交换技术。书中各章后均附有习题，可作为课堂教学的延续。

本书可作为高等学校通信和电子类相关专业高年级学生的教材，也可作为通信领域工程技术人员的参考书。

图书在版编目(CIP)数据

现代交换原理与技术/师向群，孟庆元编著.
—西安：西安电子科技大学出版社，2013.9(2022.2 重印)
ISBN 978-7-5606-3158-5

Ⅰ.① 现…　Ⅱ.① 师…　② 孟…　Ⅲ.① 通信交换—高等学校—教材
Ⅳ.① TN91

中国版本图书馆 CIP 数据核字(2013)第 213011 号

策　　划　李惠萍
责任编辑　李惠萍　党宏亮
出版发行　西安电子科技大学出版社（西安市太白南路 2 号）
电　　话　(029)88202421　88201467　　邮　　编　710071
网　　址　www.xduph.com　　电子邮箱　xdupfxb001@163.com
经　　销　新华书店
印刷单位　陕西日报社
版　　次　2013 年 9 月第 1 版　2022 年 2 月第 3 次印刷
开　　本　787 毫米×1092 毫米　1/16　印张 15
字　　数　351 千字
印　　数　6001～7000 册
定　　价　35.00 元
ISBN 978－7－5606－3158－5 / TN
XDUP 3450001-3

前　言

交换技术是现代通信网的核心技术。交换的发展决定了整个通信网的发展。本书从现代通信网的角度，以电路交换技术和No.7信令系统为基础，重点分析数字程控交换技术，进而讨论分组交换、ATM交换、IP技术及软交换技术等当今发展成熟、实用的交换技术。在本书的编写中，力求做到内容通俗易懂，知识覆盖面全，注重基本概念和基本原理。由浅入深，理论与技术并重，在每一章的开始都简要介绍本章的重点及难点，每一章的结尾都有小结，对本章的主要内容进行总结，适合学习者自学。

全书共分为六章。第一章概论，介绍了交换及通信网的基本概念，并对现有通信网常用的交换技术做了简要概述，后续的章节将围绕本章的内容展开详细讲解。第二章电路交换及程控数字交换系统，围绕电路交换技术的相关内容展开讲解，重点讲解程控数字交换机的基本功能、实现原理、硬件功能模块、控制部件特点、软件呼叫流程等。第三章信令系统，介绍了信令的概念及分类、用户线信令、中国No.1信令，重点讲解No.7信令系统，包括No.7信令分层体系结构，No.7信令消息结构、功能及No.7信令网等。第四章分组交换技术，主要介绍了分组交换的基本原理、分组交换网的典型应用X.25协议及帧中继的基本工作原理；第五章ATM与IP交换技术，对ATM交换原理、信元结构和ATM交换机进行了介绍，重点讲解TCP/IP协议及MPLS交换技术。第六章软交换技术，主要介绍了以软交换为核心的下一代网络的主要特点，软交换的基本概念、体系结构、主要协议等。

本书由师向群、孟庆元、赵庆林编著，师向群主持全书编写工作，制定编写大纲并编写了第1、2、3章内容，孟庆元编写第4、5章，赵庆林编写第6章，并参与讨论、制定大纲，全书由师向群统稿总成。

在本书编写过程中参考了参考文献中的相关书籍及资料，在此向这些书籍及资料的编者表示衷心的感谢，还要感谢所有对本书编写与出版给予帮助的同事及朋友。

通信技术发展迅速，加之作者水平有限，书中疏漏及不当之处在所难免，敬请读者批评指正。

作者电子邮箱：sxq@zsc.edu.cn

作　者

2013年7月

前言

目　　录

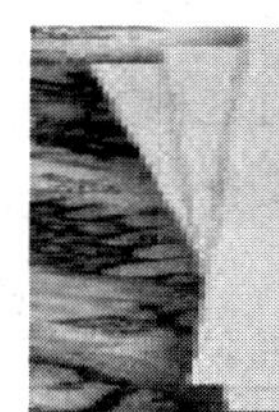

第一章　概　　论

在学习现代交换原理与技术之前，首先要了解什么是交换，交换与通信网之间有什么关系，现代通信网中主要用到哪些交换技术。本章主要介绍交换及通信网的基本概念、通信网的构成要素，并对现有网络中常用的交换技术做了简要概述，为后续章节做好铺垫。

1.1　交换与通信网

1.1.1　点对点通信到多点通信

通信在不同的环境下有不同的解释，在出现电波传递通信后，通信(Communication)被单一地解释为信息的传递，指由源点向目的点进行信息的传输与交换，其目的是传输消息。在各种各样的通信方式中，利用“电”来传递消息的通信方法称为电信(Telecommunication)，由此构成的系统就是电信系统。

一个最简单的电信系统由发送或接收信息的终端和传送信息的传输媒介组成，如图 1-1 所示。终端将包含信息的消息，如语音、数据、图像等，转换成可以被传输媒介接收的电信号，同时将来自传输媒介的电信号还原成原始消息；传输媒介则把电信号从一个终端传送到另一个终端。这种只涉及两个终端的通信称为点对点通信。

图 1-1　点对点通信

然而，现实通信中要求有成千上万的用户之间能实现相互通信。那么，要想实现多个用户之间的相互通信，最直接的方法就是把所有的终端用户两两相连，如图 1-2 所示。这样的连接方式称为全互连方式。全互连方式是一种最简单、最直接的连接方式，但存在下列问题：

(1) 当存在 N 个终端时，需要的连接线对数为 $N(N-1)/2$，连接线对的数量随终端数的平方增加。

(2) 当这些终端分别位于相距很远的两地时，两地之间需要大量的长途线路。

(3) 当需要增加第 $N+1$ 个终端时，必须增设 N 对线路。

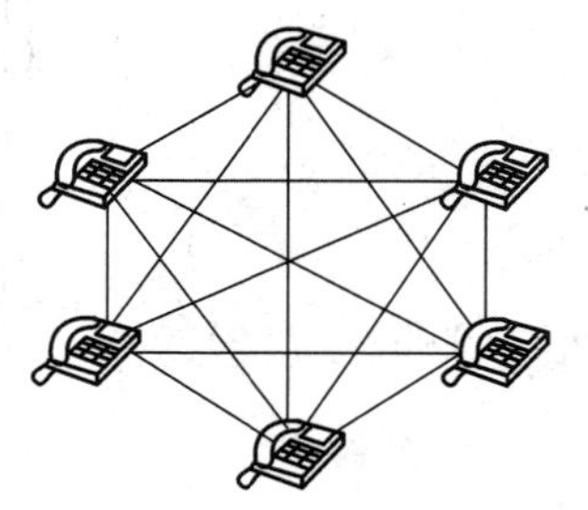

图 1-2　用户间全互连

(4) 每个终端都有 $N-1$ 对线与其他终端相连接，因而每个终端都需要有 $N-1$ 个线路接口。

上述问题将随着用户数量的增加而变得更加突出。因此在实际应用中，采用这种方法实现多个用户之间的通信是不现实的，也是不可能实现的。为此，引入了交换设备，每个终端不再相互互连，而是把每个终端用各自专用的线路连接到交换设备上，如图 1-3 所示。

图 1-3 中的交换设备(也称为交换机)相当于一个开关，当任意两个用户需要通信时，该设备可以将这两个用户之间的通信线路连通(称为"接续")，让用户进行通信。当用户通信完毕后，该设备又可以把两个用户之间的通信线路断开。由此可以看出，交换设备能够完成任意两个用户之间交换信息的任务。

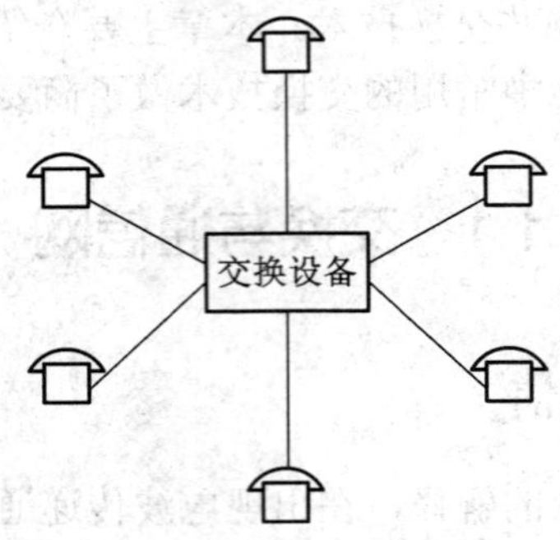

图 1-3　引入交换设备的多用户通信

1.1.2　以交换为核心的通信网

当引入交换设备后，用户之间的通信方式就由点对点通信转变成通信网(Communication Network)。通信网是一种使用交换设备和传输设备，将地理上分散的终端设备相互连接起来实现通信和信息交换的系统。也就是说，有了交换系统才能使某一地区内任意两个终端相互接续，才能组成通信网。

最简单的通信网仅包含一台交换机，如图 1-4 所示。每个终端(电话机或通信终端)通过一条专用用户线与交换机中的相应接口相连接。

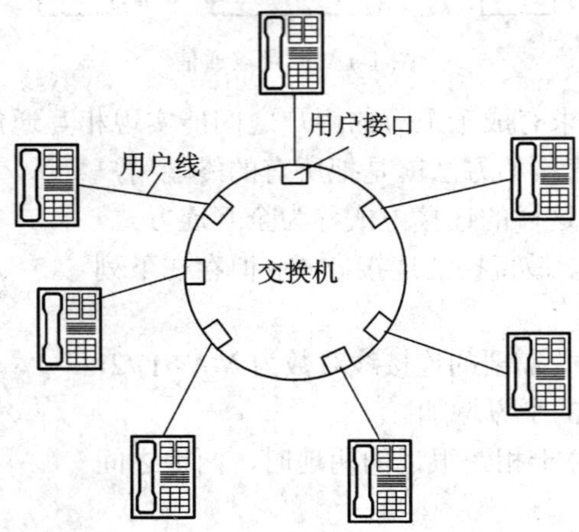

图 1-4　由一台交换机组成的通信网

由交换机组成的交换式通信网的一个重要优点是很容易组成大型网络。例如，当终端数目很多，且分散在相距较远的地方时，可以用交换机组成如图 1-5 所示的通信网。以电话通信网为例：网中直接连接电话机或终端的交换机称为本地交换机或市话交换机，相应的交换局称为端局或市话局；仅与各交换机连接的交换机称为汇接交换机。当各交换机之间的距离很远，必须用长途线路连接时，这种情况下的汇接交换机也称为长途交换机。交换机之间的线路称为中继线(Trunk Line)。显然，长途交换设备仅涉及交换机之间的通信，而市内交换设备则既涉及交换机之间的通信，也涉及与用户终端之间的通信。类似地，市内的汇接交换机也只涉及交换机之间的通信。

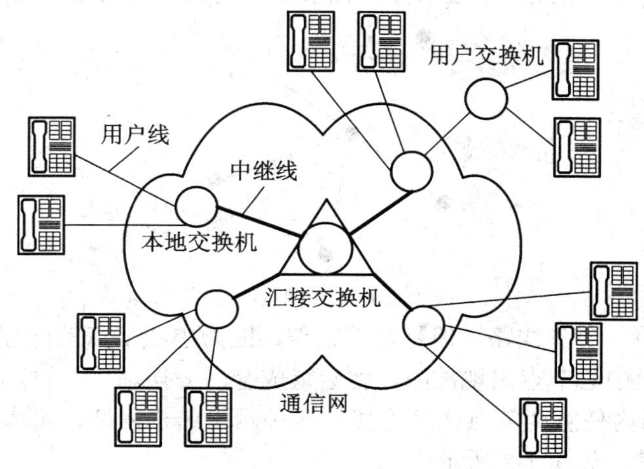

图 1-5　由多台交换机组成的通信网

1. 通信网的构成要素

从前面的分析可以看出，通信网是由一定数量的节点(包括终端设备和交换设备)和连接节点的传输链路组成的通信和信息交换系统，如图 1-6 所示。

图 1-6　通信网的构成要素

通信网的构成要素有三种：

(1) 终端设备，完成信号的发送和接收、信号变换与匹配。

(2) 交换设备，完成信号的交换，节点链路的汇集、转接、分配。交换设备是现代通信网的核心，起着关键性的作用。

(3) 传输设备，为信息的传输提供传输信道，并将网络节点连接在一起。常用传输系统的硬件组成包括线路接口设备、传输媒介、交叉连接设备等。

2. 通信网的分类

通信网从不同的角度有不同的分类方式，主要有以下五种分类方法。

(1) 按照业务种类，分为电话网、电报网、数据通信网、广播电视网等。

(2) 按照传输信号的特征，分为数字通信网、模拟通信网。

(3) 按照运营方式，分为公用通信网、专用通信网。

(4) 按照传送模式的不同，分为电话传送网、分组传送网、异步传送网。

(5) 按照传送媒介的不同，分为有线通信网、无线通信网。

3. 通信网的基本结构

通信网的基本结构主要有星型网、网状网、树型网、环型网、总线型网、复合型网。

(1) 星型网：以一个节点为中心节点，该节点与其他节点相连，如图 1-7 所示。

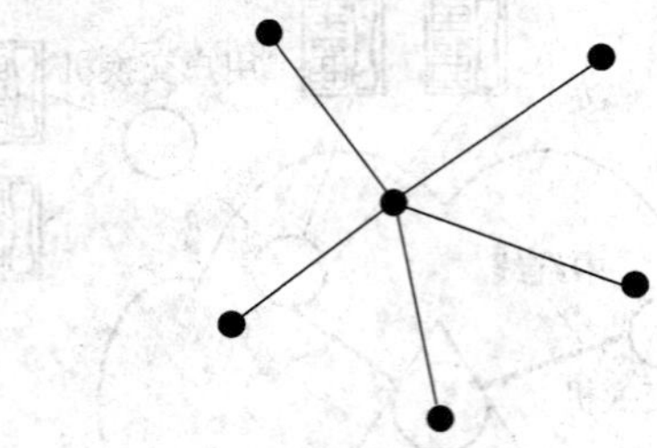

图 1-7 星型网

星型网结构简单，节省线路，但稳定性较差，因为中心节点的处理能力和可靠性会影响到整个网络。一旦中心节点出现故障，就会造成全网瘫痪。

(2) 网状网：网内任意两节点相互连接，这种网络结构复杂，可靠性高，但线路利用率不高，经济性较差，如图 1-8 所示。

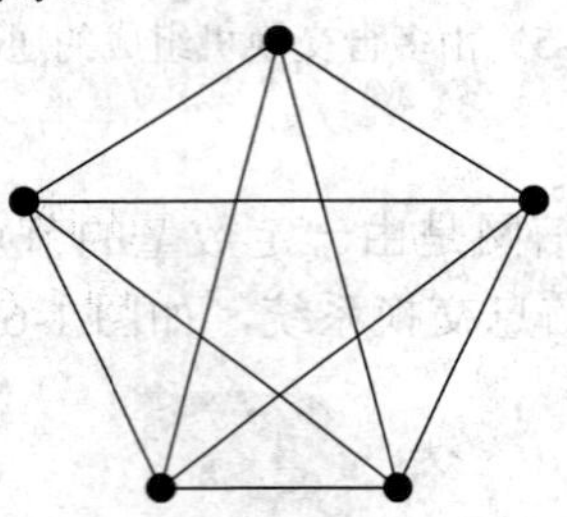

图 1-8 网状网

(3) 树型网：也称为分级网，可看成是星型拓扑结构的扩展，节点按层次进行连接，信息交换主要在上下节点之间进行，主要用于用户接入网中。树型网络结构的复杂度介于星型网和网状网之间，如图 1-9 所示。

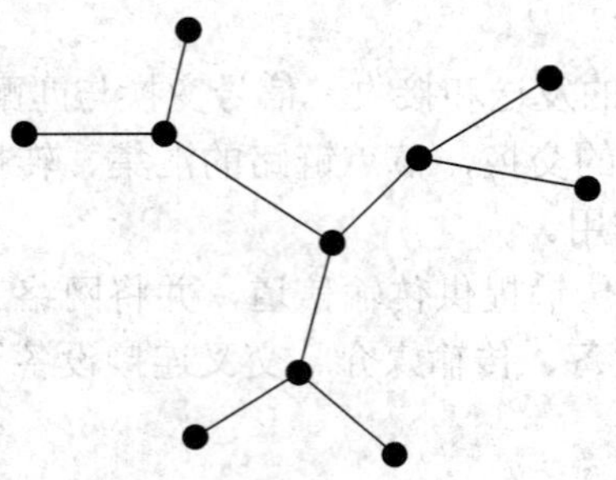

图 1-9 树型网

(4) 环型网：结构简单，每一个节点首尾相连，容易实现，但可靠性较差，如图 1-10 所示。

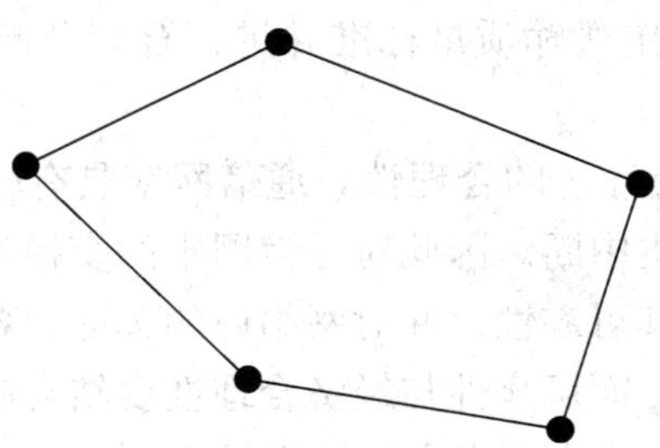

图 1-10　环型网

(5) 总线型网：所有节点都连接到总线上。这种网络组网简单，但可靠性不高，网络覆盖范围也受到限制，如图 1-11 所示。

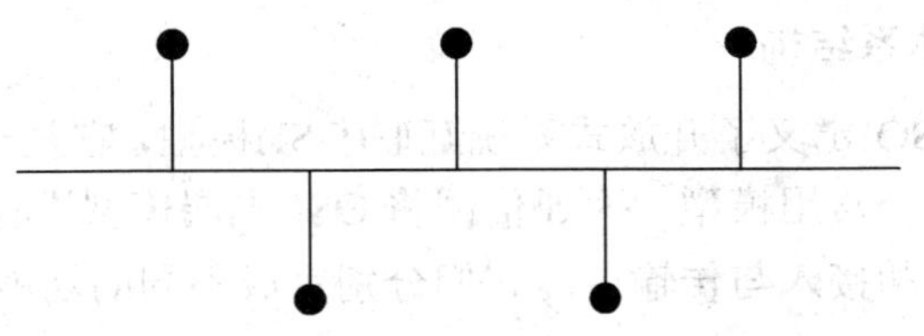

图 1-11　总线型网

(6) 复合型网：是上述几种结构的混合形式，根据具体应用情况的不同采用不同的网络结构组合而成。图 1-12 是由网状网和星型网复合而成的一种复合型网。

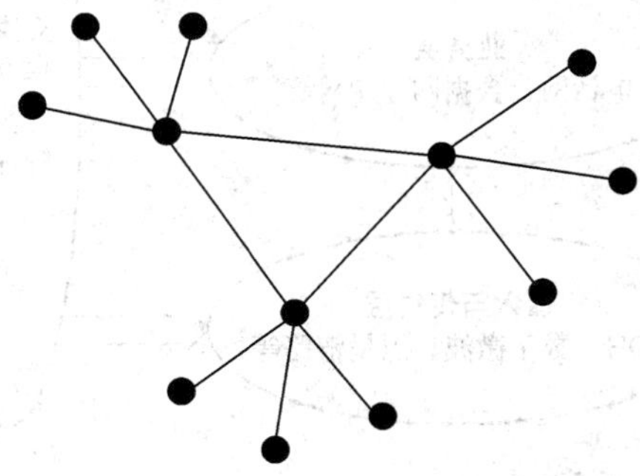

图 1-12　复合型网

4. 通信网的质量要求

不论哪种形式的通信网，都应该遵循一定的原则，保证网络能快速且有效、可靠地为用户提供各种业务，因此对通信网一般提出以下 4 点要求。

(1) 保证网内任意用户接通的任意性及快捷性。这是对通信网的最基本要求。所谓接通的任意性与快捷性，是指网内的任意用户能快速连通网内其他用户。

(2) 保证传输的透明性与传输质量的一致性。传输的透明性是指在规定业务范围内

的信息都可以在网内传输，没有任何限制。传输质量的一致性是指网内任意两个用户通信，都应具有相同或相仿的传输质量，与用户之间的距离无关。通信网的传输质量直接影响通信的效果，因此要制定传输质量标准并进行合理分配，保证网中传输质量标准的要求。

(3) 具有较高的可靠性及经济的合理性。通信网应具有较高的可靠性，任何时候都不希望网络出现故障、通信发生中断。因此对通信网中的交换设备、传输设备及组网方式，都采取了相应的措施以保证其可靠性，并对网络内的关键设备，还制定了相关的可靠性指标，如平均故障间隔时间等。而可靠性与经济合理性要结合起来考虑，提高可靠性往往要增加投资，因此应根据实际要求在两者之间取得折中。

(4) 能不断适应通信新业务和通信新技术的发展。传统的通信网是为支持某种业务而设计的，而面向未来的下一代网络必须适应不断发展的通信技术和满足新业务的需求。未来的通信网将向宽带化、智能化、个人化方向发展，形成统一的综合宽带通信网，并逐步演进为由核心骨干层和接入层组成、业务与网络分离的构架，即下一代网络。

5. 通信网的分层体系结构

国际标准化组织(ISO)定义了开放式系统互联(OSI)模型，它是一种分层体系结构，已经成为网络体系结构的一个常用模型。而通信网将 OSI 七层模型进行简化，将其划分为三个层次：应用层、业务层和接入与传输层。它们分别完成不同的功能，如图 1-13 所示。

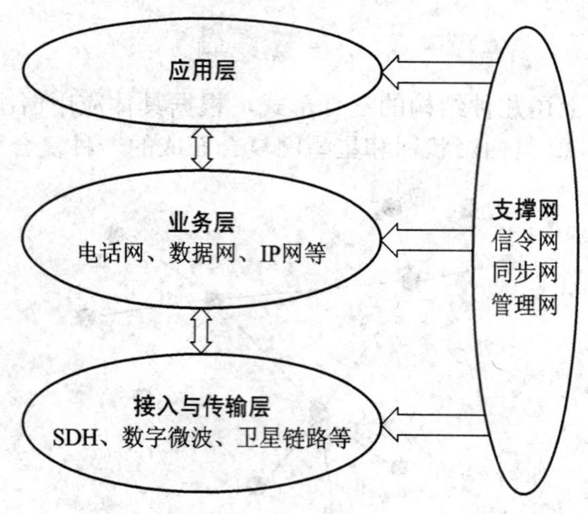

图 1-13　通信网体系结构

(1) 应用层：表示各种信息应用与服务种类，它涉及到各种业务，如语音、视频、数据、多媒体业务等。

(2) 业务层：是现代通信网的主体，涉及到支持各种业务应用的业务网，如公共电话交换网(PSTN)、综合业务数字网(ISDN)、智能网(IN)、公共陆地移动通信网(GSM)、IP 网等。采用不同交换技术的交换节点可构成不同类型的业务网，用于支持不同的业务。表 1-1 给出了主要业务网的种类、基本业务、交换方式及相应的交换节点设备。

表 1-1 主要业务网的种类及特点

种 类	基 本 业 务	交换方式	交换节点设备
PSTN 网	普通电话业务	电路交换	数字程控交换机
分组交换网(X.25)	低速数据业务(≤64 kb/s)	分组交换	分组交换机
帧中继网(FR)	局域网互连(≥1.5 Mb/s)	帧交换	帧中继交换机
数字数据网(DDN)	数字专线业务(64～2048 kb/s)	电路交换	数字交叉连接设备
ATM 网	综合业务	ATM 交换	ATM 交换机
IP 网	Web、数据业务	分组交换	路由器
移动通信网	移动语言、数据	电路/分组交换	移动交换机

(3) 接入与传输层：表示支持业务网的传送手段和基础设施，包括骨干传送网和接入网。

(4) 支撑网：用以支持三个层面的工作，提供保证通信网有效正常运行的各种控制和管理能力，是现代通信网必不可少的重要组成部分，包括 No.7 信令网、数字同步网和电信管理网。

另外，从网络的物理位置分布来划分，通信网还可以分成用户驻地网(CPN)、接入网和核心网三部分。其中，用户驻地网是业务网在用户端的自然延伸，接入网也可以看成传送网在核心网之外的延伸，而核心网则包含业务、传送、支撑等网络功能要素。

1.2 交换技术发展概述

交换技术作为现代通信网的核心技术之一，经过一百多年的发展有了长足的进步。不同的通信网由于所支持的业务不同，其交换设备采用的交换技术也各不相同，目前通信网中常采用的交换技术有电路交换、分组交换、帧中继、ATM 交换、IP 交换及软交换等。

1.2.1 电路交换

电路交换(Circuit Switching)是最早用于数据通信的交换方式，也是传统电话网(PSTN)采用的交换方式。

所谓电路交换，是指交换系统为通信的双方寻找并建立一条物理传输通路。这种传输通路是双向的，以供双方传输信息，直至信息交换结束。

电路交换的基本过程是：在开始正式的数据传输之前，首先由通信的一方(比如交换节点 A)发起呼叫，一直等到另一方(比如交换节点 B)确认后，才开始数据传输。在整个传输期间，该通路始终为通信双方占用。当所有的数据传输结束后，可以由任何一方发起断开连接，从而释放连接。电路交换的基本过程可分为连接建立、信息传送和连接释放三个阶段，如图 1-14 所示。

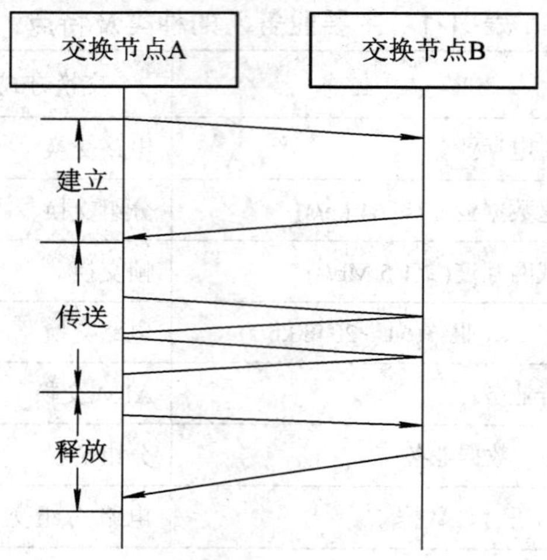

图 1-14　电路交换基本过程示意图

由此可以看出，电路交换主要有以下特点。

优点：

(1) 电路交换是面向物理连接的，在接续建立后有一条专用电路被用户占用，因此传输时延小。

(2) 接续建立后提供的专用电路对用户是透明的，对所传送的信息不做任务处理，同时对所传送的信息无差错控制，因此适合于对实时性要求较高的业务(比如语音业务)。

缺点：

(1) 在接续建立后通信的传输通路是专用的，即使在不传送信息时也不能被其他用户使用，因此，其资源利用率较低。

(2) 电路交换采用同步时分复用方式，信息传输的最小单位是时隙，其长度固定，所分配的带宽固定，支持的传输速率也固定，因此，灵活性较差，不适合突发业务的传送。

(3) 通信双方在信息传输速率、编码格式、同步方式等方面完全兼容，使不同传输速率和不同传输协议之间的用户无法通信。

1.2.2　分组交换

分组交换(Packet Switching)是为数据通信而设计的交换方式，其前身是报文交换(Message Switching)，两者都采用存储—转发(Store-and-Forward)的交换机制，所不同的是，分组交换的最小信息单位是分组，而报文交换的最小信息单位是报文。由于以较小的分组为单位进行传送和交换，因此分组交换比报文交换要快。

进行分组交换时，发送端先要将传送的信息分割成若干个规定长度的数据块，再装配成一个个分组。装配过程中要对各个分组进行编号，并附加上用于控制和选路的有关信息，这样每个分组都带有一个分组头和校验序列。这些分组以“存储—转发”的方式在网内传输，即每个交换节点首先对收到的分组进行暂时存储，分析该分组头中有关选路的信息，进行路由选择，并在选择的路由上进行排队，等到有空闲信道时转发给下一个交换节点或用户终端。图 1-15 示出了某个报文的多个分组从节点 A 到节点 D 的传输过程。

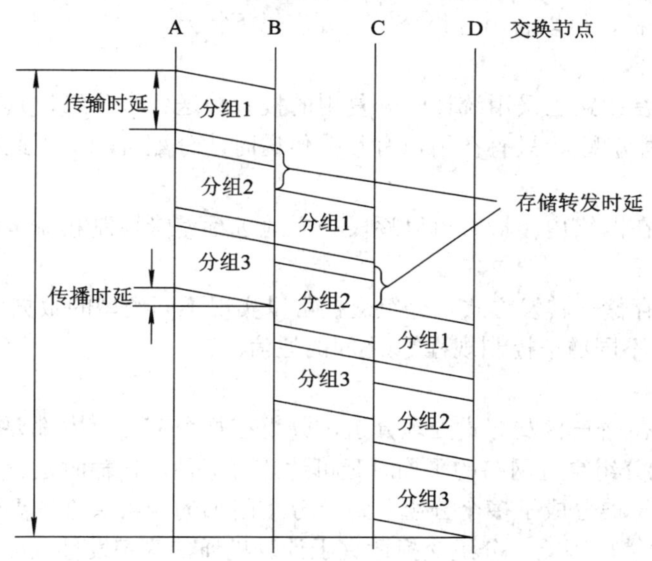

图 1-15　分组交换示意图

显然，采用分组交换时，同一个报文的多个分组可以同时传输，多个用户的信息也可以共享同一物理链路，因此分组交换可以实现资源共享，并为用户提供可靠、有效的数据服务。分组交换克服了电路交换中独占信道、信道利用率低的缺点。

分组交换有两种方式：一种是面向连接的虚电路(Virtual Circuit，VC)方式；另一种是无连接的数据报(Datagram，DG)方式。虚电路通信过程与电路交换相似，具有连接建立、信息传送和连接释放三个阶段。但不同于电路交换中实际的物理连接，虚电路是通过通信连接上的所有交换节点保存选路结果和路由连接关系来实现连接的，因此属于逻辑连接。数据报工作方式在呼叫前不需要事先建立连接，各个分组依据分组头中的目的地址独立地进行选路来传送信息。这两种工作方式的特点如表 1-2 所示。

表 1-2　虚电路和数据报工作方式的特点

项　　目	虚 电 路	数 据 报
连接的建立	需要建立	不需要
目的地地址	仅在连接建立阶段使用，每个分组使用短的虚电路号	每个分组都需要目的地地址
路由选择	在连接建立时进行，所有分组均按同一路由进行转发	每个分组独立选择路由进行转发
节点发生故障	所有通过发生故障的节点的虚电路均不能工作	出故障的节点可能会丢失分组，一些路由可能会发生变化
分组顺序	总是按发送顺序到达目的地	到达目的地时不一定按发送顺序
传输时延	比数据报方式时延小	比虚电路方式时延大
端到端差错处理	由分组交换网负责	由用户主机负责
端到端流量控制	由分组交换网负责	由用户主机负责

通过上面的分析，可以看出分组交换主要有以下特点。

优点：

(1) 分组交换在线路上采用统计时分复用的技术传送各个分组，它在分配资源时，采用动态分配(即按需分配)，只有在用户有数据传送时才分配资源，因此提高了传输线路的利用率。

(2) 每个分组在网络内传输时可以逐段独立地进行差错控制和流量控制，提高了传送质量且可靠性较高。

(3) 由于采用存储—转发方式，分组交换可以实现不同类型的数据终端设置(不同传输速率、不同代码、不同通信控制规程等)之间的通信。

缺点：

(1) 由于采用存储—转发方式处理分组，分组在每个节点机内都要经历存储、排队、转发的过程，因此分组穿过网络的平均时延可达几百毫秒，传输时延较大。

(2) 用户的信息被分成了多个分组，每个分组附加的分组头都需要交换机进行分析处理，从而增加了开销，因此，分组交换适宜于计算机通信等突发性或断续性业务的需求，而不适合于在实时性要求高的业务中应用。

(3) 分组交换技术的协议和控制比较复杂，如逐段链路的流量控制、差错控制等，这些复杂的协议加重了分组交换机处理的负担，使分组交换机的分组吞吐能力和中继线速率的进一步提高受到了限制。

通常的分组交换是基于 X.25 协议的。X.25 协议包含三层：第一层是物理层，第二层是数据链路层，第三层是分组层。它们分别对应于开放系统互连 OSI 参考模型的下三层。分组交换协议的复杂性虽然保证了数据传输的高可靠性，但信息通过交换节点的时间必然增加，无法实现高速数据通信。

1.2.3 帧中继

为了进一步提高分组交换网的分组吞吐能力和传输速率，一方面要提高信道的传输能力，另一方面要发展新的分组交换技术。光纤通信技术的发展为分组交换技术的发展开辟了新的道路。光纤通信具有容量大(高速)、质量高(低误码率)等特点，在这种通信信道条件下，分组交换中逐段的差错控制、流量控制就显得没有必要了，因此快速分组交换 FPS(Fast Packet Switching)技术迅速地发展起来。

快速分组交换可以理解为尽量简化协议，而帧中继(Frame Relay)作为快速分组交换的一种，将 X.25 协议的下三层进行简化，它只有下两层，在第二层也只保留了核心功能，如帧定界、同步及差错检测等，将差错控制、流量控制推到网络的边界，留给智能终端去完成，这样简化了节点的处理过程，缩短了处理时间，实现了轻载协议网络，能更好地适应数字传输的特点，能够给用户提供高速率、高吞吐量、低时延的业务，所以近年来得到了迅速的发展。

与传统的分组交换相比，帧中继有两个主要特点：

(1) 帧中继采用面向连接的通信方式，以帧为单位来传送和交换数据，在第二层进行复用和传送，而不是在分组层，这就简化了协议，加快了处理速度。

(2) 帧中继将用户面与控制面分离，而传统的分组交换是不分离的。用户面负责用户信息的传送，控制面负责提供呼叫和连接的控制。

1.2.4 ATM 交换

异步传递模式(Asynchronous Transfer Mode，ATM)是国际电信联盟(ITU)提出的宽带综合业务数字网(B-ISDN)的传送交换模式。而 B-ISDN 是面向宽带多媒体业务的网络，对于任何业务，不管是实时业务或非实时业务、速率恒定或速率可变业务、高速带宽或低速窄带业务、传输可靠性要求不同的业务，它都要支持。因此，人们为 B-ISDN 专门研究了一种新的交换技术——ATM 交换技术。ATM 交换技术采用基于信元的异步时分复用和面向连接的快速分组交换技术，具有以下特点：

(1) ATM 继承电路交换面向连接的特点，在建立连接阶段可实现复杂的路由计算功能，实现带宽等资源的分配，通过连接接纳控制可限制业务量，因而可提供服务质量(Quality of Service，QoS)保证。

(2) ATM 继承分组交换的特点，采用异步时分复用，实现了动态分配带宽，可适应任意速率的业务，提高信道利用率。

(3) ATM 采用固定长度的信元和简化的信头，使快速交换和简化协议处理成为可能，极大地提高了网络的传输处理能力，使实时业务应用成为可能。

1.2.5 IP 交换

IP 交换(IP Switching)是 Ipsilon 公司开发的一种高效的 IP over ATM 技术。随着 Internet 数据流量的大幅度增长，以及大量视频、音频都用 IP 来传送，加重了现有基于路由器的网络基础设施的负荷。网络拥塞和不可预见性已成为 Internet 的主要问题。而 ATM 作为 B-ISDN 的核心技术具有高带宽、快速交换及服务质量保证的优点，因此将 ATM 交换技术与 IP 技术融合起来，成为宽带网络发展的新方向。这里所说的 IP 交换是一种解决方案，它使得一个选定的 IP 数据流能够被重定向至基于 ATM 硬件的交换以避免基于路由器的处理，从而达到交换机级的性能。IP 交换利用 ATM 交换加速了 IP 转发处理，而又保持了传统路由器的标准功能，如缺省网管转发、广播控制、包过滤、网络拓扑和按路由表转发数据等等。

IP 交换的核心思想就是对用户业务流进行分类。对持续时间长、业务量大、实时性要求较高的用户业务数据流直接进行交换传输，用 ATM 虚电路来传输；对持续时间短、业务量小、突发性强的用户业务数据流，使用传统的分组存储转发方式进行传输。

1.2.6 软交换

软交换(Soft Switching)是下一代网络的控制功能实体，为下一代网络(NGN) 提供具有实时性要求的业务的呼叫控制和连接控制功能，是下一代网络呼叫与控制的核心。简单地说，软交换是实现传统程控交换机的“呼叫控制”功能的实体，但传统的“呼叫控制”功能是和业务结合在一起的，而软交换则把呼叫控制功能从媒体网关中分离处理，它独立于传送网络，通过网关上的软件实现基本呼叫控制功能、资源分配、协议处理、路由、认证、计费等主要功能。因此，软变换的核心思想是业务/控制与传送/接入相分离。其主要特点有以下几方面：

(1) 软交换的最大优势在于能够实现业务提供和网络控制分离，呼叫控制与承载连接分离，有利于以最快的速度、最有效的方式引入各类新业务。

(2) 由于软交换的各网络部件之间均采用标准协议，因此各网络部件既能独立发展，又能有机地组合成一个整体，实现互连互通，具有较好的灵活性。

(3) 软交换具有标准的全开放平台，可为用户定制各种新业务和综合业务，具有强大的业务功能，最大限度地满足用户需求。

1.3 小　结

电信系统是用电信号传递信息的系统。最简单的电信系统由发送或接收信息的终端和传送信息的传输媒介组成，这种只涉及两个终端的通信称为点对点通信。为了实现多个终端之间的相互通信，引入了交换的概念，并出现了交换设备(也称做交换机)，将多个终端与交换设备通过传输设备相连即构成了通信网。因此交换设备、传输设备和终端是构成通信网的三要素。

交换技术是通信网的核心技术之一。交换技术经历了从电路交换到分组交换，从存储—转发式分组交换到 ATM 交换，再到快速 IP 交换及软交换的发展过程。

电路交换采用面向连接的方式，在双方进行通信之前，需要为通信双方分配一条具有固定带宽的通信电路，通信双方在通信过程中将一直占用所分配的资源，直到通信结束，并且在电路的建立和释放过程中都需要利用相关的信令协议。因此电路交换具有数据传输可靠、实时性强的优点，但电路交换采用同步时分复用方式，占用固定带宽，对所传送的信息不做任务处理，同时对所传送的信息无差错控制，因此适合于对实时性要求较高的业务，对于数据业务而言，有着很大的局限性。

分组交换是为数据通信而设计的交换方式，采用存储—转发的交换机制，有面向逻辑连接的虚电路和无连接的数据报两种工作方式。分组交换采用统计时分复用的方式，根据用户要求及网络能力动态分配带宽，对所传送的信息要进行处理，每个分组在网络内传输时进行差错控制和流量控制。因此，分组交换的这些特点决定了它更适合于对差错敏感的数据业务。

光纤通信技术的发展使快速分组交换技术迅速地发展起来。帧中继作为快速分组交换的一种，对分组交换协议进行了简化，能够给用户提供高速率、低时延的业务，所以近年来得到了迅速的发展。

ATM 继承电路交换面向连接的特点，又继承分组交换的特点，采用异步时分复用的方式，动态分配带宽，提高了信道利用率；同时 ATM 采用固定长度的信元和简化的信头，使快速交换和简化协议处理成为可能，可以实现数据的高速传输，且 ATM 能在单一的网络中携带多种信息媒体，保证多种通信业务的服务质量。

随着 Internet 网络规模的快速扩展和运行各种多媒体业务的需要，IP 交换技术越来越受到人们的重视，因为它将 ATM 交换的高速性和 IP 选路的灵活性结合起来，解决了传统 IP 网络在运行实时业务时不能保证服务质量的问题，并且克服了传统路由器包转发速度太慢造成的网络拥塞的瓶颈问题。

软交换是一种控制功能实体，为下一代网络提供具有实时性要求的业务的呼叫控制和连接控制功能，是下一代网络呼叫与控制的核心。软交换具有标准的全开放平台，可为用户定制各种新业务和综合业务，满足未来业务发展的需求。

习　题

1. 通信网中为什么要引入交换？
2. 通信网的构成要素有哪些，分别实现什么功能？
3. 通信网的分层体系结构是怎样的？主要业务网的种类及特点是什么？有哪三种支撑网？
4. 电路交换有什么特点？
5. 分组交换有两种工作方式，分别是虚电路方式和数据报方式，比较它们各自的特点。
6. 分组交换和帧中继有何异同？
7. 如何理解 ATM 交换既继承了电路交换的特点，又继承了分组交换的特点？
8. IP 交换有什么特点？
9. 软交换的核心思想是什么？简述其特点。

第二章　电路交换及程控数字交换系统

电话通信是最早出现的一种通信方式，也是当今通信领域应用最广泛的通信方式之一。电话通信通常采用电路交换方式，目前电话通信网中使用的交换设备为程控数字交换机，因此本章首先介绍程控交换技术的发展、程控交换机的基本结构、所能提供的业务及技术指标，并在此基础上重点讲解程控交换硬件系统各主要功能模块的工作原理、控制部件构成方式及特点、软件呼叫流程，最后介绍电话通信网的基本概念、网络结构、路由选择及编号计划。

本章重点

- 程控交换系统基本结构
- 程控交换系统技术指标
- 数字交换网络原理
- 程控交换硬件系统主要部件功能
- 程控交换控制部件构成方式
- 软件呼叫流程
- 电话通信网的网络结构

本章难点

- 程控交换系统技术指标
- 数字交换网络原理

2.1 引　言

2.1.1　交换机的演进概述

电信交换技术是从电话交换技术起源的，电话交换采用的是电路交换方式，因此电话交换机伴随着电话通信的出现而同时产生，随着通信技术的飞速发展，交换机也在不断更新和变化，其发展历程可以归纳为以下三个阶段。

1. 人工交换阶段

1876 年美国人贝尔发明了电话机，这是最原始的电磁式电话机。为了适应多个用户之间的电话通信，1878 年出现了第一部人工磁石式交换机。这是最古老的交换机，这种交换机要配备干电池作为通话电源，并用手摇发电机发送交流呼叫信号。1882 年出现了人工共

电式交换机，通话电源由交换机统一供给，省去了电话机中的手摇发电机，由电话机直流环路的闭合向交换机发送呼叫信号。虽然共电式交换机比磁石式交换机有所改进，但两者都需要人工接线，其效率低下，故已经被淘汰。

2．机电式自动交换阶段

从人工交换机到自动交换机的变革最早是由步进制交换机完成的。1889 年美国人史端乔(A.B.Strowger)发明了第一部自动电话交换机，即步进制交换机。步进制交换机主要通过电动机驱动选择器(又叫接线器)垂直和旋转的双重运动来实现主叫和被叫用户之间的接续。由于其接续过程是机械动作，故噪声大、易磨损、呼叫接线速度慢、故障率高。在 20 世纪 30 年代末 40 年代初，出现了纵横制交换机。纵横是指它的接线器采用交叉的横棒和纵棒选择接点，后期的接线器虽然使用了专门设计的电磁继电器构成接线矩阵，但纵横一词却一直被沿用下来。纵横制交换机的技术进步主要体现在两个方面：一是采用纵横接线器，杂音小，通话质量好，不易磨损，寿命长，维护工作量小；二是采用了公共控制方式，将控制功能与话路设备分开，功能得到增强，灵活性得到提高，更重要的是公共控制方式的实现为后来计算机程序控制方式的出现奠定了基础。不论是步进制还是纵横制电话交换机，通常又被称为机电式电话交换机。机电式交换使用控制逻辑电路来控制交换机的各种接续动作，也称为布线逻辑控制交换方式。

3．电子式自动交换阶段

早期的电子交换系统，只是使用电子元件如晶体管和集成器件代替纵横制交换系统中的电磁继电器等体积大、耗电多的机电元件，但随着计算机技术在通信技术中的应用，交换技术开始了它的第二次变革。新一代的交换系统利用预先编制好的计算机存储程序来控制整个交换系统的运行，以代替用布线方式连接起来的逻辑电路控制整个系统的运行，这种新型的交换系统通常称做存储程序控制(Stored Program Control，SPC)交换系统，简称程控交换系统。

程控交换的优越性主要体现在：一是灵活性更大，可靠性更高，维护管理更方便；二是便于采用新技术及灵活增加许多新业务。

2.1.2　程控交换机的发展

程控交换机将用户的信息和交换机的控制、维护管理功能预先编好程序，存储到计算机内。当交换机工作时，控制部分自动监视用户的状态变化和所拨号码，并根据要求执行程序，从而完成各种功能。

1965 年美国贝尔公司研制和开通了第一部空分程控交换机(ESS No.1)，这一成果标志着电话交换机从机电时代跃入电子时代，这时的程控交换机是“空分”的，其话路部分采用机械接点，控制部分采用电子器件。随着脉冲编码调制技术(PCM)的不断发展和广泛应用，程控交换由空间分割的模拟交换机向时间分割的数字交换机发展，因此将时分程控交换机称为程控数字交换机。1970 年法国开通了第一部程控数字交换机(E10)，使交换技术的发展进入了更高的阶段。

我国的程控数字交换机的发展要追溯到 20 世纪 80 年代，当时我国没有自己研制生产大型程控交换机的能力，而是在电话网上大量引入国外先进的程控交换系统。1982 年，福州首次引进了日本的 F-150 程控数字交换机，随后日本 NEC 公司生产的 NEAX61 程控交换机、德国 SIEMENS 公司生产的 EWSD、瑞典 ERICSSON 公司生产的 AXE10、法国 ALCATEL 公司生产的 E10B、美国 Lucent 公司生产的 ESS5、加拿大 NORTEL 生产的 DMS 程控交换机陆续进入中国市场，并在上海、北京、天津分别建立了 S1240、EWSD、NEAX61 程控交换机生产线。直到 1991 年，巨龙通信研制成功第一台万门局用程控交换设备——HJD04 程控交换机，它是我国第一个成功达到国际先进水准的万门级程控交换系统。随后我国相继推出了自行研制的大型程控数字交换系统，主要有深圳华为技术的 C&C08、深圳中兴通讯的 ZXJ10 及大唐电信的 SP30，并到 90 年代末形成了“巨大中华”的局面。“巨大中华”的意义在于它的提升作用，是中国自主创新、群体成功的一个标志，表明中国人的科技和工业力量及开发通信设备的能力达到了国际水准，已经具备自主支撑中国通信网发展的能力。从此以后，不管是交换设备，或是传输设备，还是移动设备，国内研发水平、设备能力、通信网的水准与国外相比毫不逊色，再往后就开始到国外去发展了。可以这样说，“巨大中华”代表着一个时代，是具有历史意义的标志。

2.2 程控交换系统的结构

2.2.1 程控交换系统的组成

程控交换机是公用电话交换网(Public Switched Telephone Network，PSTN)的核心设备，其主要功能是实现语音通话。程控交换机由硬件系统和软件系统组成。硬件系统包括话路部分和控制系统，话路部分主要有交换网络、各种接口设备及信令设备；控制系统包括处理机、I/O 接口、程序存储器及数据存储器。软件系统由程序和数据组成，用于完成程序控制功能。程控交换机的基本结构如图 2-1 所示。

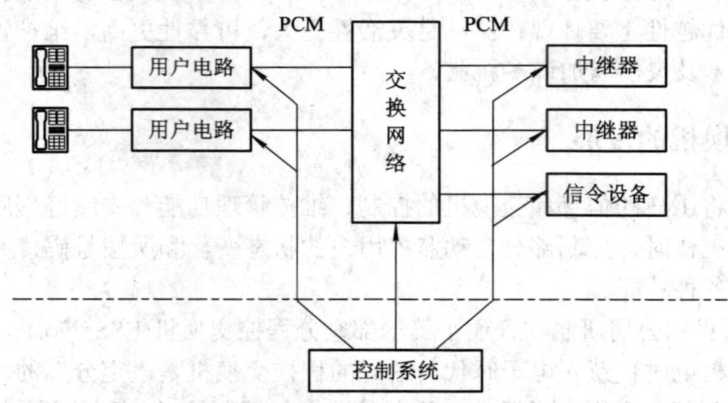

图 2-1 程控交换机的基本结构

程控交换机各模块及其所实现的功能如下：

(1) 交换网络。交换网络是一个有 *M* 条入线和 *N* 条出线的网络，是程控交换机的核心部件。在处理机的控制之下实现某一条入线与某一条出线的连接，为呼叫提供内部语音或数据通道。此连接是物理连接，可以实现用户与用户之间、用户与中继之间、中继与中继之间的连接，同时提供信令、信号音及外围处理机间通信信息的半固定连接。

(2) 用户电路。用户电路是终端设备与交换机的接口电路。通过用户线与终端设备连接，通过 PCM 链路与交换网络连接。

(3) 中继器。中继器是交换机之间的接口电路，分为模拟中继器和数字中继器。模拟中继器通过模拟中继线与其他模拟交换机连接。数字中继器通过数字中继线与其他数字交换机连接。随着通信网的数字化，数字中继器在电话通信网中逐渐替代了模拟中继器。

(4) 信令设备。信令设备用于产生和接收/发送呼叫接续所需要的各种控制信号。常用的信令设备有双音多频(DTMF)收号器、多频互控(MFC)发送器及接收器、信号音(TONE)发生器、No.7 信令系统。

(5) 控制系统。控制系统是由中央处理器、存储器和 I/O 等设备组成的计算机控制系统，是程控交换机的“中枢神经”。呼叫通路的建立与释放、交换机的维护管理等工作都是在控制系统的控制下完成的。

2.2.2　程控交换机提供的业务

程控交换机在提供基本的电话通信业务的基础上，还提供各类补充业务，通过模拟用户线也能向用户提供传真、话路数据业务、分组数据业务等。基本电话业务，也就是基本的点到点的通话业务，包括本地、国内长途、国际长途语言业务。程控交换机提供的常用补充业务见表 2-1。

表 2-1　程控交换机提供的常用补充业务

补充业务	功 能 介 绍
无条件呼叫前转	允许一个用户将所有的呼入转移到另一个号码，使用此业务时所有对该用户号码的呼叫，无论被叫用户是在什么状态，都可以将呼入转接到预先指定的号码(包括语音信箱)
遇忙呼叫前转	针对申请登记“遇忙呼叫前转”的用户。在使用此业务时，所有对该用户号码的呼入呼叫在遇忙时都自动转接到一个预先指定的号码(包括语音信箱)
无应答呼叫前转	针对申请登记“无应答呼叫前转”的用户。在使用此业务时，所有对该用户号码的呼入呼叫在规定的时间内无应答时都自动转接到一个预先指定的号码(包括语音信箱)
遇忙记存呼叫	当用户呼叫被叫用户遇忙时，此次呼叫被计录下来，20 分钟内用户如果需要再次呼叫该用户时，只要拿起话机，即可自动呼叫该用户
遇忙回叫	当用户拨叫对方电话遇忙时，使用此项服务可不用再次拨号，在对方空闲时即能自动回叫用户接通
缺席用户服务	当用户外出时，如有电话呼入，可由电话局代答
免打扰服务	也叫“暂时不受话服务”，当用户在一段时间内不希望有来话干扰时，可使用此项服务。使用此项服务时，所有来话将由电话局代答，但用户的呼出不受限制
查找恶意呼叫	某一用户如果要求追查发起恶意呼叫的用户，则应向电话局提出申请，经申请后，如遇到恶意呼叫，经过相应的操作程序后，即可查出恶意呼叫用户的电话号码

续表

补充业务	功 能 介 绍
三方通话	当用户与对方通话时，可以在不中断与对方通话的情况下，拨叫另一方，实现三方通话或分别与两方通话
会议电话	会议电话即由交换设备提供三方以上共同通话的业务。主席用户可通过拍叉簧连续呼出多个用户进入会议
呼叫等待服务	当 A 用户正在与 B 用户通话，而 C 用户试图与 A 用户建立通话连接，此时给 A 用户一呼叫等待的指示
缩位拨号	用 1～2 位代码来代替原来的电话号码(可以是本地号码，国内长途号码及国际长途号码)。我国统一采用 2 位代码作为缩位号码，因此一个用户最多可以有 100 个采用缩位号码的被叫号码
主叫号码显示	交换机向被叫用户发送主叫线号码，并在被叫话机或相应的终端设备上显示出主叫号码
限时免打扰	对免打扰业务的补充，使用该项业务，用户可以在 12 小时(局方可调)内不受外来电话的打扰，呼出不受限制
立即热线	申请了此项业务后，用户摘机立即自动接到某一固定号码
闹钟服务	用户可以登记闹钟服务的时间和周期。交换机根据用户预定的时间周期向用户振铃提示

2.2.3 程控交换系统的主要技术指标

程控交换系统的主要技术指标有话务量、交换网络的内部阻塞、呼叫处理能力、可靠性、容量和扩容能力等。

1. 话务量

交换机的主要功能是实现用户间通话，因此交换机的主要负荷就是话务，而话务负荷的大小是用话务流量(简称为话务量)这个指标来表示的。话务量定义为单位时间(1 小时)内平均发生的呼叫次数与每次呼叫平均占用时长的乘积。若话务量用 A 表示，单位时间内平均发生的呼叫次数(或呼叫强度)用 α 表示，每次呼叫平均占用时长(或呼叫持续时间、服务时间)用 t 表示，则话务量为

$$A=\alpha t \tag{2.1}$$

若 α 与 t 用相同的时间单位，则 A 的单位是爱尔兰(Erlang)，或叫“小时呼”，简记为 Erl(这是为了纪念话务理论的创始人丹麦数学家 A.K.Erlang 而命名的)。

若 α 以小时作为时间单位，即次/小时，t 以分钟为单位，即分钟/次，则 A 的单位是分钟呼(cm)。

若 α 以小时作为时间单位，即次/小时，t 以百秒为单位，即百秒/次，则 A 的单位是百

秒呼(ccs)。

由于 1 小时=60 分钟=36 百秒，因而 1 Erl=60 cm=36 ccs。

例 1 某用户线 1 小时有 4 个 6 分钟的呼叫，问该用户线的话务量是多少？

解 α=4 次/小时，t=6/60 小时/次，则

$$A = \alpha t = 4 \times \frac{6}{60} = 0.4\ \text{Erl}$$

话务量从数量上表明用户占用交换网络和交换机键的程度。对一个特定的电话局来说，一天内承受的话务量是变化的，是与用户活动情况相关的。图 2-2 为一天中按小时统计的呼叫次数变化情况。从图中可以看出，交换机所能承受的话务量在一天内是连续变化的，一般在夜间处于低谷，上下午工作繁忙时间增至高峰。通常将一天之内达到最大话务量的小时叫做“最繁忙小时”，简称“忙时”。最繁忙小时的话务量叫做“忙时话务量”，它是设计交换机的重要依据。

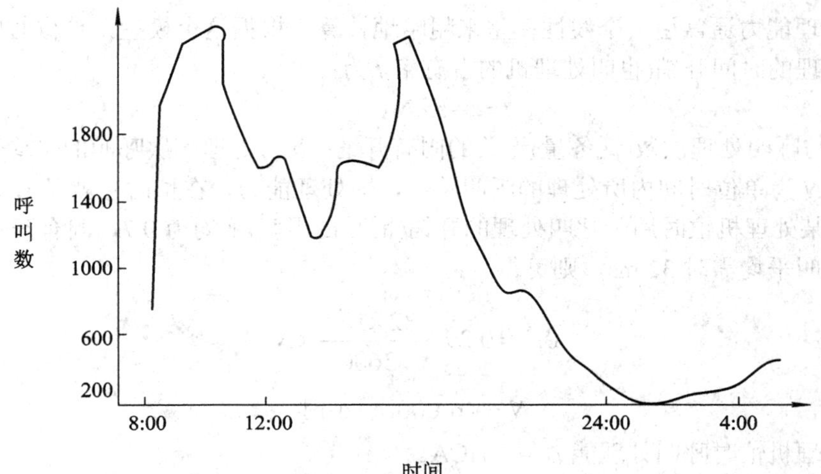

图 2-2 一天中按小时统计的呼叫次数变化情况

例 2 如果一个用户线的忙时话务量为 0.2 Erl，可以理解为该用户在最忙 1 个小时平均有 20%的时间在打电话，即最忙 1 个小时有 12 分钟在打电话，可能打了 4 次电话，平均每次 3 分钟，也可能打了 6 次电话，平均每次 2 分钟。

2. 交换网络的内部阻塞

交换网络通常要由若干级接线器组成，因而从交换网络的入线到出线之间将经过若干级网络内部的级间链路。当呼叫由入线进入交换网络，但其出线全忙，因而该呼叫找不到一条空闲出线时，该呼叫将损失掉。有时出线虽然空闲，而相应的内部链路不通，呼叫也将损失掉。这种由于网络内部级间链路不通而使呼叫损失掉的情况称做交换网络的内部阻塞。

怎样构成无阻塞的交换网络？一般通过增加交换网络内部级间链路数来降低内部阻塞的概率。当链路数量大到一定程度时，内部阻塞概率将等于零，即成为一种无阻塞的交换网络。以三级交换网络为例，设第一级入线与出线之比为 $n:m$，第三级为 $m:n$，则无阻塞交换网络的条件为 $m \geqslant 2n-1$，当 n 很大时，一般取 $m=2n$。

3. 呼叫处理能力

话务量取决于交换网络的话务负荷能力，而交换网络的建立是在控制设备的控制下完成的，所以交换机的话务量往往受到控制设备呼叫处理能力的限制。因此呼叫处理能力也是衡量交换机话务能力的另一个重要指标。

控制部件对呼叫处理能力是以忙时试呼次数(Busy Hour Call Attempts，BHCH)来衡量的，它是评价交换系统的设计水平和服务能力的一个重要指标。为了建立BHCA的基本模型，先引用几个定义。

(1) 系统开销：在充分长的统计时间内，处理机运行处理软件的时间和统计时长之比，即时间资源的占用率。

(2) 固有开销：与话务负荷大小(或呼叫处理次数)无关的系统开销，比如操作系统任务的调度，呼叫处理软件的扫描开销等，都不随话务负荷的大小而变化。

(3) 非固有开销：与话务负荷大小(或呼叫处理次数)有关的系统开销，如呼叫处理软件中的号码分析处理开销等。

呼叫处理能力通常用一个线性模型来粗略地计算。根据这个模型，单位时间内处理机用于呼叫处理的时间开销(也叫处理机的占有率)t为：

$$t=a+b\times N \tag{2.2}$$

其中：a为与呼叫处理次数(话务量)无关的固有开销；b为处理一次呼叫的平均开销，即非固有开销；N为单位时间内所处理的呼叫总数，即处理能力，在忙时它就是BHCA。

例3 某处理机忙时用于呼叫处理的开销(忙时占用率)平均为0.7，固有开销$a=0.29$，处理一个呼叫平均需时32 ms，则可得

$$0.7=0.29+\frac{32\times10^{-3}}{3600}\times N$$

$$N\approx 46\ 000次/小时$$

这就是该处理机忙时呼叫处理能力值BHCA。

影响程控交换机呼叫处理能力(BHCA)的因素主要有以下四方面。

(1) 处理机能力：包括主时钟频率的高低，指令系统功能的强弱等。一般地，处理机速度越快，呼叫处理能力就越强。

(2) 系统结构：不同的系统结构其开销也不同。系统结构合理，则各级处理机的负荷分配合理，相当于提高了处理机的呼叫处理能力。

(3) 软件设计水平：操作系统、应用程序是否精练，所使用的语言、数据结构是否合理等都会影响交换机的呼叫处理能力。一般地，操作系统效率越高，数据结构越合理，呼叫处理能力就越强。

(4) 系统容量：系统容量越大，用户呼叫处理所花费的开销也越大，固有开销增加，相应的呼叫处理能力必然降低。

4. 可靠性

程控交换机的可靠性是衡量交换机维持良好服务质量的持久能力的指标。它是指产品在规定时间内和规定的条件下完成规定功能的能力。

完成规定功能有不同的含义，如果完成规定功能是指系统的技术性能，则可靠性可以用系统的平均故障间隔时间(Mean Time Between Failures，MTBF)来描述，它取决于系统中各元器件正常工作的概率和系统的组成。

如果完成规定功能是指系统的维修性能，则可靠性就可以用系统的平均维修时间(Mean Time To Repair，MTTR)来描述。这种条件下的成功概率通常称为维修度。

如果完成规定功能是指技术性能和维修性能的综合，则可靠性可以用系统的可用度 A 来描述。可用度是指系统的正常运行时间与总运行时间之比，它反映控制系统对电话服务的不间断性。

$$A = \frac{\text{MTBF}}{\text{MTTR} + \text{MTBF}} \tag{2.3}$$

其中：正常运行时间可用平均故障间隔时间(MTBF)表示，它与失效率 λ(指单位时间内出现的失效次数)互为倒数关系，即

$$\text{MTBF} = \frac{1}{\lambda} \tag{2.4}$$

总运行时间可用正常运行时间(MTBF)加上平均维修时间(MTTR)表示，其中 MTTR 与修复率 μ(单位时间内的修复故障数)互为倒数关系，即

$$\text{MTTR} = \frac{1}{\mu} \tag{2.5}$$

5. 容量与扩容能力

交换机所能提供的用户线或中继线的最大数量即交换机的容量。当然，这个容量往往是个理论值。计算交换机的实际容量时还要考虑网络阻塞率、控制系统处理能力等因素。

一个设计优良的程控交换系统应该具备简单而方便的扩容能力。这样，通过增加模块，就能使初装容量较小的交换局轻松地升级成为容量较大的交换局，另一方面通过选用不同的模块可使远端模块局增强为独立的交换局，使市话局增强为市话汇接局。选用不同的模块还可以组成各种业务节点，例如综合业务数字网、移动交换局、数字交换局业务、智能网中的业务交换点等。要达到灵活扩容的目标，就要求交换系统采用模块化设计(包括硬件设计和软件设计)，通过增加模块即可增加系统的容量。

当然，程控交换机还应该具备业务扩展能力，即在不增加或少增加硬件设备的条件下，通过改变软件就能增加新的功能业务，从而满足不同的用户需求。

2.3　程控数字交换机硬件系统

现代数字程控电话交换机的构成通常分为用户级和选组级两大部分，如图 2-3 所示。

选组级是交换机中完成交换功能的核心部分，被称为“母局”。用户级是与用户直接连接的部分，可分为用户模块和远端用户模块，它们的结构基本相同，只是远端用户模块一般放在远离母局的用户集中点。用户级的基本任务是把从用户电话机发出的呼叫集中，并将模拟语音信号变成为数字语音信号，然后送到选组级。

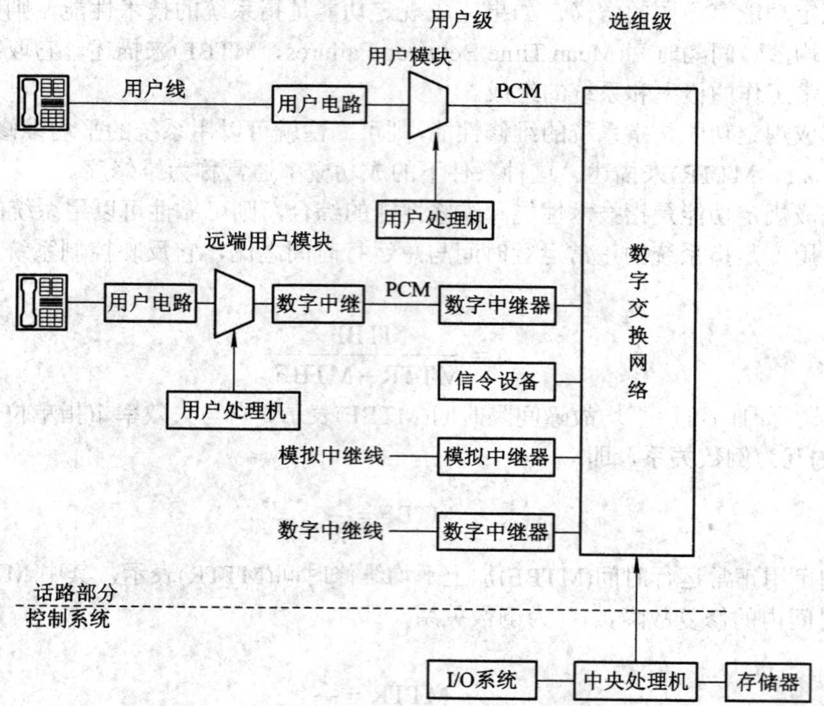

图 2-3 程控交换机的系统结构

2.3.1 用户模块

用户模块的基本结构如图 2-4 所示，主要包括以下部分。

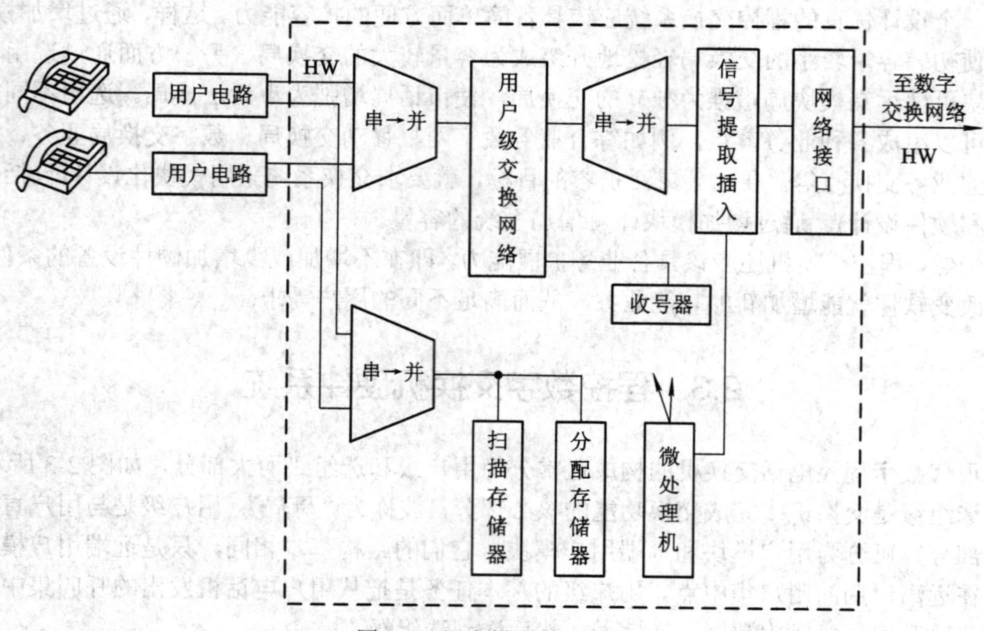

图 2-4 用户模块基本结构

(1) 用户集线器：完成话务量的集中和扩散，由用户级 T 接线器、串/并及并/串转换电路构成。

(2) 信号提取和插入电路：从信息流中提取出信令信号送给处理机处理或将信令信号插入到信息流中。

(3) 微处理机：用户模块的控制部件，控制用户模块的整个呼叫处理过程。

此外，用户模块还包括扫描存储器，用于暂时存储从用户电路读取的信息；分配存储器，用于暂时存储向用户电路发出的信令信息；收号器，用于识别接收用户所拨号码；网络接口，用于和数字交换网络的连接。

用户电路(Subscriber Line Circuit，SLC)也称为用户接口电路，是交换网络与用户线间的接口电路，分为模拟和数字两类。

1. 模拟用户接口电路

模拟用户接口电路(ASLC)也称作模拟 Z 接口，包括 Z1、Z2、Z3 接口。Z1 接口用来连接模拟用户线，用户端为模拟话机。现在 PSTN 网中大量使用的固定电话还是模拟电话，采用 Z1 接口。Z2 接口用来连接远端模拟集线器。Z3 接口用来连接用户交换机(Private Automatic Branch eXchange，PABX)。

在程控数字交换机中，模拟用户电路(ASLC)具有七大基本功能(BORSCHT)，如图 2-5 所示。

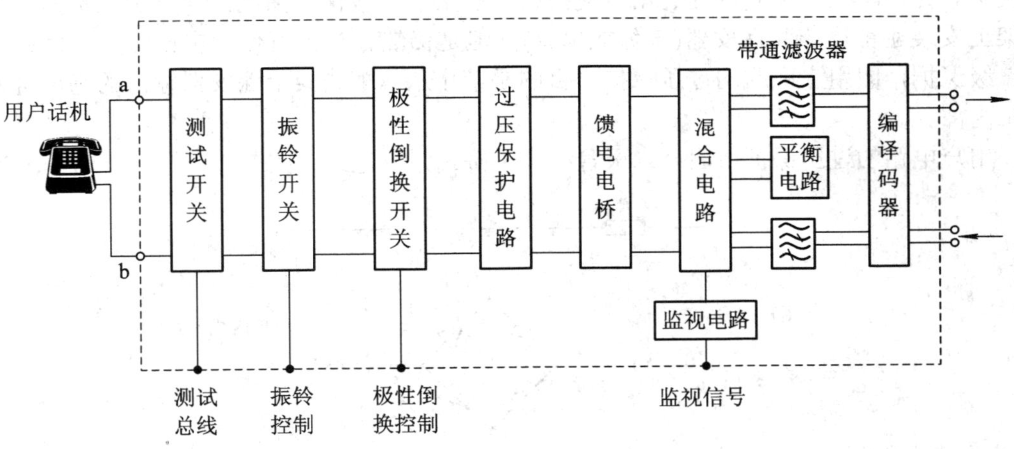

图 2-5 模拟用户电路的功能框图

其中，BORSCHT 中各字母所代表的意义分别如下：

- B——Battery Feeding，馈电；
- O——Over Voltage Protection，过压保护；
- R——Ringing，振铃控制；
- S——Supervision，监视；
- C——Codec & Filters，编译码和滤波；
- H——Hybrid，混合电路；
- T——Test，测试。

1) 馈电(B)

所有接在交换机上的电话用户，都要由交换机向其提供通信电源，即馈电。程控交换机的馈电电压一般为 −48 V，通话时的馈电电流一般在 20～50 mA 之间。图 2-6 为馈电电路的原理示意图。

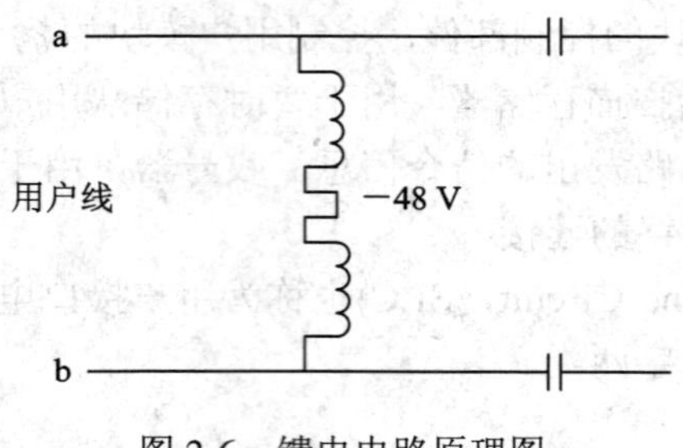

图 2-6　馈电电路原理图

图 2-6 中的电感线圈对语音信号呈现高阻抗，对直流则可视为短路，这样可防止用户间经电源而串话。而电容具有隔直流、通交流的作用，可以很好地将语音信号传送到交换机内。

2) 过压保护(O)

用户线是外线，可能受到雷击，也可能和高压线碰撞，高压进入交换机内部就会毁坏交换机。为了防止外来高压的袭击，交换机一般采用两级保护措施，第一级保护是在总配线架上安装避雷措施和保安器(气体放电管)，但是仍然会有上百伏的电压输出，因此需要第二级保护，即用户电路的过压保护，目的是禁止从总配线架上保安器输出的高压进入交换机内部。

用户电路的过压保护由四个二极管组成了桥式钳位电路，如图 2-7 所示。

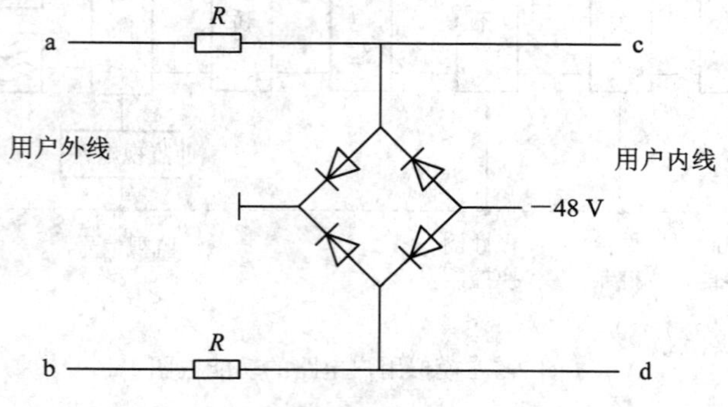

图 2-7　过压保护电路的原理图

平时用户内线间 c、d 两端的正向电压钳位到 0 V，负向电压钳位到 −48 V。若外线电压高于内线电压，则在热敏电阻 R 上产生压降，一般 R 具有很小的电阻值，当有高压进入时，R 的阻值会随电流增加而增加，由于热敏电阻具有抑制电流增加的作用，因此当电流过大时，自行烧毁，内外线断开，从而达到保护内线的作用。

3) 振铃控制(R)

振铃控制的基本功能是提供符合规定的铃流信号，以便向被叫话机振铃，提示用户有电话呼叫到来，同时还要随时检测被叫用户的摘机应答，以便及时截铃。

向用户振铃的铃流信号一般具有有较高的电压，我国标准规定的铃流信号是75 V ± 15 V、25 Hz、1 秒通、4 秒断的交流信号。这么高的铃流电压是不允许通过用户电路的，以避免损坏电路元器件。因此，铃流信号一般是通过继电器或高压集成电子开关单独向用户话机提供。振铃电路的原理图如图 2-8 所示。

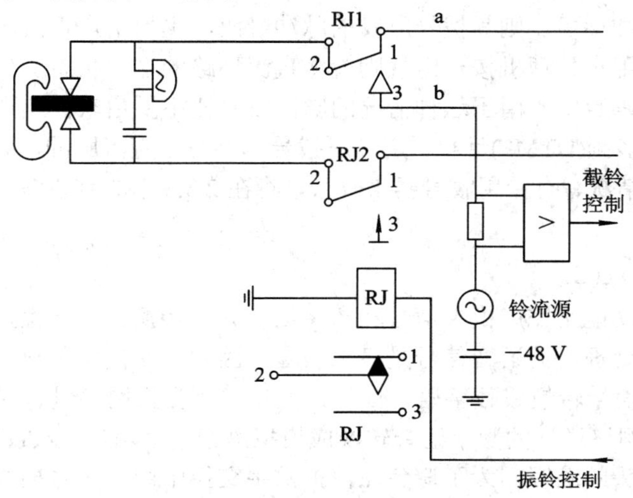

图 2-8　振铃电路的原理图

当需要向用户送振铃信号时，在用户处理机软件控制下，控制相应的振铃继电器 RJ 吸动，使 RJ1 和 RJ2 接点由 1 转接至 3，接点 2～3 接通，铃流通过继电器的接点 2～3、话机电铃、隔直流电容而至地，形成铃流环路。由于振铃信号是 1 秒通、4 秒断的，从而继电器 RJ 是 1 秒吸动、4 秒释放。吸动时，2～3 点闭合，送铃流；释放时，2～1 点闭合，铃流中断，使话机与 a、b 重新接通。

若被叫用户电路在振铃中断时摘机，话机恰与 a、b 线相连，摘机信号可通过用户电路中的监视电路送出。若用户在振铃期间摘机，话机是与 a、b 线相脱离的，此时的摘机信息则要由与铃流电源相串联的−48 V 直流电源供电。这样，无论何时，只要用户一摘机，交换机就可以立即检测到用户直流环路电流的变化，继而进行停铃和通话接续处理。当被叫用户摘机时，由振铃开关送出截铃信号，停止振铃。

4) 监视(S)

用户电路通过监视用户线的直流电流来监视用户线回路的通/断状态，以此来判断用户摘/挂机状态和拨号脉冲信号。监视电路的原理图如图 2-9 所示。

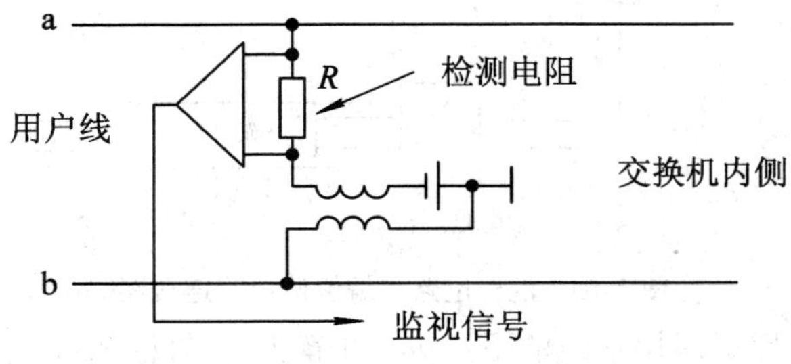

图 2-9　监视电路的原理图

图 2-9 中，通过检测电阻 *R* 两端的压降变化来检测用户环路的通断状态。用户挂机时，直流环路断开，检测电阻 *R* 上无压降；而用户摘机后，直流环路接通，检测电阻 *R* 上产生压降，并产生监视信号。用户处理机通过检测此信号的变化来判断用户是处于摘机状态还是处于挂机状态。

用户若使用脉冲话机，则其拨号所发的脉冲号码，也由用户直流环路的通断次数及通断间距比来表示。用户处理机按一定规则检测直流环路的这种状态变化，就可以判别用户拨号所发的脉冲号码数字，用于这种情况的脉冲收号器主要由软件实现，故也称之为软收号器。而对于双音多频(DTMF)话机，用户所拨号码不是由直流脉冲，而是由双音多频信号组成的，对于这种情况，有专用收号器来收号，将在 2.3.3 节详细讲解，这种收号器也称为硬收号器。

5) 编译码和滤波(C)

编译码和滤波功能是完成模拟信号和数字信号间的转换。由于程控数字交换机只能对数字信号进行交换处理，而语音信号是模拟信号，因此，在模拟用户电路中需要用编码器(coder)把模拟语音信号转换成数字语音信号，然后送到交换网络进行交换，再通过解码器(decoder)把从交换网络送来的数字语音转换成模拟语音送至用户。codec 是 coder 和 decoder 这两个英文单词词头的缩写。为了避免在模拟数字交换中由于信号抽样而产生的混叠失真以及 50 Hz 电源的干扰影响，模拟语音在进行编码前要通过一个带通滤波器，以滤除 50 Hz 电源的干扰和 3400 Hz 以上的频率分量信号，而在接收方向方面，从解码器输出的 PAM 信号，要通过一个低通滤波器以恢复原来的模拟语音信号。目前该功能由 PCM 编/解码器和滤波器专用集成芯片实现。

6) 混合电路(H)

混合电路完成二线和四线的转换。用户话机的模拟信号是二线(a，b 线)双向的，而 PCM 数字信号是四线(2 线发，2 线收)单向的，因此在编码之前/译码之后必须进行 2/4 线的转换。图 2-10 为混合电路与编解码电路的连接图。

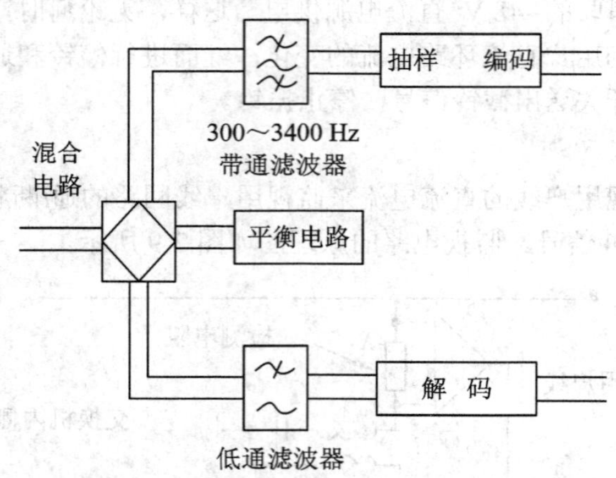

图 2-10 混合电路与编解码电路连接图

图 2-10 中平衡电路是对用户线的阻抗进行平衡匹配。目前混合电路的功能由集成电路实现。

7) 测试(T)

测试功能主要是由内线测试继电器、外线测试继电器完成用户电路的内线、外线的测试功能。测试目的是为了及时发现用户终端、用户线路和用户线接口电路可能发生的混线、断线、接地、与电力线碰接以及元件损坏等各种故障，以便及时修复和排除。

图 2-11 为用户接口测试电路示意图。在测试软件控制下，由测试继电器将用户线接至专用测试设备，真正的测试工作由专用测试设备来完成。用户电路中的测试模块仅仅由内、外侧继电器实现用户内/外线与测试设备的连接。内线测试主要用来判断拨号音、振截铃、馈电电压等是否正常；而外线测试通过测试用户外线的绝缘电阻、用户环路电阻、直流电压、交流电压等判断混线、断线、接地等问题。

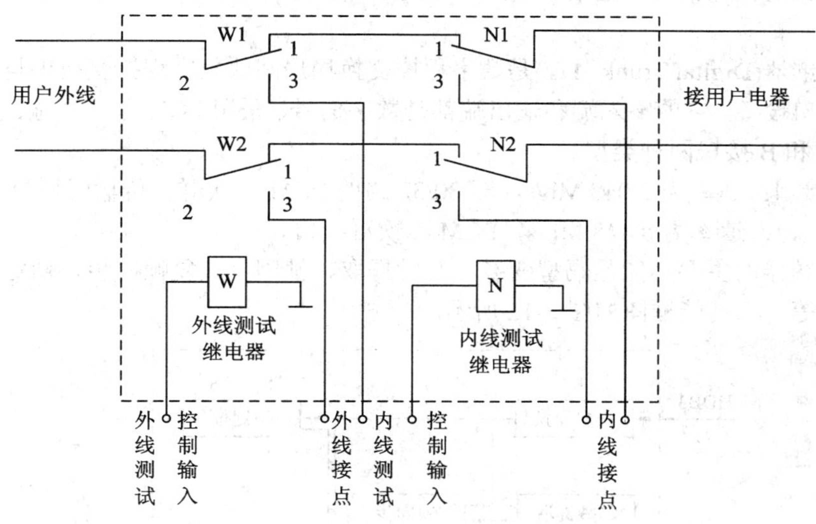

图 2-11 用户接口测试电路示意图

目前 PSTN 网中使用的程控数字交换机，其模拟用户电路将 BRSH 功能集成在一块专用芯片上，编解码功能也由专用的编解码芯片实现。

除了上述 7 项基本功能以外，有些局用程控交换机的用户电路还设计了极性反转，衰减控制、发送计费脉冲等功能。

2. 数字用户接口电路

数字用户接口电路(DSLC)用于数字用户终端与数字交换机的连接。常用的数字终端有数字话机、数字传真机、PC 等。程控交换机的数字用户接口统称为 V 接口，包括 V1 到 V5。

● V1 接口：2B＋D 接口，即基本速率接口(Basic Rate Interface，BRI)，其中 B 为 64 kb/s，D 为 16 kb/s，为窄带综合业务数字网(N-ISDN)数字用户接口。

● V2 接口：连接数字远端模块接口。

● V3 接口：连接数字 PABX 的 30B＋D 接口，即基群速率接口(Primary Rate Interface，PRI)。

● V4 接口：连接多个 2B＋D 终端，支持 ISDN 接入。

● V5 接口：由 ITU-T 定义的标准化的综合业务节点接口，可支持 PSTN、ISDN 以及租用线业务的接入，包括 V5.1 接口和 V5.2 接口。其中，V5.1 接口包含一个 2 Mb/s 链路，

V5.2 接口可包含 1～16 个 2 Mb/s 链路。

DSLC 主要向用户提供 ISDN 的 BRI 和 PRI，负责接收、发送交换机侧的 2B＋D、30B＋D 数据，并提供符合国标的远供电源。同时为了可靠地实现数据发送和接收，数字用户电路应具备码型变换、回拨相消、均衡、扰码和去扰码等功能。

2.3.2 中继接口电路

中继接口电路(也称做中继器)是交换机和中继线的接口电路，包括模拟中继电路和数字中继电路。模拟中继电路是模拟交换局与模拟中继线的接口，其功能与用户电路的功能基本相似，目前在电话网上已很少使用，在此不作详细介绍。本节重点介绍数字中继接口电路。

数字中继器(Digital Trunk，DT)是数字程控交换局局间或数字程控交换机与数字传输设备之间的接口设备，它的输入端和输出端都是数字信号，采用 PCM 信号传输。数字中继接口有 A 接口和 B 接口两种类型。

(1) A 接口：速率为 2.048 Mb/s，即 30/32 路的 PCM 一次群，传输码型为 HDB3 码。

(2) B 接口：速率为 8.448 Mb/s，PCM 二次群接口。

数字中继器的主要功能是码型变换、时钟提取、帧同步、复帧同步、帧定位、信号的提取和插入等。其功能框图如图 2-12 所示。

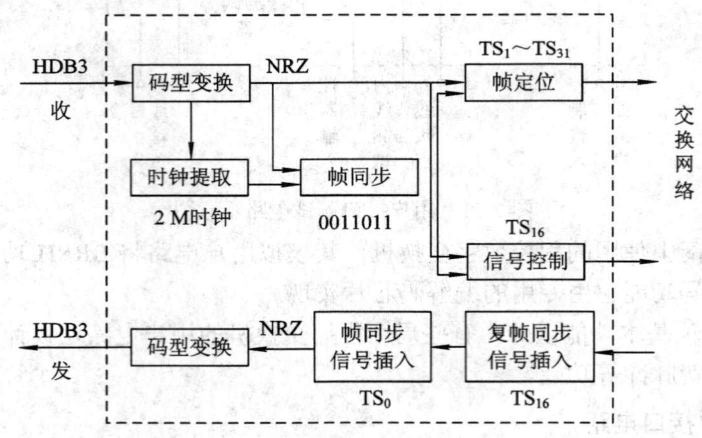

图 2-12 数字中继器功能框图

1. 码型变换

以 A 接口为例，码型变换实现线路上传输的三阶高密度双极性码(HDB3)与单极性不归零码(NRZ)之间的转换。

在数字交换机内部，一般使用 NRZ 码来表示数据。如果数据信息流中出现长串的连续 1 或连续 0，这种码型将呈现出连续的固定电平，从而无法传送定时信息。经过变换后的 HDB3 码没有直流分量，码中信息 1 被交替地交换极性。此外，如果码流中连续出现 4 个 0，就发送一个 1 来代替第 4 个 0，而且这个 1 违反极性交替变化的规则使其在接收端很容易被检测出来并予以取消，同时变换后的码不会出现连续的固定电平。因此，这种码型可以用来传送定时信息，适合在中继线上传输。

2．时钟提取

从输入的数字流中提取时钟信号作为输入数据流的基准时钟，所提取的时钟信号被用来读取输入数据，实现收端和发端同步。同时该时钟信号还用来作为本端系统时钟的外部参考时钟源。

3．帧同步与复帧同步

A 接口采用 PCM 30/32 路帧结构，如图 2-13 所示。每一帧由 32 个时隙组成，其中 TS_0 时隙中发送帧同步码字和警告信息。同步码字规定为 0011011，它在偶数帧的 TS_0 时隙中发送。帧同步就是要从接收的数据流中搜索并识别这一同步码字，并以该时隙作为一帧的排头，使接收端的帧结构排列和发送端完全一致，否则，就不能正确地实现数字信息的接收和交换。

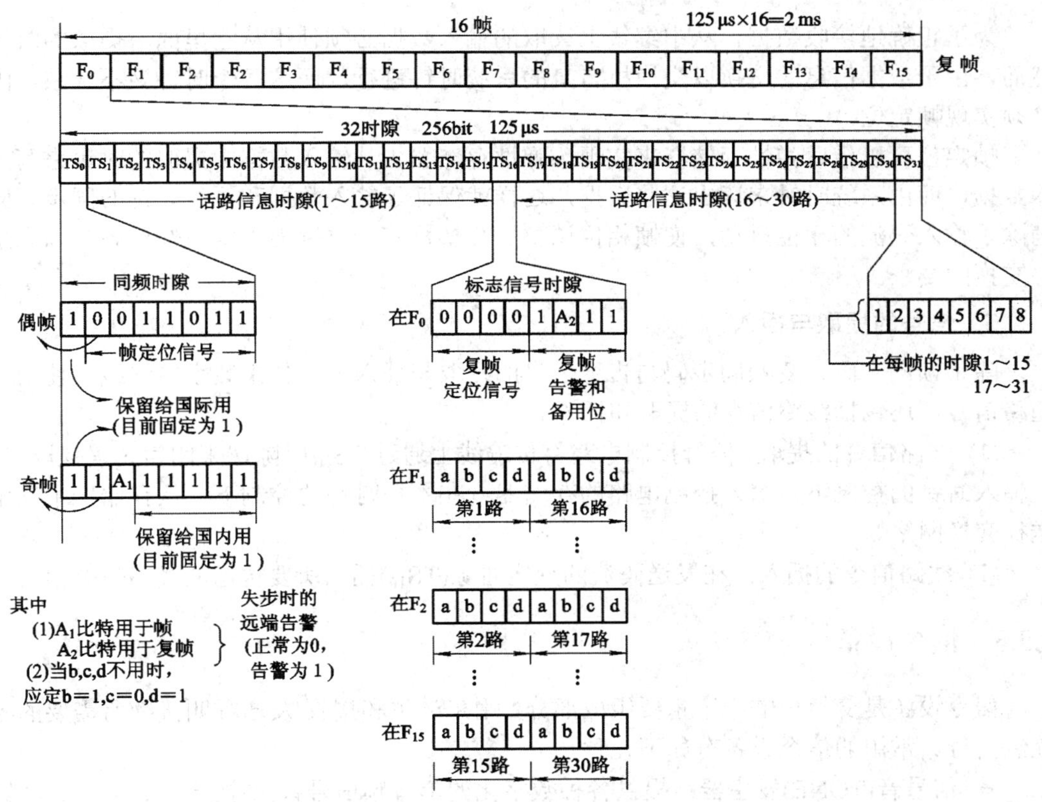

图 2-13　PCM 30/32 路帧结构

帧同步码是由帧同步检测器来检测的，有两种状态:

(1) 帧同步状态，在给定的帧同步码位上检测出已知的帧同步码型；

(2) 帧失步状态，在给定的帧同步码位上检测到与已知码型不一致的次数大于某个定值(这个定值一般大于 1)。当电路连续多次收到帧失步信号时，必须重新搜寻同步码，一旦检测出帧同步码字达几帧，就重新返回到帧同步状态。

如果数字中继线上使用的是随路信号(如中国 No.1 信令)，则除了帧同步以外，还要实现复帧同步。

复帧同步是为了解决各路标志信号的错路问题。采用随路信号方式时，各路标志信号在一个复帧的TS_{16}时隙中都各有自己确定的位置，如果复帧不同步，标志信号就会错路。此外，即使是帧同步以后，复帧也不一定同步，因此，在获得帧同步以后还必须进行复帧同步，以使接收端自第零帧(F_0)开始的各帧与发端排列一致。

复帧同步码字为 0000，安排在F_0帧的TS_{16}时隙之中的高 4 位。复帧同步检测器检测复帧同步信号，如果连续两次没有检测到复帧同步信号，或者在一个复帧中所有的TS_{16}时隙中均为 0 码，则判为复帧失步。同样，在失步状态时，复帧同步检测器也要逐位检测接收的数据流，只有在检测到复帧同步码字，而且前一帧TS_{16}中不是全 0 码时，才恢复复帧同步。

4．帧定位

为了正确地接收数据，从中继线上读取的输入数据必须使用从它里面所提取的时钟。然而，由于数据信息的交换以交换机自身的系统时钟进行，而这两个时钟又不一致，因此必须实现帧定位。

帧定位可以借助弹性存储器来实现。弹性存储器由从输入数据中提取的时钟来写入输入数据，而由系统时钟来读出这些数据，这样就保证了输入数据和系统时钟的同步。同时消除了输入码流的相位抖动，使帧相位调整到交换机统一位置上，实现帧对齐，以满足时隙交换的要求。

5．信号的提取与插入

除了帧同步码、复帧同步码与告警信息的提取与插入外，如果数字中继线上使用的是随路信号，还包括线路信令的提取和插入。

(1) 线路信令的提取：信号控制电路将传输线上通过TS_{16}时隙送来的信令码提取出来，在输入时钟的控制下，写入控制电路的存储器；在本局时钟的控制下，从存储器中读出并送往交换网络。

(2) 线路信令的插入：在发送码流的规定时隙(TS_{16})插入所要传送的线路信令信号。

2.3.3 信令设备

信令设备是交换机的一个重要组成部分，用来产生和接收/发送呼叫接续所需要的各种控制信号。常用的信令设备有如下几种。

- 信号音(TONE)发生器：提供各种数字化的单音频信号音(如拨号音、忙音、回铃音等)及双音频信号音(局间采用随路信令时的多频记发器信令)。
- 双音多频(Dual Tone Multi-Frequency，DTMF)收号器：接收和识别 DTMF 话机的双音频信号。
- 多频互控(Multi-Frequency Controlled，MFC)发送器及接收器：局间采用随路信令时，实现多频记发器信号的接收和发送。
- No.7 信令系统：局间采用 No.7 信令时，实现 No.7 信令的所有功能。

本节重点介绍 TONE 的产生与发送、DTMF 信号的接收与识别及 MFC 的发送与接收，No.7 信令系统将在第 3 章详细介绍。

1. 信号音的种类

1) 程控交换系统到终端用户的单音频信号音

交换机传送给用户的信号音主要为 450 Hz 或 950 Hz 的单音频信号，其时间结构及含义如表 2-2 所示。

表 2-2　常用单音频信号音结构及含义

信号音频率	信号音	时间结构（“重复周期”或“连续”）	含　义
450 Hz	拨号音	450 Hz（连续）	通知主叫用户可以开始拨号
	忙音	0.35 0.35 0.35 0.35；0.7 s	被叫用户忙
	回铃音	1.0 4.0 1.0 4.0；5 s	被叫用户处于被振铃状态
950 Hz	空号音	0.1 0.1 0.1 0.1 0.1 0.1 0.4 0.4；1.4 s	所拨号码为空号
	(三方)提醒音	0.4 10.0；10.4 s	用于三方通话接续状态，表示接续中存有第三方

2) 终端用户到交换机的双音频信号音

用户向交换机发送的信号主要是被叫号码，主要有两种：传统的转盘式电话机产生的直流脉冲信号和现代按键式话机产生的 DTMF 信号。直流脉冲信号由用户处理机采用软件收号，也称做软收号器。而 DTMF 采用 DTMF 收号器收号，也称做硬收号器。DTMF 信号是由两个频率组成的双音频组合信号。国标(GB 3378—82)规定了按键数字与频率的组合关系，如表 2-3 所示。

表 2-3　DTMF 信号的标称频率

低频/Hz \ 高频/Hz	1209	1336	1477	1633
697	1	2	3	A
770	4	5	6	B
852	7	8	9	C
941	*	0	#	D

3) 交换机到交换机的多频互控信号

当局间采用中国 No.1 信令时，交换机间通过中继接口电路在中继线上发送和接收局间 MFC 信号。MFC 信号是互控的双音频信号，分前向和后向信号。前向信号采用高频群按六中取二编码，最多可组成 15 种信号，如表 2-4 所示。后向信号采用低频群按四中取二编码，最多可组成 6 种信号，如表 2-5 所示。

表 2-4　前向信号示意图

<table>
<tr><th>频率/Hz ＼ 数码</th><th>1</th><th>2</th><th>3</th><th>4</th><th>5</th><th>6</th><th>7</th><th>8</th><th>9</th><th>10</th><th>11</th><th>12</th><th>13</th><th>14</th><th>15</th></tr>
<tr><td>F_0(1380)</td><td>○</td><td>○</td><td>—</td><td>○</td><td>—</td><td rowspan="2">—</td><td>○</td><td>—</td><td rowspan="2">—</td><td rowspan="3">—</td><td>○</td><td>—</td><td rowspan="2">—</td><td rowspan="3" colspan="2">—</td></tr>
<tr><td>F_1(1500)</td><td>○</td><td>—</td><td>○</td><td rowspan="2">—</td><td>○</td><td rowspan="3">—</td><td>○</td><td rowspan="4">—</td><td>○</td></tr>
<tr><td>F_2(1620)</td><td rowspan="4">—</td><td>○</td><td>○</td><td>—</td><td>○</td><td rowspan="2">—</td><td>○</td><td rowspan="3">—</td><td>○</td></tr>
<tr><td>F_4(1740)</td><td rowspan="3" colspan="2">—</td><td>○</td><td>○</td><td>○</td><td>—</td><td>○</td><td rowspan="2">—</td><td>○</td><td>—</td></tr>
<tr><td>F_7(1860)</td><td rowspan="2" colspan="3">—</td><td>○</td><td>○</td><td>○</td><td>○</td><td>—</td><td>○</td></tr>
<tr><td>F_{11}(1980)</td><td colspan="4">—</td><td>○</td><td>○</td><td>○</td><td>○</td><td>○</td></tr>
</table>

表 2-5　后向信号示意图

<table>
<tr><th>频率/Hz ＼ 数码</th><th>1</th><th>2</th><th>3</th><th>4</th><th>5</th><th>6</th></tr>
<tr><td>F_0(1140)</td><td>○</td><td>○</td><td>—</td><td>○</td><td>—</td><td rowspan="2">—</td></tr>
<tr><td>F_1(1020)</td><td>○</td><td>—</td><td>○</td><td>—</td><td>○</td></tr>
<tr><td>F_2(900)</td><td rowspan="2">—</td><td>○</td><td>○</td><td colspan="2">—</td><td>○</td></tr>
<tr><td>F_4(780)</td><td colspan="2">—</td><td>○</td><td>○</td><td>○</td></tr>
</table>

2. 信号音的产生

在程控数字交换系统中，无论是单音频信号音还是双音频信号音都需要经过数字交换网络，因此，信号音是数字化的。

1) 单音频信号音的产生

以 500 Hz 单音频信号音产生为例。500 Hz 单频信号周期为 2 ms，按 125 μs 间隔进行抽样(抽样频率为 8 kHz)，然后将量化编码后得到的 PCM 信号存入 ROM 中，配合控制电路，需要时读出即可。图 2-14 为单音频信号产生原理图，图 2-15 为单音频信号读出原理图。

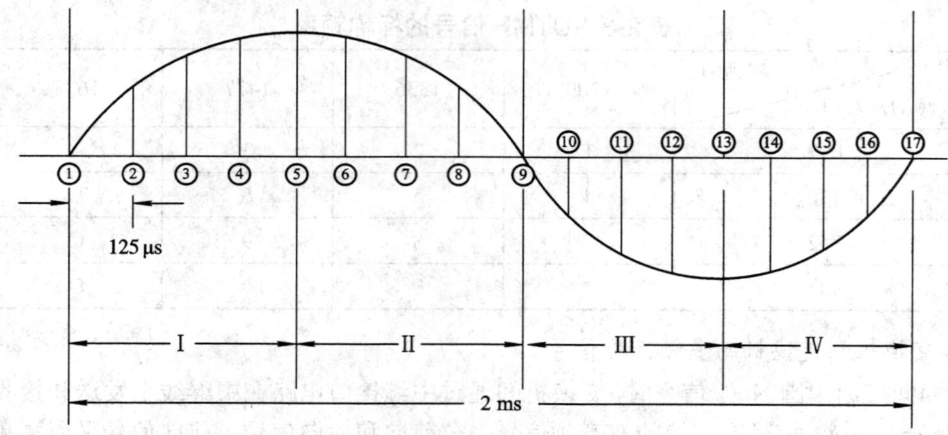

图 2-14　单音频信号产生原理图

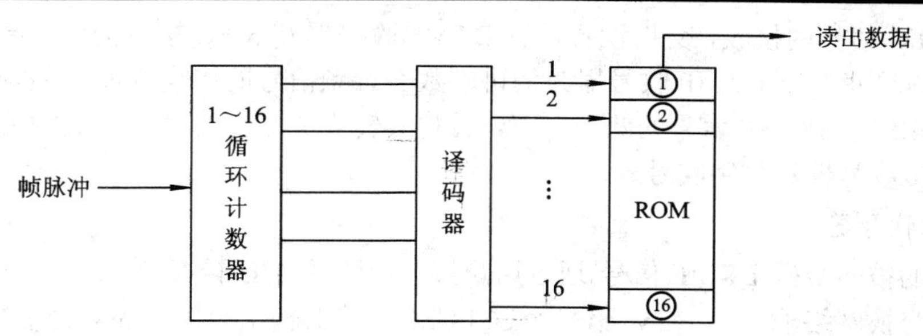

图 2-15　单音频信号读出原理图

实际应用中，不再对模拟音源进行抽样、量化和编码。这些值已经成为固定的经验值，直接存入 ROM，需要时直接读出即可。

2) 双音频信号音的产生

交换机产生的双音频信号指的是 MFC 信号。其产生原理与单音频信号大致相同，不同的是它有两个频率，因此需要确定一个“重复周期”，使得在这个周期内两个双音频信号和 8 kHz 的抽样信号都能重复完整的周期。以产生 1380 Hz 和 1500 Hz 的数字信号为例。

首先找到一个重复周期 T，使得 1380 Hz、1500 Hz、8 kHz 成整数循环，即求三者的最大公约数。当最大公约数为 20 Hz，则重复周期 $T = 1/20 = 50$ ms。在 50 ms 内 1380 Hz 重复 69 次，1500 Hz 重复 75 次，8 kHz 重复了 400 次，因此在 50 ms 内需要有 400 个抽样值存放在 ROM 中，配合控制电路，需要时读出即可。

3. 数字音频信号的发送

在数字交换机中，不论是 450 Hz 的单音频信号，还是 DTMF 双音多频、MFC 多频互控信号，都通过数字交换网络发送出去。数字音频信号的发送示意图如图 2-16 所示。

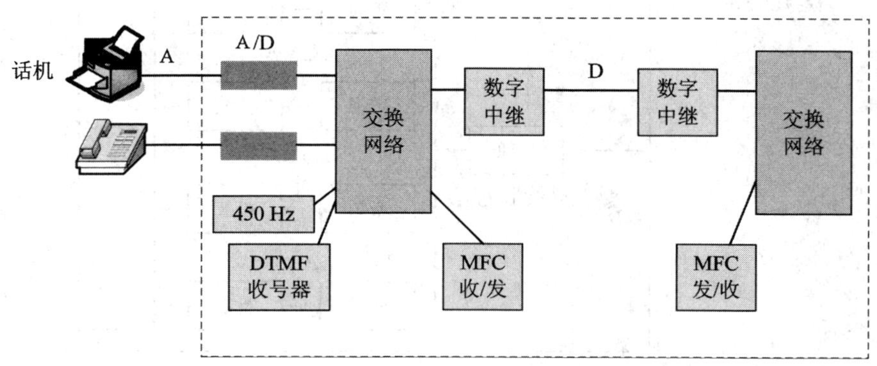

图 2-16　数字音频信号的发送示意图

交换网络通过半固定连接实现数字音频信号的发送。所谓半固定连接方式，是指在数字交换网络里，预先指定好一些内部资源，固定作为信号音存储的通道，比如，如果某用户需要听某种信号音，只要将这个信号音的 PCM 码在该用户所在的时隙读出即可。

4. 数字音频信号的接收

交换设备要接收的信号有 DTMF 信号和 MFC 信号，它们都是多频信号。为了实现

DTMF 和 MFC 信号的接收，交换设备设有 DTMF 收号器和 MFC 接收器，两者的接收原理大致相同。这里我们以 DTMF 收号器为例讲解数字音频信号的接收原理。DTMF 收号器的任务就是识别组成 DTMF 信号的两个频率，并将其转换成相应的数字。DTMF 收号器可分为两种：模拟收号器和数字收号器。

1) 模拟收号器

用户拨的被叫号码(DTMF 信号)通过用户接口电路的 A/D 转换，以 PCM 形式进入交换网络中，从交换网络输出的 PCM 信号经过 PCM 解码器输出为模拟的双音多频(DTMF)信号。这个模拟的 DTMF 信号再由双音多频检测器测出所包含的两个不同频率，由解码逻辑电路判决出用户发来的拨号数字，并把此数字送给处理器处理。模拟收号器的接收原理图如图 2-17 所示。

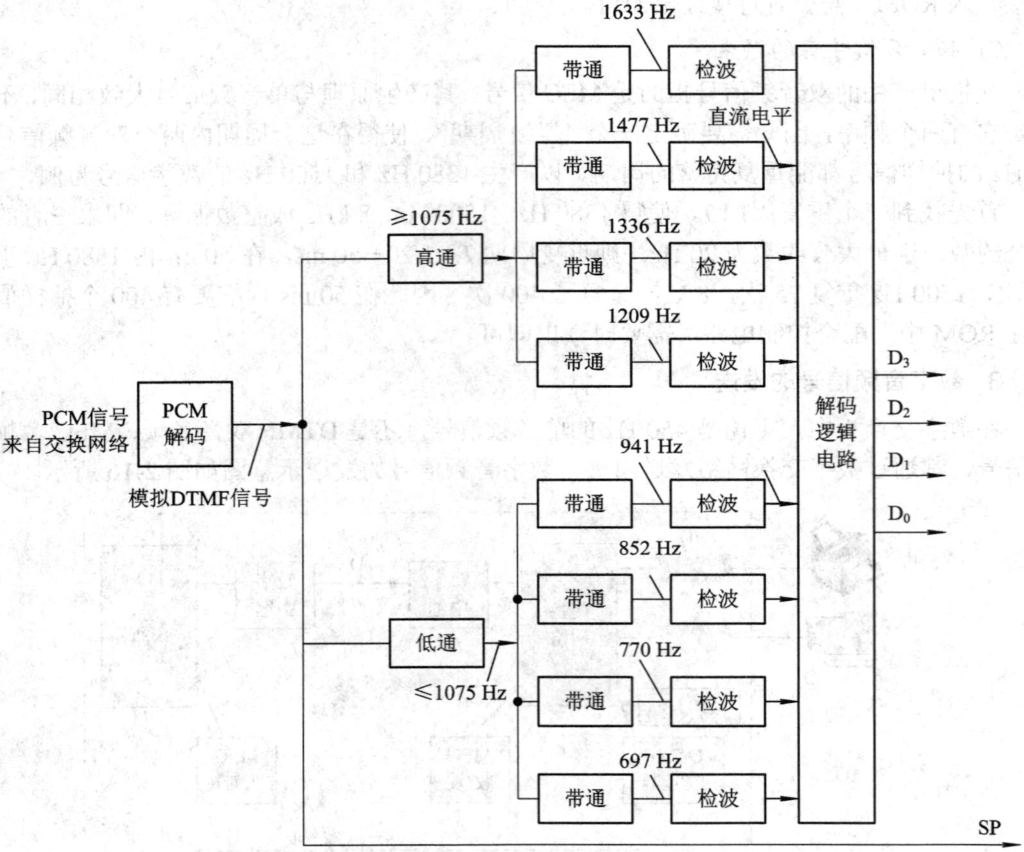

图 2-17 模拟收号器的接收原理图

2) 数字收号器

数字收号器的接收原理与模拟收号器相似，只是数字收号器由数字滤波器和数字逻辑电路构成，目前由数字信号处理器(DSP)来实现，即将交换网络送来的数字化的 DTMF 信号，直接送到 DSP 解出数字。目前的大型程控交换机主要采用数字收号器。

在数字交换机中，接收器一般是公用资源，所需接收器的数量由整个交换系统的容量来确定。

2.3.4　数字交换网络

1. 概述

1) 交换单元

交换单元是构成交换网络的基本部件，其功能是将某条入线上的信号，交换到某条出线上去。

一个具有 M 条入线，N 条出线的交换单元称为 $M \times N$ 的交换单元，如图 2-18 所示。

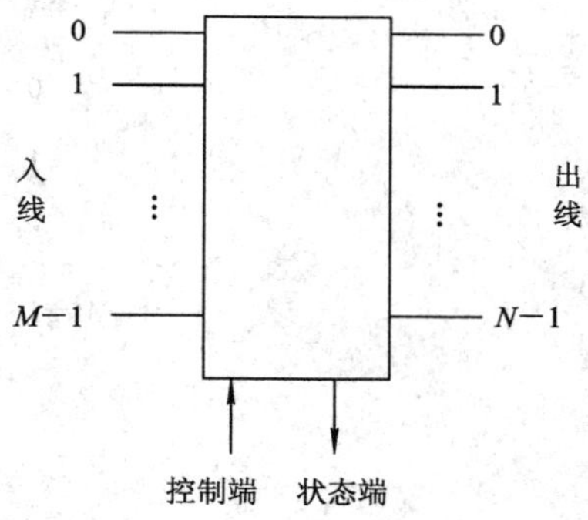

图 2-18　M × N 的交换单元

图 2-18 中，控制端用来控制交换单元某条入线与某条出线的连接，实现信息从入线交换到出线的交换功能。状态端用来描述交换单元的内部状态，让外部了解交换单元的内部工作情况。

按照交换单元入线与出线的数量关系，可以把一个 $M \times N$ 的交换单元分为集中型、分配型、扩散型三种，如图 2-19 所示。

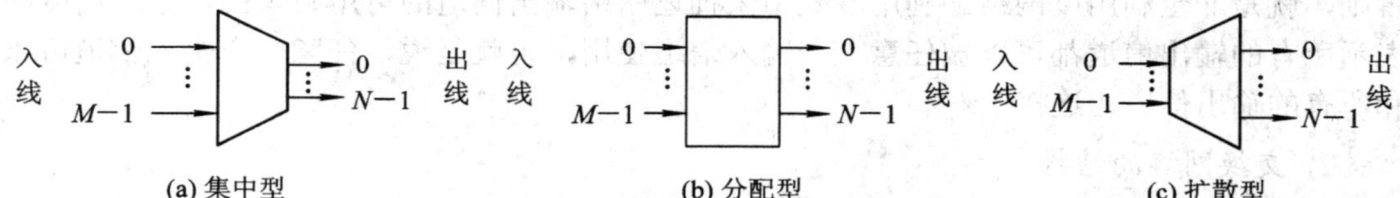

图 2-19　交换单元分类

- 集中型：入线数大于出线数($M>N$)，称为集中器。
- 分配型：入线数等于出线数($M=N$)，称为分配器。
- 扩散型：入线数小于出线数($M<N$)，称为扩展器。

按照交换单元的所有入线和出线之间是否共享单一的通道，把交换单元分为时分交换单元和空分交换单元。

时分交换单元中所有的输入口与输出口之间共享唯一的一条通道，从入线来的信息都要通过这条唯一的通道才能交换到目的出线上去。这条唯一的通道可以是一个共享总线，更常用的是一个共享存储器。时分交换单元共享通道类型如图 2-20 所示。

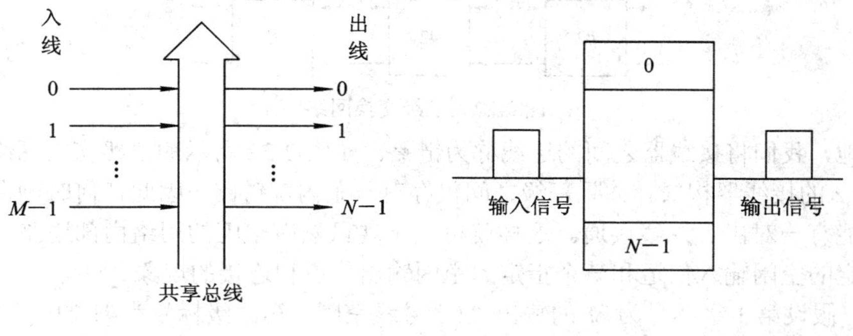

图 2-20　时分交换单元共享通道类型

典型的空分交换单元就是开关阵列，所有入线与出线之间存在多条通道，从不同入线来的信息可以从不同的出线传送，如图 2-21 所示。

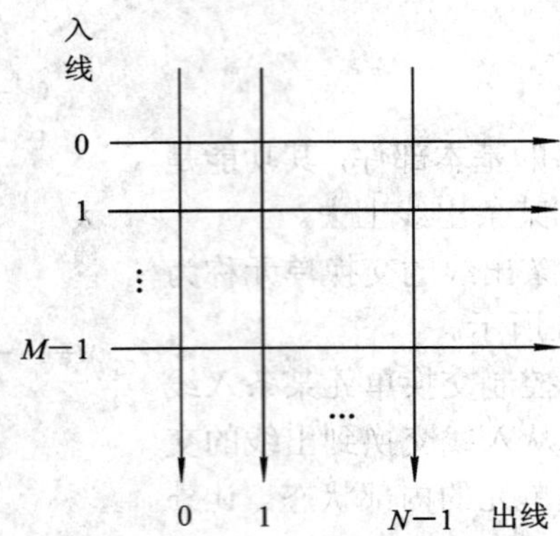

图 2-21　空分交换单元(开关阵列)

如果交换单元的任意入线可以和任意出线相连接，这种网络称为全利用度交换网络，否则，就是非全利用度网络。利用度是用来描述网络输出信道的可用数量的，全利用度即表示所有的输出信道都可以被任意一个输入信道使用，也就是说，任意一个输入信道可以和所有的输出信道相连接。

2) 交换网络的结构

实际的交换单元称做接线器。一个 $M\times N$ 的接线器就可以构成一个单级交换网络，若干个接线器按照一定的拓扑结构连接就可以构成各种多级交换网络。目前的交换网络结构多采用三级交换。

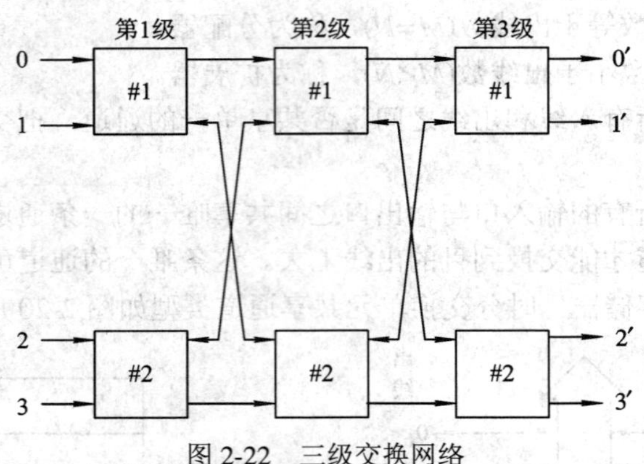

图 2-22　三级交换网络

一般地，我们将接线器之间的连线称为链路。如图 2-22 所示的三级交换网络，每一级由两个 2×2 的接线器构成，并且每级之间仅存有一条内部链路。因此任何时刻在一对接线器之间只能有一对出、入线接通。这样就可能出现虽然有空闲的网络内部通路，但却不能把某个指定的空闲输入信道和某个指定的空闲输出信道相连接的现象。

例 4　假设第 1 级标号为#1 的输出“1”号线空闲，第 3 级标号为#1 的输入“0”号线空闲，其他内部链路皆为占用。试问是否可以将第 1 级#1 上某个空闲的输入信道和第 3 级#1 上某个空闲的输出信道连接起来？

解　分析图 2-22 的结构可以得知：虽然第 1 级标号为#1 的输出和第 3 级标号为#1 的输入都有空闲信道，即网络内部有空闲通路，但第 1 级#1 和第 3 级#1 间却不能建立连接，我们将这种现象称为交换网络的内部阻塞。因此，阻塞是表示网络内部通路的可用性，即对于空闲的输入信道和空闲的输出信道，即使网络内部有空闲的通路，这些通路也不能用来将空闲的输入信道和空闲的输出信道连接起来，从而出现阻塞。一个网络是否有阻塞由网络结构决定，而阻塞率的大小不仅和网络结构有关，还和话务量的大小及其分布有关。

显然，交换网络的内部阻塞是由于网络内部的链路不通而造成的，所以要想减少内部阻塞，应增加网络内部的链路数。

在 2.2.3 节中，我们已经给出了网络无阻塞的条件，即对于一个三级交换网络，假如第 1 级入线数与出线数之比为 $N:M$，第 3 级入线数与出线数之比为 $M:N$，则网络无阻塞的条件为 $M \geqslant 2N-1$。当 $N \gg 1$时，一般取$M \approx 2N$来满足无阻塞网络条件。

2. 交换网络的组成及工作原理

在程控数字交换机中，采用数字交换网络。数字交换网络的主要特点是它通过 PCM 链路与外围模块(用户模块、中继器、信令设备等)连接。交换网络是整个话路部分的核心，它在控制系统的控制之下，为用户模块建立语音信号临时通道(接续)。图 2-23 给出了交换网络外部结构示意图。

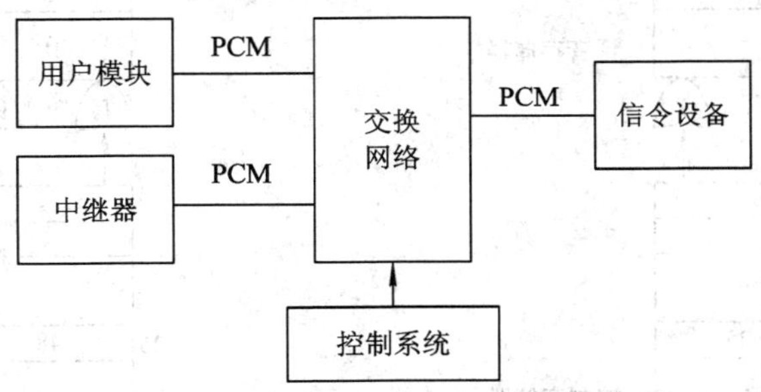

图 2-23　交换网络外部结构示意图

数字交换网络由数字接线器组成的。数字接线器有两种：时间(T)接线器和空间(S)接线器。

1) 时间(T)接线器

T 接线器(Time Switch)也称为时分接线器，是一个典型的共享存储器型的交换单元。它的输入线及输出线都为 PCM 复用线，主要功能是完成一条 PCM 复用线上各个时隙之间语音信号的交换。

(1) 组成。

T 接线器由话音存储器(Speech Memory，SM)和控制存储器(Control Memory，CM)构成。SM 和 CM 都是由随机双端口存取存储器(Dual Port Random Access Memory，DPRAM)构成的。

① 话音存储器：用于暂时存储经过 PCM 编码的数字化话音信号，每一个单元存放一个时隙的话音信号，由于每个时隙是 8 位编码，因此话音存储器每个单元的大小为 8 位。而话音存储器的单元数等于 PCM 复用线上复用的时隙总数。例如，一个 T 接线器的 PCM 链路速率为 2.048 Mb/s，则对应的复用时隙数为 32，那么该 T 接线器的 SM 有 32 个存储单元，每个单元字长为 8 bit，SM 的容量为 32 × 8(bit)。

② 控制存储器：控制存储器存放的是话音存储器读出或写入的地址号(也称做单元号

或控制字)，用来控制话音存储器的读或写。如果某用户的话音存放在话音存储器的第 6 单元，即单元地址为 6，则在控制存储器某个单元中就应写入该话音存储器的地址“6”，此控制字控制话音信号的读出或写入。控制存储器和话音存储器的存储单元数相同，每个单元的字长为话音存储器总单元数的二进制编码字长。例如，某话音存储器的单元数为 1024，则控制存储器的单元数也为 1024，每个单元的字长为 10 bit，即 $2^{10} = 1024$。

(2) 工作方式。

T 接线器有两种工作方式，分别为输出控制方式和输入控制方式。

① 输出控制方式：话音存储器的写入信号受定时脉冲控制，而读出信号受控制存储器的控制，即话音存储器采用“顺序写入，控制读出”方式。

② 输入控制方式：话音存储器的写入受控制存储器的控制，而读出信号受定时脉冲控制，即话音存储器采用“控制写入，顺序读出”方式。

例 5 某主叫用户的话音信号(用 a 表示)占用时隙 TS_{25}，通过 T 接线器交换至被叫用户 TS_{48}，图 2-24(a)、(b)给出了两种工作方式的示意图。

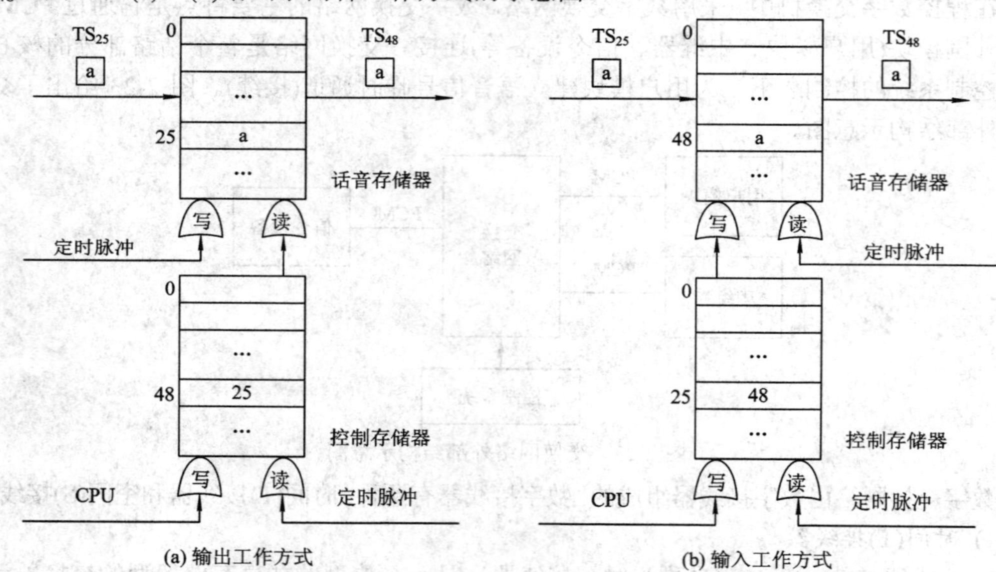

图 2-24　T 接线器工作方式

对于输出控制方式，其工作过程如下：

① CPU 根据所选路由在控制存储器的第 48 单元填写控制字 25；

② 在 TS_{25} 到来时，主叫用户的话音信号 a 在定时脉冲的控制下，写入话音存储器第 25 单元内；

③ 在定时脉冲控制下，在 TS_{48} 这一时间，从控制存储器的第 48 单元读出内容 25，把它作为话音存储器的读出地址，读出话音存储器 25 单元的内容。这正好是原来在第 TS_{25} 写入的主叫话音 a，而此话音信号在话音存储器读出的时隙为 TS_{48}，即把主叫用户话音信号 a 从 TS_{25} 交换到 TS_{48} 了，实现了主叫话音的时隙交换。

由于 PCM 通信采用四线通信，即发送信道和接收信道是分开的，如果要把被叫用户的话音信号(用 b 表示)交换给主叫用户，只要在 TS_{48} 到来时，将被叫用户话音 b 写入话音存储器第 48 单元，CPU 根据所选路由在控制存储器的第 25 单元填写控制字 48，在定时脉冲

控制下，控制存储器在第 TS_{25} 读出内容 48 作为话音存储器的读出地址，将其内容 b 读出，即把被叫用户话音 b 从 TS_{48} 交换到 TS_{25} 了。同理，对于输入控制方式，其工作原理与输出控制方式相似，不同点是话音存储器的写入受到控制存储器的控制，而读出是在定时脉冲控制下顺序读出。详细工作方式这里就不多说了。

对于 T 接线器的两种工作方式，有以下 4 点说明：

① 不论采用输出控制工作方式还是输入控制工作方式，控制存储器都采用 CPU 控制写入，顺序读出。

② 工作方式不同，存储器中存储单元的内容就不同，但可以达到相同的结果，即话音信号的交换结果是一样的。

③ T 接线器是以空间位置的划分来实现时隙交换的。这是因为不论采用哪种工作方式，都是将 PCM 复用线上的每个输入时隙的信息对应存入 SM 的一个存储单元，其实质是由空间位置的划分来实现时隙交换的，所以认为 T 接线器是采用空分方式工作的。

④ T 接线器采用时隙交换，它对输入信号会产生延迟。例如，要把 TS_1 的输入信号交换到 TS_6 中去就会产生 5 个时隙的延迟。交换过程中信息延迟最大有将近 1 帧(在写入时隙的前一个时隙读出)。此外，在一个时隙内话音存储器和控制存储器都要完成读/写各一次操作，当输入/输出 PCM 链路速率增大时，则要求存储器读/写速率要足够快。随着微电子技术的快速发展，存储器的读/写速度不断提高，但由于专用 IC 芯片的速度是有限的，因此，交换网络输入及输出速率也是有限的，相应地，交换网络的容量也是有限的。

(3) T 接线器的实现原理。

① T 接线器由话音存储器(SM)和控制存储器(CM)构成。话音存储器电路实现原理如图 2-25 所示。

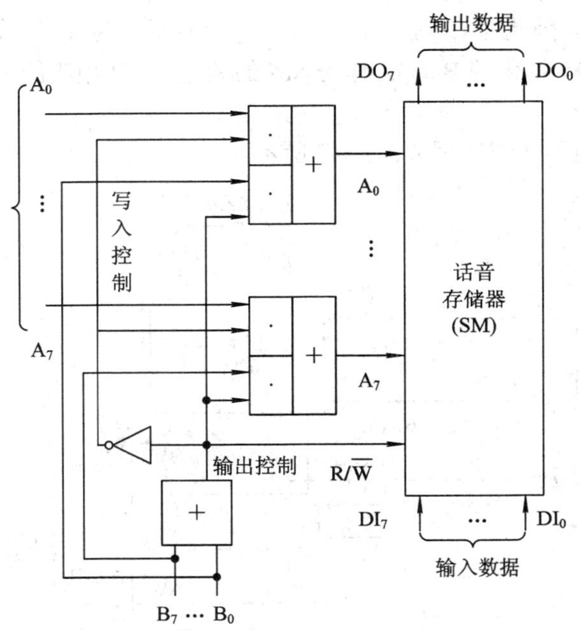

图 2-25 SM 电路实现原理图

SM 主要构件是随机 DPRAM，它可写可读。SM 除双端口存储器外，还需要相应的读/写控制电路。图 2-25 为采用输出控制方式的 SM 电路实现原理图。话音存储器在定时脉冲控制下将语音信号顺序写入，因此首先要产生用于语音信号写入的定时脉冲信号。如图 2-26 为产生的定时脉冲及位脉冲波形图。

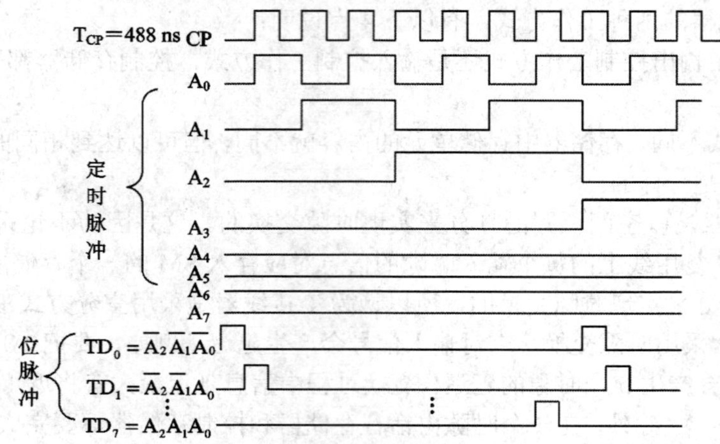

图 2-26 定时脉冲及位脉冲波形图

从图 2-26 中可见，CP 时钟周期为 488 ns，频率为 2.048 MHz，对应于 32 路 PCM 帧结构的码元速率。经过分频电路形成定时脉冲 A_0～A_7，这样在 A_0～A_7 控制下可以按顺序提供话音存储器的写入地址。当控制存储器 CM 无输出，即 B_0～B_7 全为 0 时，写入控制信号有效，打开写入地址 A_0～A_7 的门，向 SM 写地址总线写入地址，于是话音信号 DI_0～DI_7 的内容顺序写入话音存储器(SM)相应单元中。一般控制存储器在 CP 的前半周期不送数据，而在后半周期送数据。因此在 CP 后半周期时，B_0～B_7 不全为 0 时，这时读控制信号有效，则按照控制存储器(CM)提供的 B_0～B_7 作为 SM 的读地址，从相应的 SM 单元读出输出数据 DO_0～DO_7。

② 控制存储器电路实现原理如图 2-27 所示。

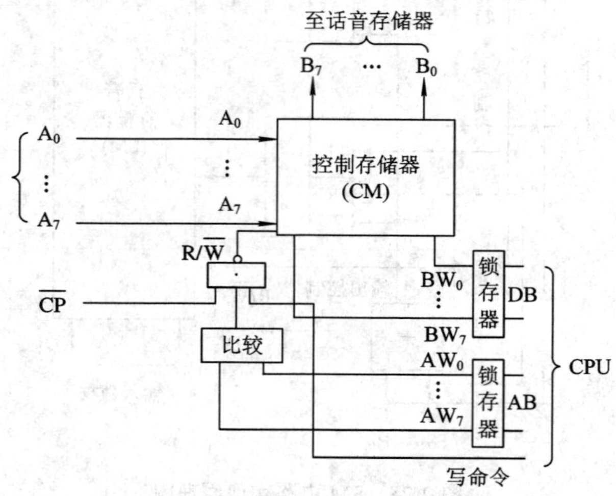

图 2-27 CM 电路实现原理图

CPU 选定路由以后，控制存储器通过锁存器，从 CPU 地址总线送来写入地址 AW_0～AW_7，从 CPU 数据总线送来写入数据 BW_0～BW_7。同时发来写命令，即在 $\overline{CP}=1$ 时使控制信号 $R/\overline{W}=0$，将控制字 BW_0～BW_7 写入到 CM 中。当 $\overline{CP}=0$ 时 $R/\overline{W}=1$，即读有效，则按照定时脉冲 A_0～A_7 指定的地址，顺序读出单元内的内容，此内容作为 SM 的读出地址，B_0～B_7 送到 SM 的地址线上。

(4) T 接线器与外围模块的连接。

由图 2-23 可知，交换网络通过多条 PCM 复用线与外围模块连接。例如传输速率为 2.048 Mb/s 的 PCM 链路由 32 个时隙复用得到，每个时隙含有 8 bit 的数字化信号，并以串行方式进入交换网络，而交换网络的主要部件是 T 接线器，其话音存储器实质就是随机 RAM，用于暂时存储从 PCM 复用链路进来的数字化信号，此数字化信号是以 8 bit 的并行方式进入到话音存储器的。因此，除了需要串/并及并/串转换电路外，还需要增加复用和分路电路，来实现 T 接线器与外围模块的连接，如图 2-28 所示。

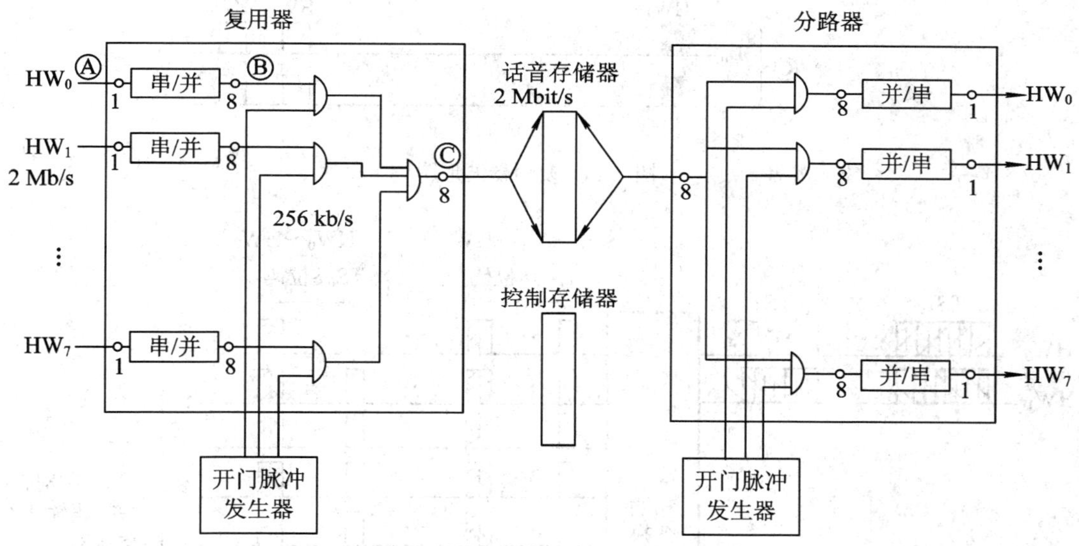

图 2-28　T 接线器与多个 PCM 链路连接原理图

图 2-28 中的 PCM 复用线也称为 HW(highway)线(或称做母线)，它是网络板和外围资源板用来通信的高速数据线。HW 线的速率与复用时隙数有关，图 2-28 所示的 HW 线由 32 个时隙复用得到，速率为 2.048 Mb/s。

① 复用器/分路器的工作原理。图 2-28 中左方框所示为复用器模块，右方框所示为分路器模块。复用器和分路器是成对出现的，分路器是复用器的逆过程。

下面分析图 2-29 所示的复用器波形图，来了解其工作原理。

图 2-29Ⓐ的每条 HW 线传输速率为 2.048 Mb/s，各时隙内的 8 位码 D_0～D_7 按时间的顺序依次排列在每条 HW 线上传送。经过串/并转换后输出(如Ⓑ所示)为 8 位并行码，每个码的传输速率为 256 kb/s，各时隙内的 8 位码 D_0～D_7 同时在 8 条线上传送。经过 8 并 1 复用器输出(如Ⓒ所示)新的帧结构，传送顺序如图 2-30 所示。

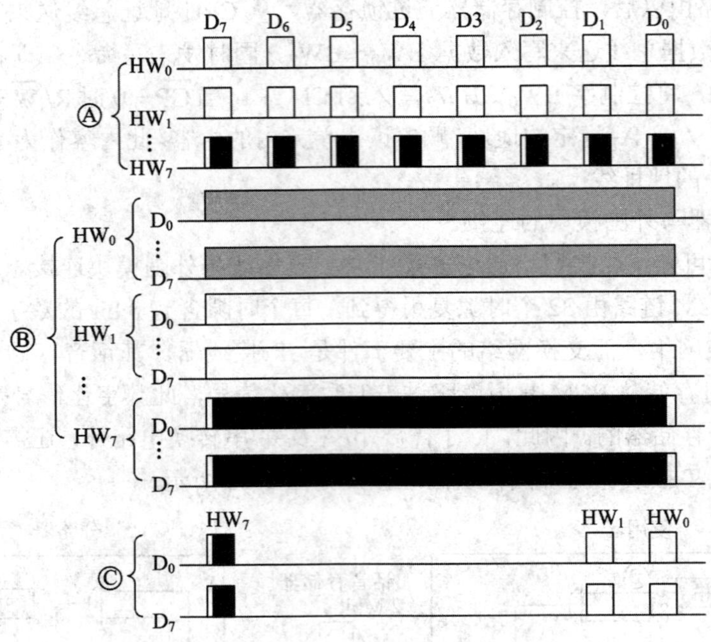

图 2-29　复用器波形图

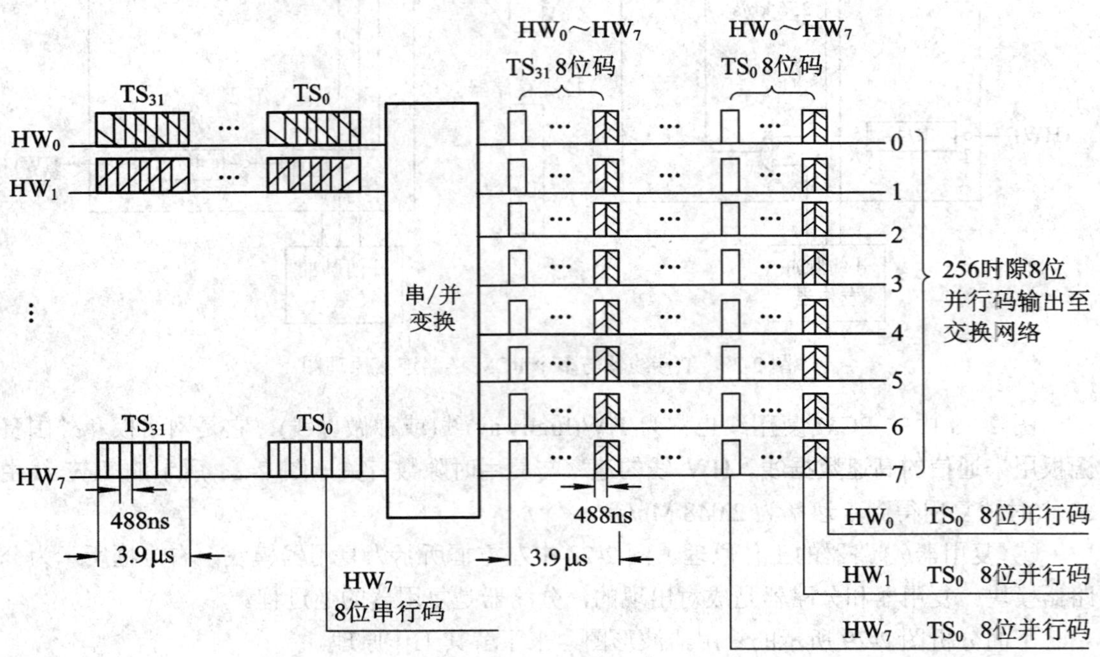

图 2-30　复用器工作原理图

从图 2-30 可以看出，复用后的输出构成新的帧结构，新帧包含 $32\times 8=256$ 个时隙(TS_0～TS_{255})，新帧中的每个时隙编号与复用前的对应关系为：

HW_0TS_0 对应复用后的新 TS_0，
HW_1TS_0 对应复用后的新 TS_1，
…
HW_7TS_0 对应复用后的新 TS_7，
HW_0TS_1 对应复用后的新 TS_8，
HW_1TS_1 对应复用后的新 TS_9，
…
HW_6TS_{31} 对应复用后的新 TS_{254}，
HW_7TS_{31} 对应复用后的新 TS_{255}，

由此可以得到：

$$TS_{复} = TS_{号} \times HW_{总} + HW_{号} \tag{2.6}$$

其中，$TS_{复}$为复用后的 TS 编号；$TS_{号}$为复用前的 TS 编号；$HW_{总}$为 HW 线总数；$HW_{号}$为复用前的 HW 线编号。

例 6　图 2-30 中 HW_6TS_3 经复用后的时隙编号为 $3\times8+6=30$，即 TS_{30}。HW_3TS_{20} 经复用后的时隙编号为 $20\times8+3=163$，即 TS_{163}。

② 复用器/分路器电路实现。复用器的电路实现原理图如图 2-31 所示。

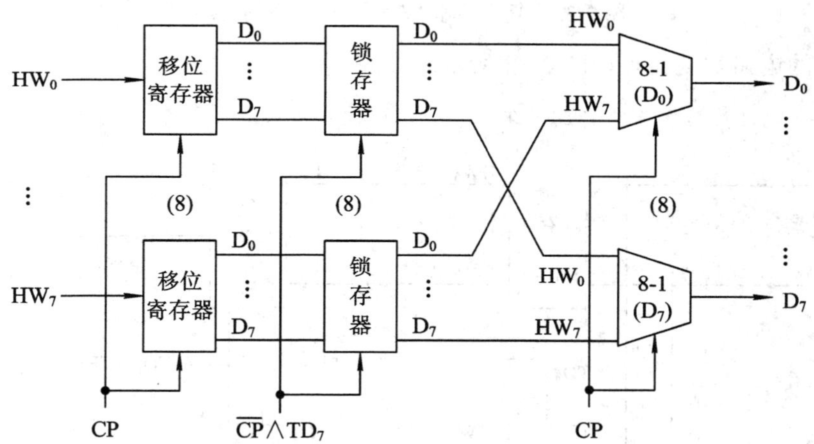

图 2-31　复用器的电路实现原理图

移位寄存器是 8 位串入并出的，总共有 8 组，实现 8 条 HW 线的串入并出。每个移位寄存器在时钟 CP 的控制下，将每个时隙中的 8 bit 串行码依次移入寄存器，所以移位寄存器输出端 D_0～D_7 码不是同时出现的，而是在时钟 CP 控制下一位一位锁存到移位寄存器的输出端的。图 2-31 中，位脉冲 TD_0～TD_7 的周期为 3.9 μs，脉宽为 488 ns，标志了每一个时隙 8 位码的某一位。中间级锁存器在 $\overline{CP}\wedge TD_7$ 时钟的控制下(TD_7 的时序图参见图 2-26)，即在每个时隙的最后一位(D_7)的后半周期($\overline{CP}$)将 D_0～D_7 的 8 位码输出到锁存器的输出端，因此锁存器输出端的数据和串行输入端的数据在时间上已经延迟了一个时隙。最后一级的 8 选 1 选择器在时钟脉冲 CP 的控制下将 8 条 HW 线的 8 位并行码依次输出送至 T 接线器的话音存储器的数据总线上。图 2-32 为复用器输入/输出信号波形示意图。

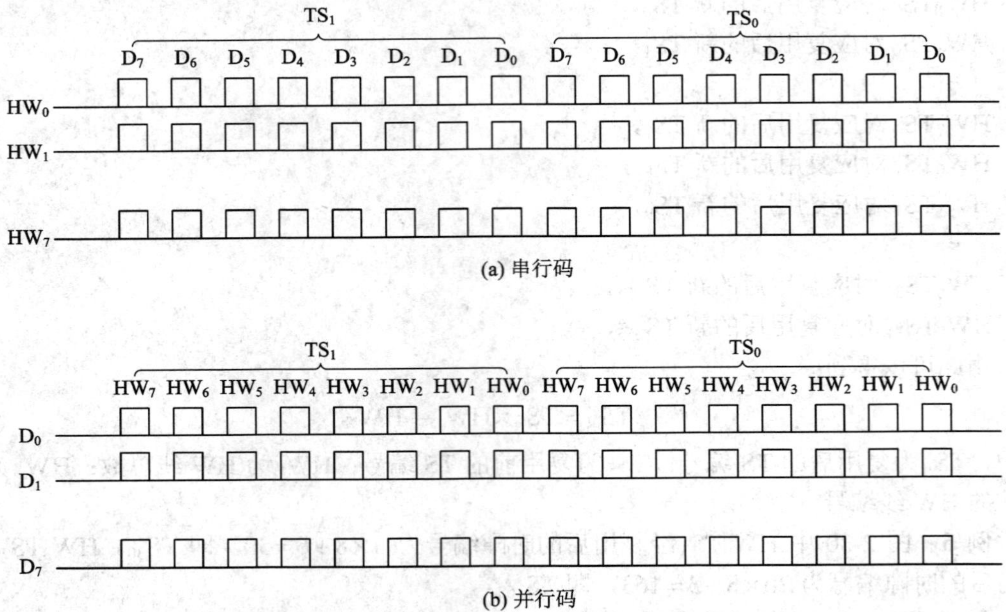

图 2-32　复用器输入/输出信号波形示意图

分路器的电路实现原理如图 2-33 所示。

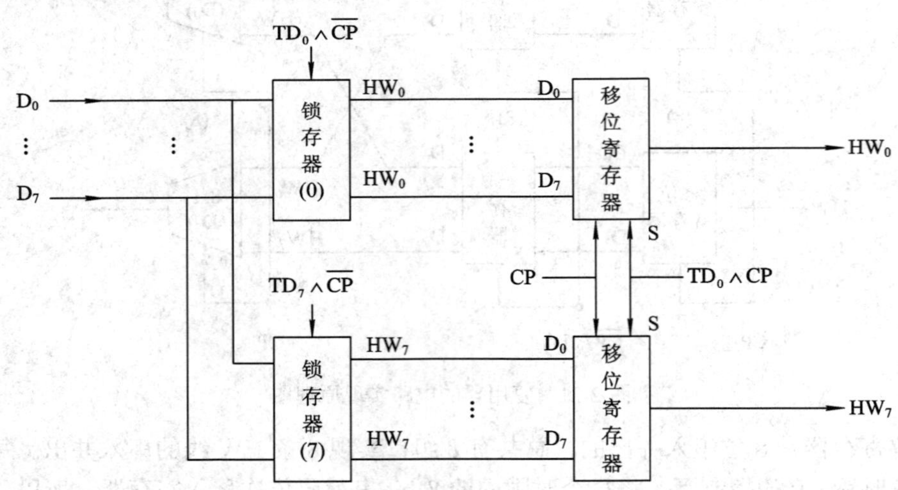

图 2-33　分路器的电路实现原理图

分路器是复用器的逆过程。图 2-33 中锁存器在 $TD_i \wedge \overline{CP}$ (i=0，1，…，7)时钟控制下，将 8 条 HW 线的 D_0～D_7 分别写入到锁存器的输出端，即当 $TD_0 \wedge \overline{CP}=1$ 时，将 HW_0 的 D_0～D_7 写入到锁存器 0；当 $TD_1 \wedge \overline{CP}=1$ 时，将 HW_1 的 D_0～D_7 写入到锁存器 1；…；当 $TD_7 \wedge \overline{CP}=1$ 时，将 HW_7 的 D_0～D_7 写入到锁存器 7。在下一个时隙的位脉冲 TD_0 到来时，即 $TD_0=1$，且满足 $TD_0 \wedge CP=1$ 时，8 个移位寄存器的置位端“S”置为 1，则将 8 个锁存器的输出端 D_0～D_7 并行码同时置入移位寄存器中。当下一个时钟 CP 到来时，这时 $TD_0=0$，移

位寄存器在 CP 时钟控制下，将输入端的并行码一位一位串行输出，如此循环下去，实现并行码/串行码的转换。

2) 空间(S)接线器

S 接线器完成不同复用总线间同一 TS 的交换，即完成空间交换(也称做母线交换)。如图 2-34 所示，n 条输入复用线和 n 条输出复用线形成 $n\times n$ 矩阵，由 n 个控制存储器(CM_1～CM_n)控制。

(1) 组成。S 接线器由电子交叉矩阵和控制存储器(CM)构成，通过控制存储器控制电子交叉矩阵接点的闭合来实现同一时隙(TS)在不同 HW 之间的交换。

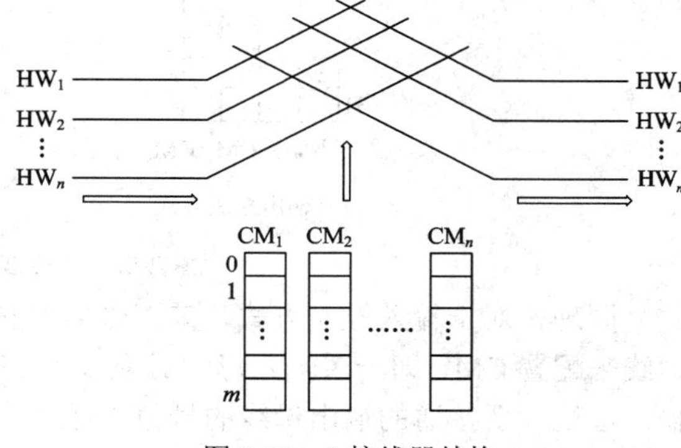

图 2-34 S 接线器结构

① 交叉矩阵：也称为开关矩阵，在图 2-34 中为 $n\times n$ 矩阵，共有 n^2 个交叉点，每个交叉点有接通与断开两种状态，这些交叉点的状态由该输入复用线或输出复用线所对应的控制存储器来控制，其功能即在多条入线之间选择一条接通出线。

② 控制存储器(CM)：用来控制交叉矩阵中的接点何时打开何时闭合。控制存储器由随机双端口存取存储器(DPRAM)构成，其数量等于输入线或输出线的个数，每个 CM 所含的单元数等于每条输入线或输出线所复用的时隙数。例如，一个 8×8 的交叉矩阵，每条复用线每帧含有 32 个时隙，则需要 8 个控制存储器，且每个 CM 有 32 个单元。

(2) 工作方式。S 接线器有两种工作方式，分别为输出控制方式和输入控制方式。

- 输出控制方式：每一个控制存储器控制同号输出端的所有交叉点；
- 输入控制方式：每一个控制存储器控制同号输入端的所有交叉点。

例 7 某 S 接线器大小为$(n+1)\times(n+1)$，则其控制存储器有 $n+1$ 个(CM_0～CM_n)。设每个 CM 的单元数为 32，对应时隙 TS_0～TS_{31}。要将 HW_0 线 TS_3 的信息传送到与 HW_n 线的 TS_3 上及将 HW_n 线上 TS_{25} 的信息传送到 HW_1 线的 TS_{25} 上。图 2-35(a)、(b)给出了两种工作方式的示意图。

对于输出控制方式，其工作过程如下：

① CPU 根据路由选择结果在 CM 写入控制字，用来控制编号相同的输出复用线上的所有开关。即在 CM_n 的第 3 单元填写输入线号“0”，在 CM_1 的第 25 单元填写输入线号“n”。(注：输出控制方式按输出复用线来配置 CM，即一条输出母线对应一个 CM，则 CM_1 对应 HW_1 输出复用线，CM_n 对应 HW_n 输出复用线，以此类推，存储单元的内容表示该存储器所对应的输出母线所要接通的输入母线的号数。)

② 控制存储器在定时脉冲的控制下顺序读出其内容，当 TS_3 到来时，其对应的 CM_n 单元数据为“0”，表明在 TS_3 时隙内，在 CM_n 的控制下，将闭合出线 HW_n 与入线 HW_0 相交叉的开关，使得 HW_0 入线上 TS_3 的信息交换到 HW_n 出线上。同理，当 TS_{25} 到来时，在 CM_1 的控制下，将闭合出线 HW_1 与入线 HW_n 相交叉的开关，使得 HW_n 入线上 TS_{25} 的信息交换到 HW_1 出线上。

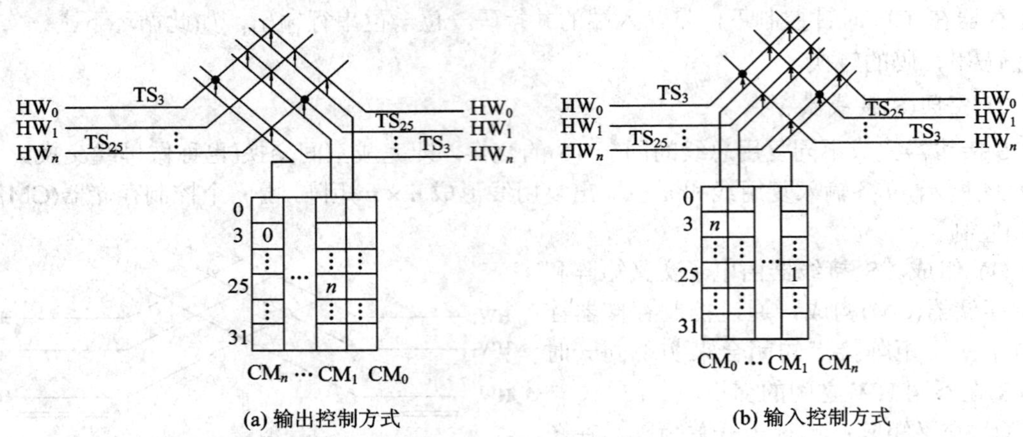

图 2-35 S 接线器的工作方式

同理，对于输入控制方式，其工作原理与输出控制方式相似，不同点在于它按输入复用线来配置 CM，即一条输入母线对应一个 CM，CM 存储单元的内容为该存储器所对应的输入母线所要接通的输出母线的号数。详细工作过程这里不再赘述。

对于 S 接线器的两种工作方式，有以下几点说明：

① 不论采用输出控制工作方式还是输入控制工作方式，控制存储器都采用 CPU 控制写入，顺序读出。

② S 接线器只能实现不同 HW 线间的交换，不能实现时隙交换，因此 S 接线器不能单独实现数字交换。

③ S 接线器以时分方式实现 HW 线之间的空间交换，这是因为交叉矩阵的输入线和输出线都是时分复用线，交叉矩阵的各个开关是按照复用时隙闭合和打开的，因此 S 接线器采用时分工作方式。

(3) S 接线器的实现原理。S 接线器由电子交叉矩阵和控制存储器构成，电子交叉矩阵(以 8×8 交叉矩阵为例)的电路实现原理如图 2-36 所示。

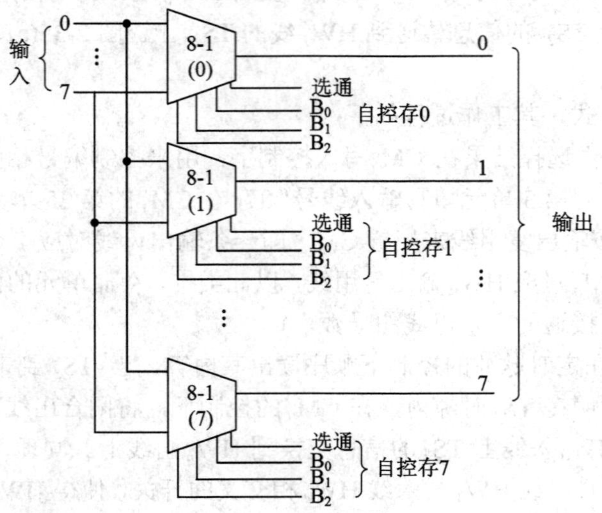

图 2-36 电子交叉矩阵的实现原理图

S 接线器以时分方式工作，每隔一个时隙(3.9 μs)改变一次接续，因此一般采用电子接点。

电子交叉接点由电子选择器组成的。图 2-36 中，电子交叉接点矩阵由 8 片 8 选 1 电子选择器构成，采用输出控制方式，因此每个 8 选 1 电子选择器负责一个输出端。控制存储器通过选通信号决定此次接续选择的是哪一片 8 选 1 电子选择器，同时控制存储器通过 $B_{0\sim2}$ 来选择数据，决定是哪个输入端要和输出端接通。

空间接线器的控制存储器电路实现原理如图 2-37 所示。

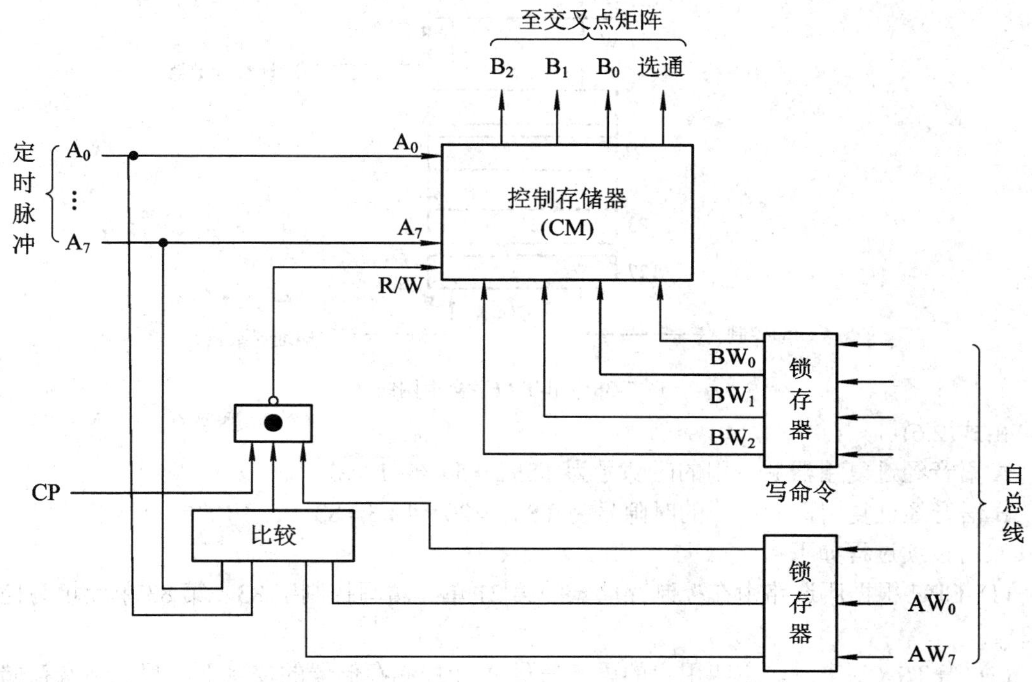

图 2-37 空间接线器的 CM 电路实现原理图

S 接线器的 CM 和 T 接线器的 CM 的实现原理基本相似，不同的是控制存储器输出的信息除了用于决定是哪个输入端要和输出端接通的控制字外，还多了一位选择字。详细工作过程这里不再赘述。

3. 几种常用的交换网络

在大型程控交换机中，数字交换机较多采用三级组合方式，如 TST、STS、TTT。其中，由于 TTT 和 TST 使用得较多，因此本节重点介绍单 T 交换网络及 TST 和 TTT 三级组合网络。

1) 单 T 交换网络

对于 T 接线器，其基本功能就是实现时隙交换，只要配上复用器和分用器，它就可以单独构成一个单 T 数字交换网络，如图 2-38 所示。

图 2-38 所示的单 T 交换网络假设有 4 条 HW 线，每条 HW 线有 32 个时隙。因此 T 接线器中的话音存储器和控制存储器各有 32×4＝128 个单元。T 接线器可以采用输入控制方

式或输出控制方式工作，图 2-38 中采用的是输入控制方式。如果要完成下列信号的双向交换：$HW_1TS_5(A) \leftrightarrow HW_3TS_{20}(B)$，分析双向接续过程。

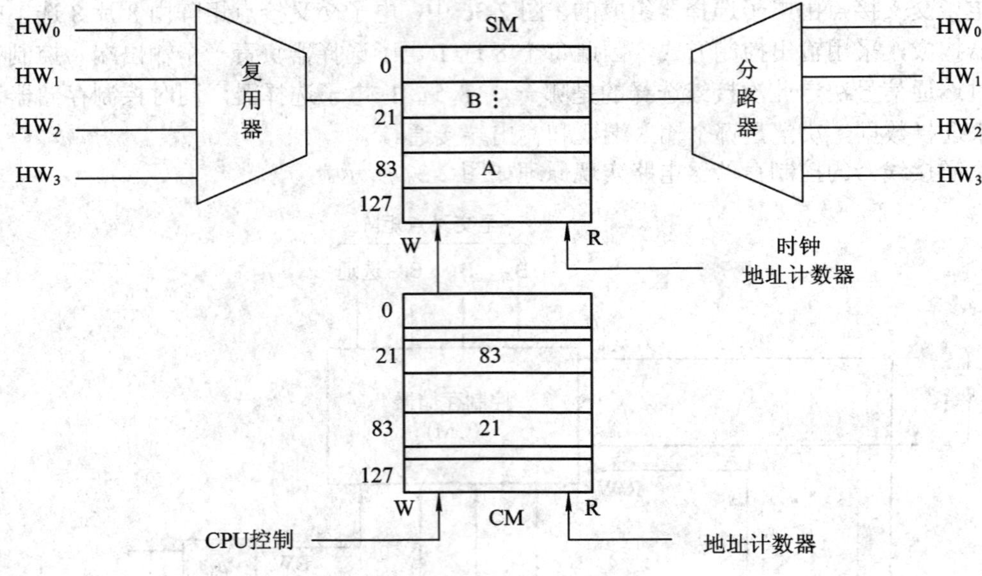

图 2-38　单 T 数字交换网络

由式(2.6)可知：

A 语音经过复用器后占用的时隙号为 $TS_{复A} = 5 \times 4 + 1 = 21$

B 语音经过复用器后占用的时隙号为 $TS_{复B} = 20 \times 4 + 3 = 83$

则其双向接续过程如下：

(1) CPU 根据所选路由在控制存储器的第 21 单元填写控制字 83，第 83 单元填写控制字 21。

(2) 当 TS_{21} 到来时，主叫用户的语音信号 A 在控制存储器的控制下，写入话音存储器第 83 单元内；当 TS_{83} 到来时，被叫用户的语音信号 B 在控制存储器的控制下，写入话音存储器第 21 单元内。

(3) 话音存储器在定时脉冲控制下顺序读出，当 TS_{21} 到来时，读出话音存储器的第 21 单元内容 B，即已把被叫用户语音信号 B 从 TS_{83} 交换到 TS_{21} 了；当 TS_{83} 到来时，读出话音存储器的第 83 单元内容 A，即已把主叫用户语音信号 A 从 TS_{21} 交换到 TS_{83} 了，实现了双向时隙交换。

单 T 网络不仅是一个全利用度、无阻塞的时分交换网络，而且控制简便。然而，单 T 网络的容量是受限的。它主要受到 3 个方面的限制：一是受限于语音信号的延迟，二是受限于实际制造能力，三是受限于控制存储器的字长。

2) TST 交换网络

TST 网络主要由复用器、分用器、时分接线器和空分接线器组成。这里将主要讨论 TST 网络的工作方式及其双向通路的建立过程。

(1) TST 网络的工作方式及双向通路的建立。

T 接线器和 S 接线器都有两种工作方式：输入控制方式和输出控制方式。因此，从原

理上来讲，在 TST 网络中，无论是 T 接线器还是 S 接线器，采用这两种工作方式中的任意一种都可以实现交换接续功能。但是，在实际应用中，两边的 T 接线器往往采用两种不同的工作方式，即输入级 T 接线器若采用输出控制方式，则输出级 T 接线器就采用输入控制方式；反之亦然。而用得更普遍的情况是，输入级 T 接线器采用输入控制，输出级 T 接线器采用输出控制，之所以如此，是因为这种结构所得到的一系列对应关系有利于软件的设计和接续控制。

如图 2-39 所示的 TST 交换网络，假设有 3 条 HW 线，每条 HW 线有 32 个时隙。输入侧 T 接线器采用输入控制方式，输出侧 T 接线器采用输出控制方式，S 接线器矩阵是 3×3 的电子交叉接点矩阵，采用输出控制方式。要在用户 A 和用户 B 之间建立呼叫接续。其中，主叫用户 A 占用 HW_1 的第 3 时隙，被叫用户 B 占用 HW_3 的第 28 时隙，如果要完成 A 用户与 B 用户的双向通信，就要实现 $HW_1TS_3(A) \leftrightarrow HW_3TS_{28}(B)$的交换。下面分析双向接续过程。

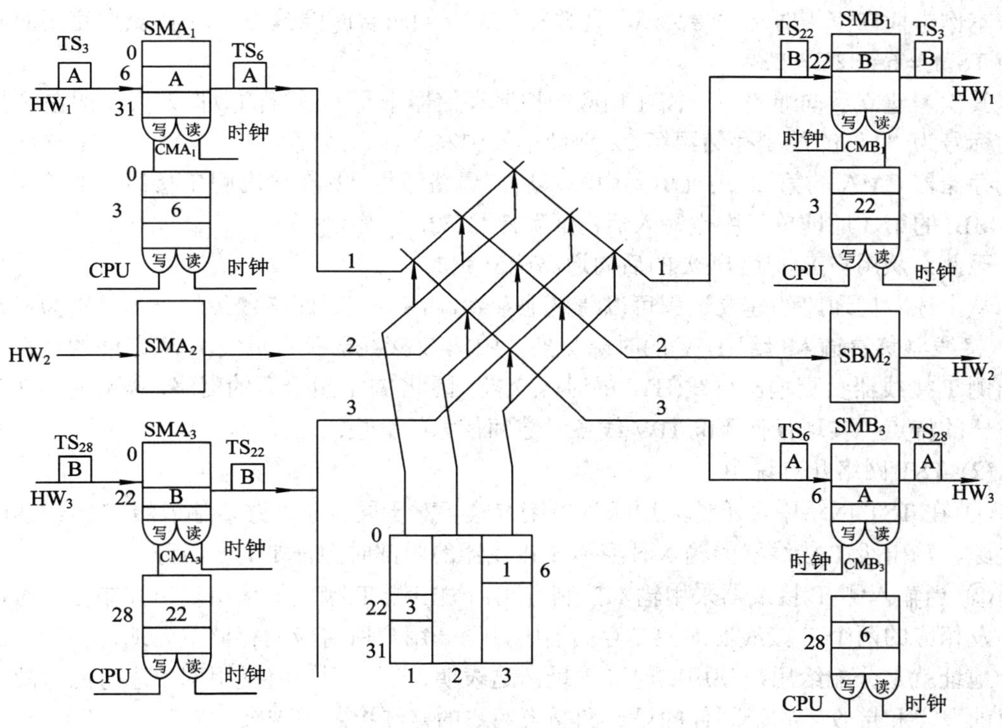

图 2-39　TST 交换网络接续示意图

① A→B 前向通路的接续过程。

首先，在 S 接线器相应的控制存储器中寻找空闲的时隙作为内部通路。由于 S 接线器采用输出控制方式，且被叫用户 B 在第 3 个 T 接线器上，故应在标号为“3”的控制存储器中寻找空闲时隙。假设选定的空闲时隙序号为 6，则在该地址的存储单元中写入主叫用户 A 所在的输入线序号“1”，从而建立了 S 级的内部通路。

其次，在输入侧 T 接线器建立交换接续通路。由于输入侧 T 接线器采用输入控制方式，且用户 A 占用 TS_3，故应在控制存储器 CMA_1 的第 3 地址单元中写入内部通路号 6。这样，用户 A 的信息将在 TS_3 时隙写入到话音存储器的第 6 个存储单元之中，并在内部时隙 TS_6 时刻读出，从而实现输入侧 T 接线器的交换接续。

最后，在输出侧 T 接线器建立交换接续通路。由于输出侧 T 接线器采用输出控制方式，且用户 B 占用 TS_{28}，故应在控制存储器 CMB_3 的第 28 地址单元中写入内部通路号 6，从而在输出侧 T 接线器建立起交换接续通路。

至此，从用户 A 到用户 B 的前向通路已建立完成。下面，还需建立一条从用户 B 到用户 A 的后向通路。

② B→A 后向通路的接续过程。

同样地，首先在 S 接线器相应的控制存储器中寻找空闲的内容时隙作为后向内部通路。在实际中，为了方便 CPU 管理和控制，一旦选中前向空闲时隙，根据反相法，后向通路的内部时隙号为 $TS_{反向} = TS_{前向} \pm$ 半帧时隙数。这样，CPU 只需选一次，第二次自动在第一次选择的时隙号上加半帧时隙数即可，无须再选第二次通路时隙。

本例中前向空闲时隙序号为 6，且 S 接线器一帧所含时隙数为 32，则反向空闲时隙序号为 $TS_{反向} = 6 + 32/2 = 22$。

其次，建立后向通路。只需在相应的控制存储器中写入适当的数据即可，即在 S 接线器的标号为“1”的控制存储器第 22 地址单元中写入输入线序号 3；在输入侧 T 接线器的控制存储器 CMA 的第 28 地址单元中写入后向通路序号 22；在输出侧 T 接线器的控制存储器 CMB_1 的第 3 地址单元中也写入后向通路序号 22。

至此，从用户 B 到用户 A 的后向通路建立完成。

从上述双向通路的建立过程可以清楚地看到，TST 三级网络各级的分工分别为：输入侧 T 接线器负责输入母线(HW)的时隙交换，中间 S 接线器负责母线(HW)之间的交换，而输出侧 T 接线器负责输出母线(HW)的时隙交换，因此 TST 组合后的网络，能够利用 T 和 S 接线器的特点，实现任何不同 HW 线各时隙间信息的交换。

(2) TST 网络几点说明。

① 在 TST 网络中，不论采用哪种控制方式，对于同一条通路，输入级 T 接线器的输出时隙、输出级 T 接线器的输入时隙和 S 接线器的内部时隙都是同一时隙。

② 当输入侧 T 接线器采用输入控制方式，输出侧 T 接线器采用输出控制方式时，在收、发相应的两个 T 接线器的控制存储器中，同一用户所对应的存储单元地址相同，而且这个地址就是分配给用户使用的时隙地址。这表明，同一用户将使用同一序号的时隙进行信息的发送和接收，它给软件的设计和交换网络的接续控制都带来了方便。

③ 对于 S 接线器来说，采用输入控制方式或输出控制方式在原理上都是可行的，大多倾向于采用输出控制方式。这是因为，在输出控制方式下，如果在 S 接线器的若干个控制存储器的同一地址单元中写入相同的数据，就可以使 S 接线器上若干条不同的输出线在同一时隙内和同一输入线相接，这种重接能够方便地实现信号的广播式传送，也就是将同一种信号同时传送给不同的用户。在程控交换系统中，许多用户经常都是在同一段时间内接收同一种信号，如拨号音、回铃音、忙音等。

④ 一般情况下，TST 网络存在内部阻塞，但这种网络的阻塞率是很小的，大概是 10^{-6} 数量级，即可以近似为无阻塞网络。

3) TTT 交换网络

TTT 交换网络是目前局端交换机采用最多的网络结构，这里将以图 2-40 为例，讨论 TTT 交换网络的双向通路的建立过程。

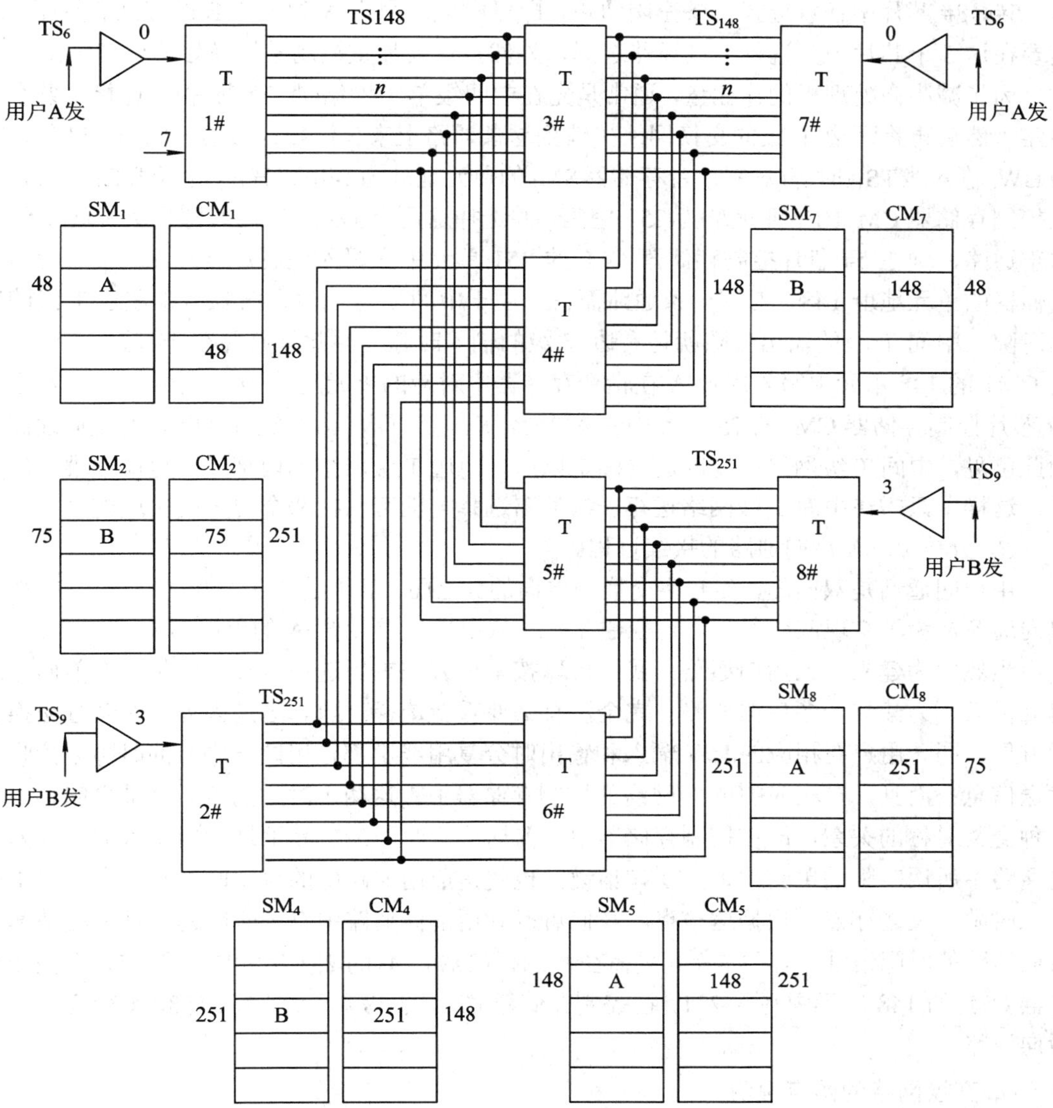

图 2-40　TTT 网络接续原理

图 2-40 所示的 TTT 交换网络，第一级 T 网络由 #1 和 #2 两个 T 芯片构成，第二级 T 网络由 #3、#4、#5 和 #6 四个 T 芯片构成，第三级 T 网络由 #7 和 #8 两个 T 芯片构成。每个单 T 芯片容量为 256 × 256，并且假设所有的单 T 芯片均采用输出控制方式工作。其中，主叫用户 A 占用 #1 芯片的 HW_0 的第 6 时隙，被叫用户 B 占用 HW_3 的第 9 时隙，如果要完成 A 用户与 B 用户的双向通信，即实现：$HW_0TS_6(A) \leftrightarrow HW_3TS_9(B)$的交换。分析双向接续过程如下：

① 分析 A→B 前向通路的接续过程。

由图可见，要将用户 A 的信息传送给用户 B，需要经过 1#，5#，8# 共 3 个单 T 网络进行交换接续，且有 256 条通路可供选用。从原理上讲，在这 256 条通路中，只要分别在 1#，5#，8# 芯片中任意选择一条空闲通路，即可实现从用户 A 到用户 B 的接续。然而，这需要在这 3 个芯片中共进行 3 次通路选择，显然，这会加重控制系统微处理机的负荷。

为了减少微处理机的作业量，通常是先在中间级单 T 网络(即 5# 芯片)上选择 1 条空闲通路，然后再将两边 T 级的交换网络接续到这条通路上来。例如，假设中间(即 5# 芯片)T 级 HW_4 输入线 TS_{18} 时隙(对应话音存储器 SM_5 的单元地址为 148)和 HW_3 输出线 TS_{31} 时隙(对应控制存储器 CM_5 的单元地址为 251)空闲，并选择这两个输入、输出时隙构成中间 T 级的内部通路，则在 5# 芯片控制存储器 CM_5 的 251 单元中应写入该芯片该芯片应读出的话音存储器的单元地址 148。对同一条通路而言，由于中间 T 级的输入时隙就是左边 T 级的输出时隙，中间 T 级的输出时隙就是右边 T 级的输入时隙。因此，只要在 1# 芯片控制存储器 CM1 的 148 单元中写入用户 A 在话音存储器中对应的单元地址 48，在用户 B 所对应的 8# 芯片控制存储器 CM_8 的 75 单元中写入 251，就建立了从用户 A 到用户 B 的正向通路。由此可见，中间 T 级网络的内部通路确定以后，两边 T 级网络的内部通路也就被唯一确定了，这样，只需在中间 T 级网络进行一次通路选择，就可以在两个用户间实现链接。

② 分析 B→A 后向通路的接续过程。

用户间通话是双向的，而数字交换是单向的。上面，我们建立了从用户 A 到用户 B 的单向通路，为了实现双向通话，还应建立一条从用户 B 到用户 A 的单向通路。

当然，为建立一条后向通路，我们可以按上述方法重新选择时隙。但是，在前向通路建立以后，为建立一条后向通路，完全没有必要重新选择时隙。这是因为，在时分交换为了方便，同一用户在相应的 HW 输入和输出时分复用线上都是用同一序号的时隙来接收和发送信息；而且，在相应的单 T 网络的控制存储器中，这两个时隙的单元地址之间存在着一种交叉对称的关系，即在控制存储器中，前向通路时隙的单元地址中所写入的地址是后向通路中所用时隙的单元地址，换句话说，也就是前向通路中的输出时隙是后向通路中的输入时隙；反之亦然。根据这一点，我们可以利用前向通路中有关时隙的地址方便地建立后向通路的时隙地址。对于本例，只需在控制存储器 CM_2 的 251 单元中写入 75，在控制存储器 CM_4 的 148 单元中写入 251，在控制存储器 CM_7 的 48 单元中写入 148，就建立了一条后向通路。

4. 交换网络的两点说明

从实际应用角度考虑，对交换网络有两点基本要求：

(1) 要求交换网络扩容方便；

(2) 要求交换网络安全可靠，一旦交换网络出现故障时尽可能减小对整个系统的影响。

为了满足这两点基本要求，在实际工程中，一般采取以下措施措施：

(1) 交换网络一般都采用模块化结构，每个模块具有一个固定容量的交换接续能力；

(2) 从系统安全可靠性考虑，交换网络一般都按双重互用结构配置。所谓双重互用，即这两个交换网络都能独立运行，当一个交换网络出现故障时，则该网络所承载话务流量全部转移到互用的另一个网络上去。

2.4　程控数字交换机的软件系统

2.4.1　控制系统

程控交换机除了话路部分外，还要有控制话路工作的控制系统。控制系统是程控交换机的指挥系统，所用的命令从这里发出，交换机执行的每一个操作(比如呼叫通路的建立与释放以及交换机的维护管理等)都是在控制系统的控制下完成的。

交换机的控制系统在可靠性和处理能力上的要求要比其他控制系统高，这使得程控交换机的控制系统有别于一般的控制系统，在控制系统的构成方式和处理机之间的工作方式上具有其特殊性。

1. 程控交换机对控制系统的基本要求

1) 呼叫处理能力

在保证规定服务质量标准的前提下，处理机处理呼叫的能力通常用最大忙时试呼次数(BHCA)来表示，即在单位时间内控制系统能够处理的呼叫次数。

程控交换机的呼叫处理能力与交换机的系统结构、处理机性能、操作系统的效率、呼叫处理相关软件的编程效率等因素有关。因此，在程控交换机的软硬件设计中要充分考虑这些因素对呼叫处理能力的影响。

2) 高可靠性

控制系统是程控交换机的指挥中心。按照邮电部电话交换设备总技术规范，程控交换机系统的中断指标是 20 年内系统中断时间不得超过 1 小时。系统中断是指由于系统故障，不能处理任何呼叫且时间大于 30 s。因此要求控制系统的可靠性要高，故障率要低。当出现故障时，处理故障的时间要尽可能的短。

3) 灵活性和适用性

要求控制系统在整个工作寿命期间能适应新的服务需求及技术的发展。

以上这些基本要求对控制系统的结构提出了较高的要求。目前的程控交换机由若干个处理机来控制的，即所谓的多处理机的结构，各处理机之间的组成方式不同将对系统的性能有较大的影响，下面将对其进行讨论。

2. 控制系统的结构方式

控制系统的主要作用是实现交换设备的控制功能。一般而言，控制功能可分为呼叫处理功能和运行维护功能两部分。呼叫处理功能包括从建立呼叫到释放呼叫整个呼叫过程的控制处理。例如，外围接口电路的监视扫描，收集各种状态变化，分析处理所接收的各种信号，控制交换网络的选路与接续，以及调度管理各种硬件和软件资源。运行维护功能则包括对系统数据及用户数据的配置以及系统的维护管理、故障的诊断处理等。

控制系统的结构方式与程控交换机的控制方式之间有密切关系，控制方式不同，控制系统结构也有所不同。控制方式一般可分为集中控制方式和分散控制方式两种。

1) 集中控制方式

在程控交换系统中，如果任何一台处理机都可以实现交换机的全部控制功能，即管理交换机的全部硬件和软件资源，则这种控制方式就叫做集中控制方式，如图 2-41 所示。

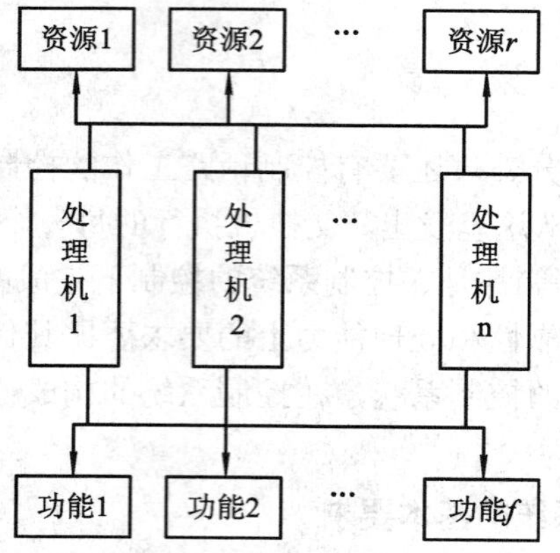

图 2-41 集中控制方式

从图 2-41 可以看出，控制系统中的任意一个处理机都能应用全部的 r 个资源，完成交换机的全部 f 个功能。这种控制方式适用于功能简单，容量较小的交换设备，如小容量的用户交换机。

集中控制方式的主要优点是：处理机对整个交换系统状态有全面了解，使用并管理系统的全部资源，不会出现争抢资源的冲突。此外，各种控制功能之间的接口都是程序之间的软件接口，任何功能的变更和增删都只涉及到软件，从而实现较为方便、容易。

然而，集中控制方式也有其缺点：由于控制高度集中，使得这种系统比较脆弱，一旦处理机出现故障，就可能引起整个系统瘫痪。此外，软件实现所有功能，规模较大，系统管理较困难。

2) 分散控制方式

在程控交换系统中，如果任何一台处理机都只能执行交换机的部分控制功能，管理交换机的部分硬件和软件资源，则这种控制方式就叫做分散控制方式，如图 2-42 所示。

从图 2-42 可以看出，控制系统由 n 个处理机构成，每个处理机完成交换机 f 个功能中的一个或几个，只能应用全部 r 个资源中的一个或几个。这种控制方式适用于功能复杂、容量较大的大型局端程控交换系统。

根据处理机的自主控制能力，分散控制方式又可分为分布式分散控制方式和分级分散控制方式。

(1) 分布式分散控制方式。

分布式分散控制也称为全分散控制，系统中每一个处理机都是独立工作，不受其他处理机的控制。这也就是说，系统中所有的处理机都在同一级上工作，在控制上彼此独立。

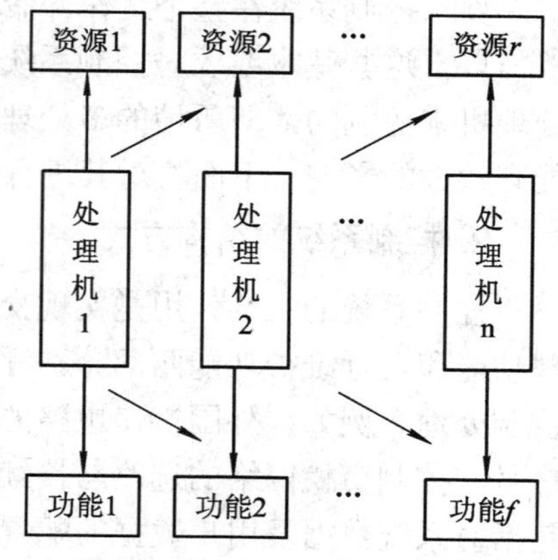

图 2-42 分散控制方式

分布式分散控制的主要特点：

① 由于每台处理机只能执行部分功能，这就要求各处理机之间要相互通信，协调配合完成整个交换系统的功能。因而各处理机之间通信接口较复杂。

② 由于每台处理机只能执行部分功能，故每个处理机上的运行软件相对简单。

③ 若某个处理机发生故障，只会影响到这个处理机所要实现的功能，不会导致整个控制系统瘫痪，系统可靠性比较高。

④ 采用分散控制的系统，系统结构的开放性和适应性强，扩展能力较好。

(2) 分级分散控制方式。

分级分散控制介于集中控制和分布式控制之间的一种控制方式，兼顾这两种控制方式的特点。在分级控制方式中，有些资源和功能分散由不同的处理机使用和实现，有些资源和功能则集中由一台处理机使用和实现。

分级控制来源于对控制功能的分级。根据处理过程的复杂性和程序执行的实时性，目前交换系统的控制功能可以从逻辑上分为三级，如图 2-43 所示。

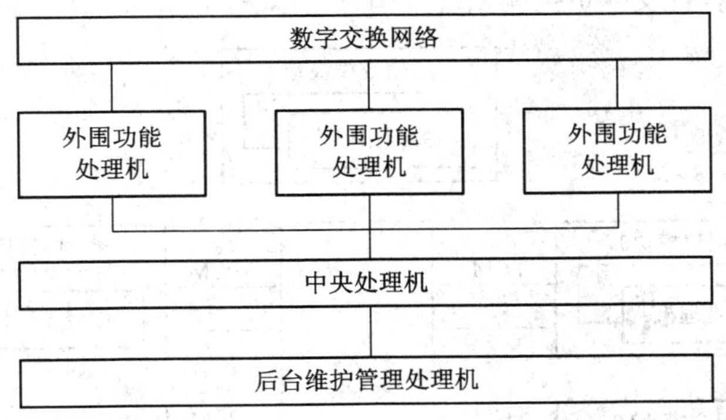

图 2-43　分级分散控制常用结构方式

- 第 1 级：外围功能处理机，完成较低层次的控制功能。主要任务是检测各种外围接口电路的状态变化和接收各种外来输入信号，如用户摘挂机扫描及号盘话机脉冲的识别等。其特点是执行频繁、实时性强、功能简单。
- 第 2 级：中央处理机，主要任务是分析处理从第 1 级接收来的各种信息，调度管理整个系统的公共资源，完成呼叫控制功能，承担号码分析、路由选择等高一级的呼叫处理功能。第 2 级的工作没有第 1 级繁忙，实时性要求也没有第 1 级高，但分析处理程序要比第 1 级复杂。
- 第 3 级：后台维护管理处理机，主要任务是完成故障诊断、实现维护管理等功能。第 3 级的程序最复杂，而且程序量大，但程序执行的频率较低，仅在系统出现故障或者需要进行人机对话时才执行这一级程序，与第 1、2 级比较，实时性要求最低。

分级分散控制的主要特点：

① 处理机间是分等级的，高级别的处理机管理低级别的处理机，比如第 3 级管理第 2 级，第 2 级管理第 1 级。级别越高，软件复杂度越大。

② 采用分级分散方式的控制系统可靠性高于集中控制方式，但低于全分散控制方式。

从上述 2 种分散控制方式的介绍中可以看出，分散控制有助于整个系统硬件、软件模

块化，同时提高了系统的可靠性，并使得系统结构清晰，修改方便，编写也相对容易。此外，硬件系统、软件系统的高度模块化使得分散控制系统能适应未来通信业务发展的需要。因此，分散控制系统代表了交换系统的发展方向。

3. 分散控制系统中多处理机的工作方式

在分散控制系统中，每台处理机可按容量(话务)分担或功能分担的方式工作。

1) 容量(话务)分担方式

每台处理机分担一部分用户的全部呼叫处理任务。因此，每台处理机完成的任务一样，只是面向不同的用户群，处理机的数量随着容量的增加而增加，每台处理机都要具有呼叫处理的全部功能。

2) 功能分担方式

多个处理机分别完成不同的功能，因此，每个处理机只承担一部分功能。这样处理机上运行的软件得到简化，若需增强功能，软件上也易于实现。

图 2-44 为大型程控交换机控制系统结构方式示意图。

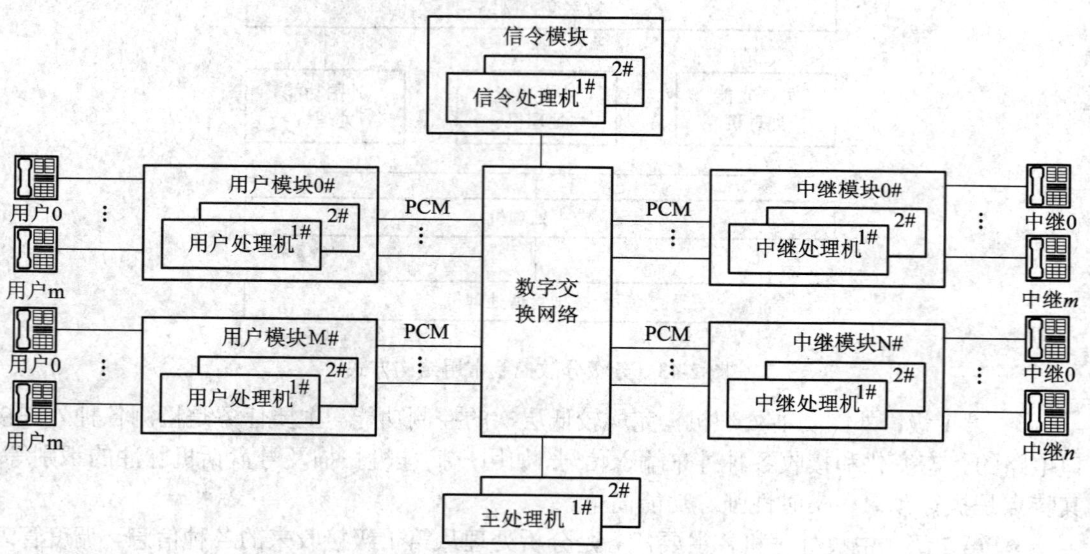

图 2-44　大型程控交换机控制系统结构方式示意图

在图 2-44 图中，处理机间是分等级的。第 1 级的外围功能处理机包括用户处理机、中继处理机和信令处理机。用户处理机实现用户摘挂机扫描、脉冲拨号的接收、时隙分配等功能；中继处理机实现对中继线的监视、局间信令的收发等功能；信令处理机产生各种信号音、实现 DTMF 信号的接收、MFC 信号的发送和接收等功能。第 2 级主处理机实现呼叫处理、交换网络的接续控制等功能，并控制外围功能处理机的工作。因此可以得出，不同的处理机实现的功能不同，它们之间是按照功能分担方式工作的。图 2-44 中的用户模块、中继模块不止一个，每个模块的处理机分别完成一组用户的话务管理或一组中继线的管理，它们只是面向的用户群或中继群不同，但实现的功能是相同的，各模块间的的处理机是按话务分担方式工作的。

4. 控制系统的冗余配置

控制系统是程控交换机的“中枢神经”，因此对交换机的控制系统在可靠性上的要求也就比较高。为了提高控制系统的可靠性，处理机一般采用冗余配置。处理机的冗余配置一般有两种形式：双机配置和 $N+1$ 多机配置。

1) 双机配置

双机配置是提高可靠性的一种最简单的方法。在双机配置中，两台处理机执行的功能完全一样，当一台处理机出现故障时，则由另一台接替运行。双机冗余配置又可根据具体工作方式的不同分为同步方式、主备用方式和互助方式。

(1) 同步方式。同步方式是两台处理机同步工作，即同时从外围设备接收信息进行处理，同时执行同条指令，并比较执行结果。若结果相同则由主处理机向外围设备发控制命令和输出数据；若不同，说明可能有一台处理机发生故障，两台处理机立即中断正常处理，各自进入检测程序，以判断是哪一台处理机出现故障，并替换发生故障的处理机。同步方式结构图如图 2-45 所示。

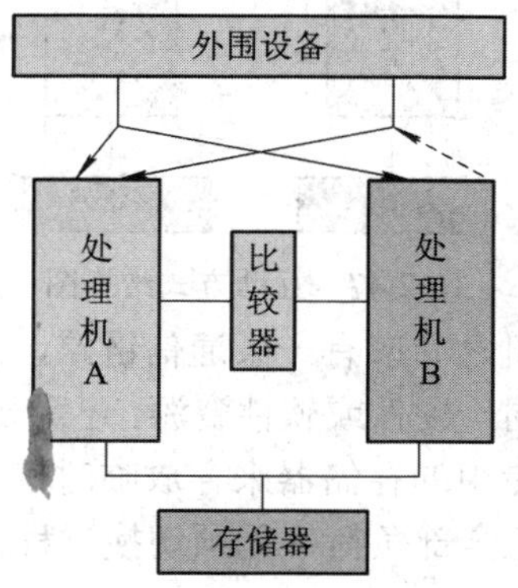

图 2-45　同步方式结构图

同步方式的优点是能及时发现故障，中断时间较短，几乎没有呼叫丢失，软件实现也比较简单。缺点是每执行一条指令都要对结果进行比较，降低了处理机的处理能力。

(2) 主备用方式。主备用方式，也就是只有主处理机参与运行处理，备用处理机机不运行。当运行的主处理机出现故障时，才进行主备切换，使备用处理机投入运行。主备用方式结构图如图 2-46 所示。

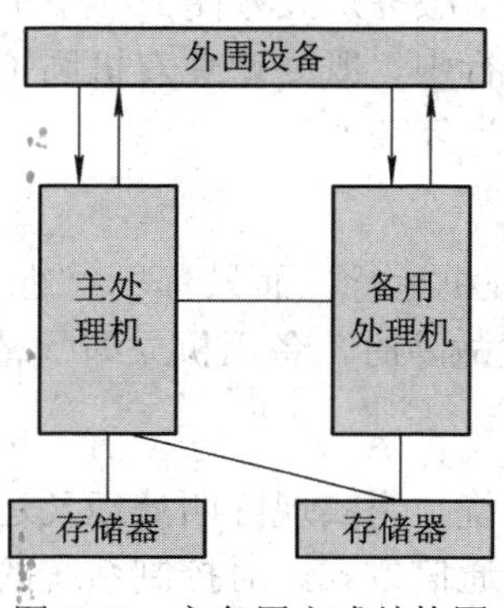

图 2-46　主备用方式结构图

主备用又有冷备用与热备用之分。冷备用是指平时备用处理机不保留呼叫处理数据，一旦主处理机发生故障倒向备用处理机时，数据全部丢失，新的主处理机需要重新初始化，重新启动，因此一切正在进行的通话全部中断。

热备用使用了公共存储器来保存现场数据。平时主处理机和备用处理机都保留呼叫处理数据，一旦主处理机故障而倒向备用处理机时，呼叫处理的暂时数据基本不丢失，原来处理通话或振铃的用户不中断，所丢失的仅仅是那些在切换时企图建立呼叫的用户。

(3) 互助方式。互助方式也称为负荷分担方式。两台处理机各自独立同时运行，每一台处理机承担一半的话务负荷。当一台处理机出现故障时，则由另一台处理机承担全部话务容量。互助方式结构图如图 2-47 所示。

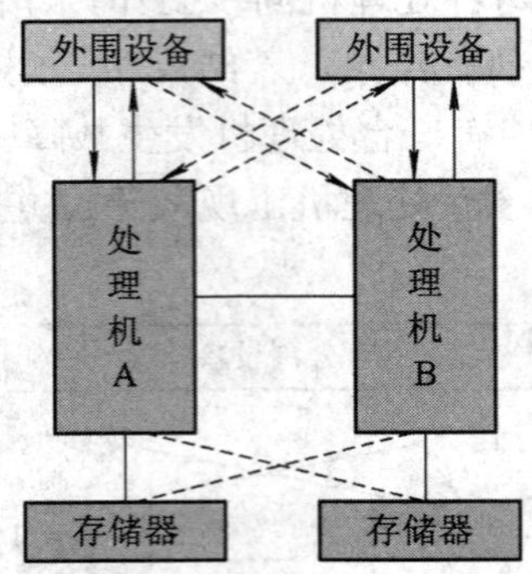

图 2-47　互助方式结构图

为了协调运行，两台处理机之间应有一条通信链路，用以交换相互配合所需的信息。为了避免两台处理机同时争抢同一硬件或软件资源，还需要有一个硬件或软件的互斥设备。此外，两台处理机必须有自己专用的存储器来存放临时性的呼叫数据，一旦某一处理机发生故障，则由另一台处理机承担全部负荷，无须切换过程，呼损较小。

互助方式有以下优点：

(1) 由于两台处理机彼此独立工作，同时发生软件故障的概率较低，因此对瞬时硬件故障和软件错误有高度的容错能力，几乎在所有的情况下都可以不中断服务。

(2) 由于每台处理机都是按能处理全部话务容量的要求设计的，因此在正常的双机运行情况下，该系统具有较高的话务过载能力，能适应较大的话务波动。

(3) 在扩充新设备、调试新程序时，可使一台处理机进行脱机测试，另一台处理机承担全部话务，这样，既不中断电话服务，又方便了程序调试。

互助方式的缺点：在程序运行中，既要避免双机同抢资源，还要实现双机间频繁交换有关信息，这都使得软件设计较为复杂。

2) *N*+1 多机配置

N+1 多机配置是指 N 个处理机运行，而只有一台处理机处于备用状态，平时不工作，在 N 台处理机中的任意一台发生故障时，备用机立即代替它。

5. 处理机间的通信方式

控制系统是一个多处理机系统，为实现呼叫处理及运行维护功能，处理机间必须相互通信，传送消息。选择什么样的通信方式，对控制系统的结构、可靠性及实时处理能力都有着重要的影响。

由于程控交换设备采用同步时分复用的传输方式，所以多处理之间可以采用 PCM 通信方式。另外，多处理机之间通信就形成了一个“通信网”，很自然就跟计算机通信网联系起来，因此也可以采用类似计算机通信网的总线结构方式。

1) PCM 通信方式

程控交换设备中，交换网络与外围设备通过 PCM 链路连接。因此可以把处理机间的通信信息等同于语音数据处理，通过交换网络由 PCM 链路传送，如图 2-48 所示。

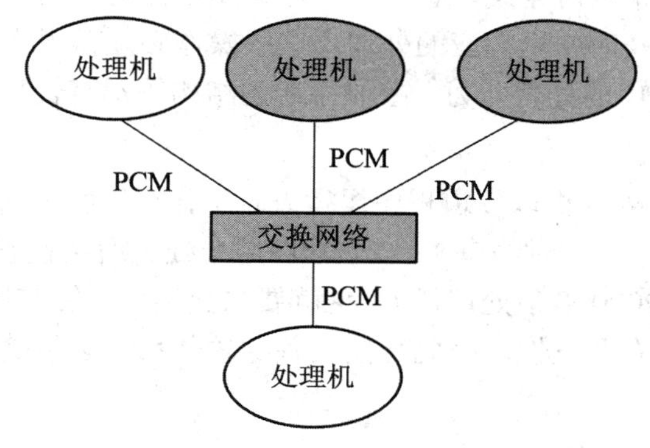

图 2-48　PCM 通信方式

PCM 通信方式灵活方便，便于远距离通道，但由于这种通信方式也占用了通信信道，限制了通信量的提高，从而也限制了通信业务的进一步发展。因此，目前的控制系统多采用类似计算机通信网的总线结构方式。

2) 总线结构通信方式

所有处理机通过共享总线构成总线型网络。在这个网络中，多个处理机一般通过一个共享存储器采用时分总线互连方式实现处理机间的通信，如图 2-49 所示。

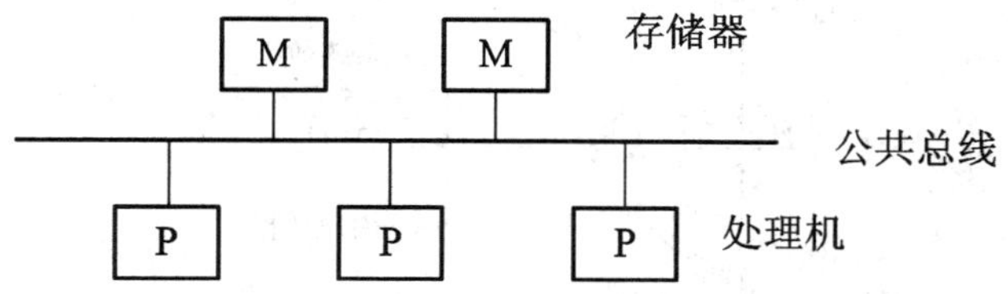

图 2-49　总线结构通信方式

对于分级控制系统，外围功能处理机受控于中央处理机。在呼叫处理的过程中，各个外围处理机只是分别和中央处理机进行通信，它们之间并不通信。当采用共享存储器总线互连方式时，外围功能处理机(或中央处理机)将信息写入存储器，在接收端中央处理机(或外围功能处理机)直接从存储器中读取信息，这样就实现了外围处理机与中央处理器间的通信。在这里必须有一种方法来分配总线的控制权，可以通过采用集中式总线判别器来实现。

2.4.2　程控交换机的软件体系结构

程控交换机除硬件系统之外，还需要庞大而复杂的软件系统来实现用户的呼叫接续，管理、控制整个系统的正常运行，并为终端用户提供各种服务。因此程控交换软件在整个系统中占有重要的地位。

1. 程控交换软件的基本特点

程控交换设备具有业务量大、实时性及可靠性高的特点，因此对程控交换软件也有较高的要求，即能处理大量的呼叫，实时性强而且必须保证通信业务的不间断性，具体如下：

1) 实时性

程控交换系统是一个实时系统，它能实时检查到各个用户的当前状态，收集相关数据并加以分析处理，最后及时作出相应的处理。这些操作必须在限定的时间内完成，因此，对软件的编程效率、CPU 的处理能力、控制系统的结构等都有较高的要求。

2) 并发性

程控交换系统中的处理机以多道程序运行方式工作，也就是同时处理许多任务。比如 10 000 万门电话的交换机，忙时约有 1200～2000 用户处于通话状态，再加上呼叫前后的建立和释放过程，则会有 2000 多项处理任务。这就要求交换机能够在同一时刻执行多道程序，也就是说，软件程序要有并发性。因此交换设备的软件系统必须满足这种多任务并发执行的特点。

3) 业务不间断性

程控交换系统一经开通就不能间断，整个系统的中断将是灾难性的。我国要求系统中断时间每年累计不超过 10 分钟，也有国家规定不超过 3 分钟。因此交换设备的软件系统必须采取各种措施来保证其业务的不间断。

2. 程控交换软件的一般结构

程控交换设备的软件系统主要由系统软件、应用软件和数据构成。

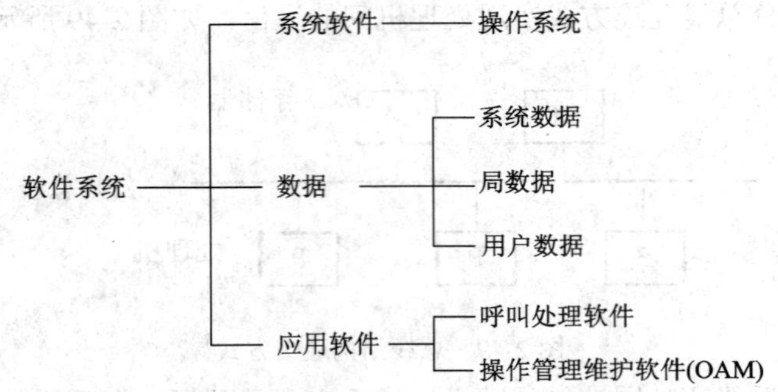

1) 系统软件

系统软件主要由操作系统构成。操作系统是交换设备硬件和应用软件之间的接口，它统一管理交换设备的软硬件资源，控制各个程序的执行，协调处理机的动作，实现各个处理机之间的通信。主要功能有：任务调度、存储器管理、I/O 设备的管理和控制、系统的管理、处理机间通信控制和管理等。

程控交换系统是一个实时控制系统，因此它的操作系统具有实时性这一特点。除此之外，由于交换设备的控制部件采用分布式多处理机结构，因此其操作系统还具有网络操作系统和分布式操作系统的特点。

2) 应用软件

程控交换设备的应用软件包括呼叫处理软件、操作管理维护软件(Operation，Administration，Maintenance，OAM)

(1) 呼叫处理软件。

呼叫处理软件负责整个交换设备所有呼叫的建立与释放，以及各种服务业务的建立与释放，如三方通话、缩位拨号等。主要功能有：

① 用户线及中继线各种状态的检测及识别，如用户摘挂机的扫描，中继线状态的扫描。

② 呼叫接续中数据分析，如对主、被叫号码的分析等。

③ 各种软硬件资源的管理，如对用户设备、中继器、收发号器、交换网络等资源的管理，这些资源在呼叫处理过程中要进行测试和调用。比如收号时给用户分配收号器，查找收号路由等。

④ 各种业务的管理，如三方通话、三种呼叫转移、呼叫等待等。

⑤ 话务负荷的控制。当话务负荷超过交换设备的呼叫处理能力时，则会临时性增加发话和入局呼叫的限制。

在程控交换设备中，资源是一种独立的，可根据需要进行配置的硬件或软件实体。例如各种外围电路、交换网络、具有不同服务功能的程序模块等都是交换机的资源。一般地，资源都是共享的，因此，交换机的资源由操作系统统一管理。在操作系统中，资源的使用对象称之为活动，活动可由操作系统进行调度。在交换机软件的操作系统中安排有资源管理程序。资源管理的任务就快控制不同的活动对资源的共享。由于每次呼叫都要涉及到所有的公共资源，使用大量数据，因此呼叫处理程序比较复杂，下一节我们会详细介绍呼叫处理流程。

(2) OAM 软件。

OAM 软件是程控交换设备用于操作、维护和管理的后台软件，实现对交换设备的集中管理。主要功能有：

① 对用户和交换局各种数据的存取和修改等。

② 话务量的观察统计和分析。

③ 故障的诊断与处理。

④ 定期对设备进行的例行维护检查。

⑤ 业务变更处理。

⑥ 计费及打印用户计费帐单等等。

在交换软件中，呼叫处理软件实现了交换机的基本功能，但在整个系统软件中只占很小的部分，OAM 软件占到整个系统软件的 60%以上。各部分程序软件所占比例如图 2-50 所示。

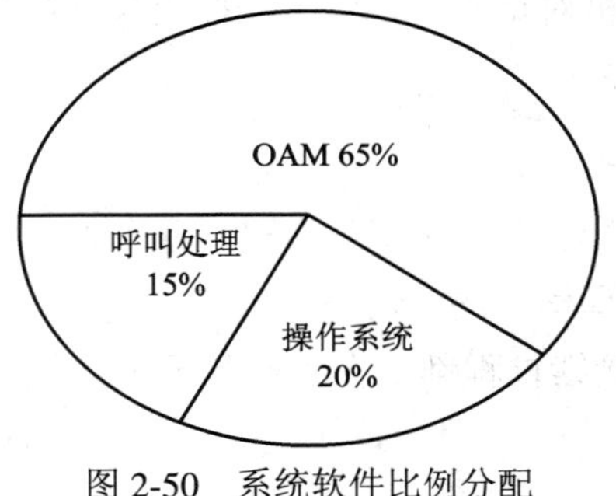

图 2-50　系统软件比例分配

3) 数据

在程控交换设备中，所有有关交换机的各种信息都可以通过数据来描述，如交换机的硬件配置、用户的各种属性等。数据一般存储在数据库中，包括系统数据、局数据和用户数据。

(1) 系统数据。不同交换局共有的数据，系统数据与交换机的硬件体系结构和软件程序有关，不随交换局的应用环境的变化而变化。

(2) 局数据。局数据反映了交换机的硬件构成及情况，这些数据因交换局的不同而有所差异。主要包括：

① 交换局共用硬件配备情况：出/入局中继器数，各种话路设备的数量等。

② 局间环境的参数：局向数，每局的中继器数和类别等。

(3) 用户数据：反映用户的情况，为每个用户所特有。主要包括：

① 用户的情况：是呼出拒绝还是呼入拒绝等。

② 用户类别：单线用户、测试用户还是 PBX 用户等。

③ 话机类别：号盘话机还是 DTMF 话机。

④ 出局权限类别：本地呼叫还是长途呼叫。

⑤ 用户对新业务的使用权等。

⑥ 用户计费类别：定期计费、立即计费还是免费等等。

在交换机的软件程序中，数据并不是彼此独立的，它们之间存在一定的内在联系。为了快速有效地使用这些数据，数据一般以表格或文件的形式组织起来。

3. 软件设计语言

在交换机软件程序的整个设计过程中，CCITT 建议使用三种语言，分别是规范描述语言(Specification and Description Language，SDL)、CCITT 高级语言(CCITT High-Level Language，CHILL)和人机对话语言(Man-Machine Language，MML)。

(1) SDL 语言：用于系统设计前阶段，是一种形式语言。它以简单明了的图形或文本形式对系统的功能和技术规范进行描述。

(2) CHILL 语言：CCITT 的高级语言，用于系统软件的设计、编程和调试。包括面向处理器的汇编语言和面向程序的软件设计语言，如 C 语言等。汇编语言具有运行效率高，能较好满足交换系统实时性要求，但可移植性差，可读性差。而面向程序的软件设计语言可移植性好，语句功能强大，但必须经编译转换为目标程序，效率低，影响实时性要求。

(3) MML 语言：一种人机对话语言，用于程控交换设备和后台维护终端的通信，以供维护人员输入运行、维护命令。

2.4.3 呼叫处理软件

1. 一个正常的呼叫处理过程

在程控交换机中，呼叫接续过程都是在呼叫处理程序控制下完成的。接续过程可以用图 2-51 这样的流程图来描述。

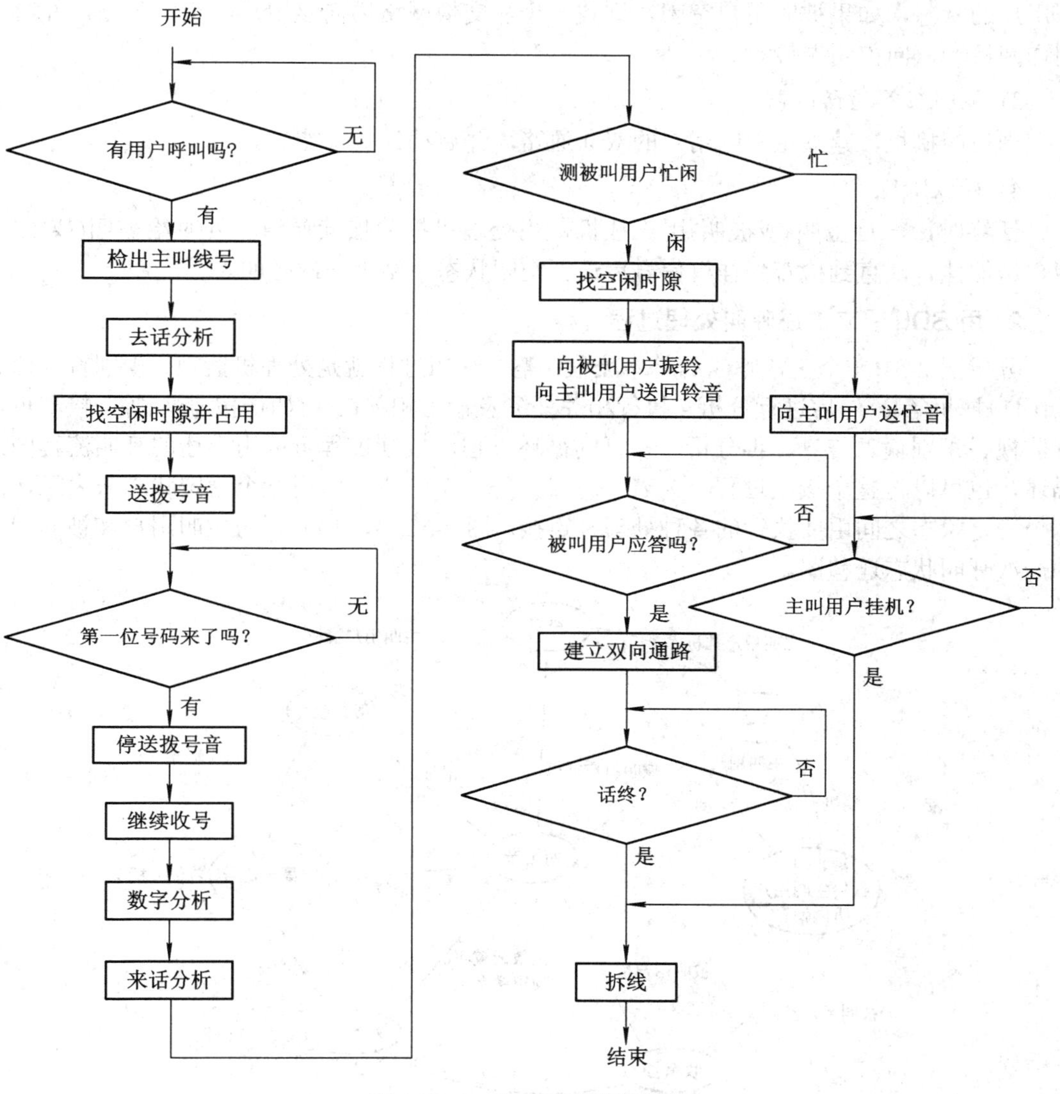

开始
有用户呼叫吗?
无
有
检出主叫线号
去话分析
找空闲时隙并占用
送拨号音
第一位号码来了吗?
无
有
停送拨号音
继续收号
数字分析
来话分析
测被叫用户忙闲
忙
闲
找空闲时隙
向被叫用户振铃
向主叫用户送回铃音
向主叫用户送忙音
被叫用户应答吗?
否
是
主叫用户挂机?
否
是
建立双向通路
话终?
否
是
拆线
结束

图 2-51　一个正常呼叫流程图

一个正常的呼叫处理过程包括以下四个阶段。

1) 呼叫建立阶段

用户处理机按一定的周期对用户线进行扫描检测，当检测到某个摘机用户，首先检出主叫线号，根据线号从数据库调出用户数据，然后执行去话分析程序。如果分析结果确定是电话呼叫，且用户处于正常状态(非欠费或呼出限制)时，则找一个从用户通向交换网络的空闲时隙，把数字化的拨号音在该时隙内选出，使用户听到拨号音。

2) 号码接收及分析阶段

若主叫话机为 DTMF 话机，检查收号器资源，若有空闲，等待收号。当收号器收到第一位号码后停送拨号音并继续收号直到收号结束，收号器将号码送给主处理机进行号码分析，首先进行局号分析，确定是本局呼叫还是出局呼叫，然后进行来话分析程序，确定被叫用户的状态，如果被叫用户空闲，则找一个从交换网络通向该用户的空闲时隙，并给主叫送回铃音，向被叫振铃。

3) 被叫应答通话阶段

当被叫摘机，建立主被叫用户的双向通路，并启动计费功能。

4) 释放阶段

话终时，一旦主叫(或被叫)用户挂机，主处理机拆除接续通道，同时给被叫(或主叫)用户送催挂音，直到检查到挂机信号后返回空闲状态，结束一次呼叫。

2. 用 SDL 图来描述呼叫处理过程

分析图 2-51 一个正常呼叫的基本流程：整个呼叫过程就是处理机监视、识别输入信息(如用户摘机等)、然后进行分析、执行相关任务及输出相关命令(如送拨号音)等，接着再进行监视、识别输入信息、再分析、执行的循环过程。接续过程可以用上述的呼叫流程图来描述，也可以将整个接续过程分为若干阶段，每一个阶段可以用一个稳定状态来表示，而两个稳定状态之间由要执行的各种处理来连接。图 2-52(a)、(b)分别为主叫用户和被叫用户的一次呼叫状态迁移图。

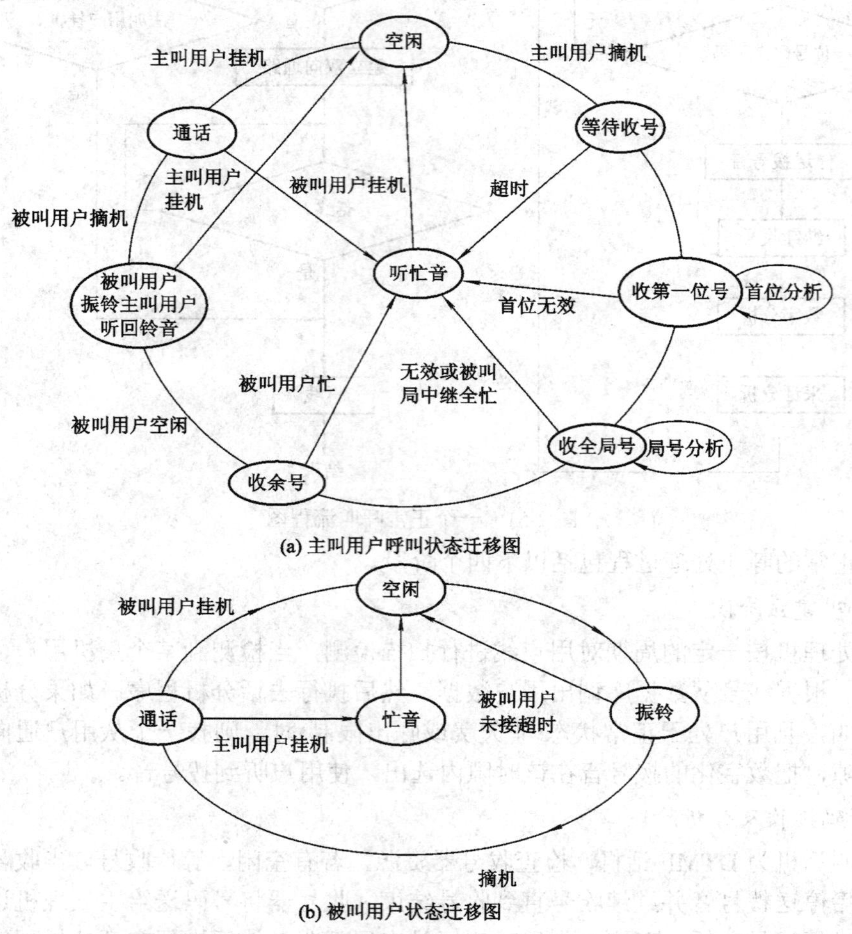

图 2-52 主被叫用户一次呼叫状态迁移图

从图 2-52 可以看出，状态迁移是由输入信息引起的。没有输入信息的激发，状态是不会改变的，例如当主叫用户摘机，则从空闲迁移到等待收号状态。但是从一种稳定状态转移到另一种稳定状态并不是只有一种迁移方向，而是由于输入信息、所处状态及环境情况的不同因而有不同的迁移方向。

在同一状态下，不同的输入信号处理是不同的。如在被叫用户振铃主叫用户听回铃音状态下，若主叫用户挂机，则作中途挂机处理，回到空闲状态；若被叫用户摘机，则要作通话接续处理，转向通话状态。

在同一状态下，输入同样信号，也可能因不同情况有不同的处理结果。如在收余号状态下，要进行去话分析，如果遇到被叫用户忙，则要进行送忙音处理，转向听忙音状态；若被叫用户空闲，则主叫用户进入听回铃音状态。

1) SDL 语言简介

SDL 语言是国际电信联盟电讯委员会(ITU-T)推荐的一种规范描述标准语言，广泛用于电信系统中，它是以有限状态机为基础扩展起来的一种表述方法。与前面所讲的状态转移过程相一致，但对它又做了进一步的扩展，能明确而详尽地表达一个呼叫处理的逻辑过程及其相应的状态变化。

SDL 是一种形式语言，它常以框图或文本的形式对呼叫处理的逻辑过程予以抽象描述。图 2-53 给出了常用的 SDL 图形符号。

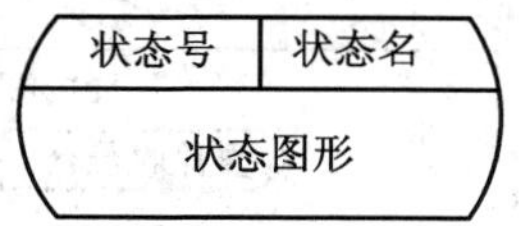

(a) 稳定状态符号

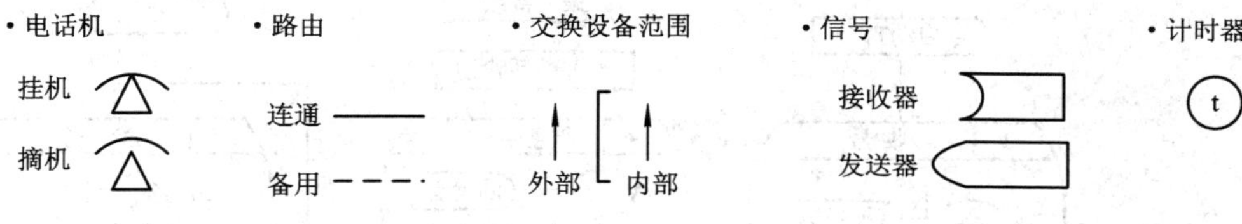

(b) 状态图形中所采用的符号

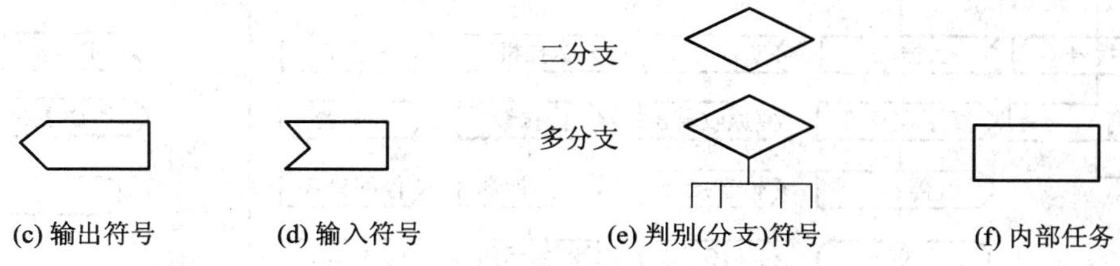

(c) 输出符号　(d) 输入符号　(e) 判别(分支)符号　(f) 内部任务

图 2-53　SDL 语言常用符号

2) 一个局内呼叫的 SDL 图

图 2-54 是一个局内呼叫的 SDL 图。图中有六种状态，在每个状态下任一输入信号可以引起状态转移。在转移过程中同时进行一系列动作，并作出相应的处理。

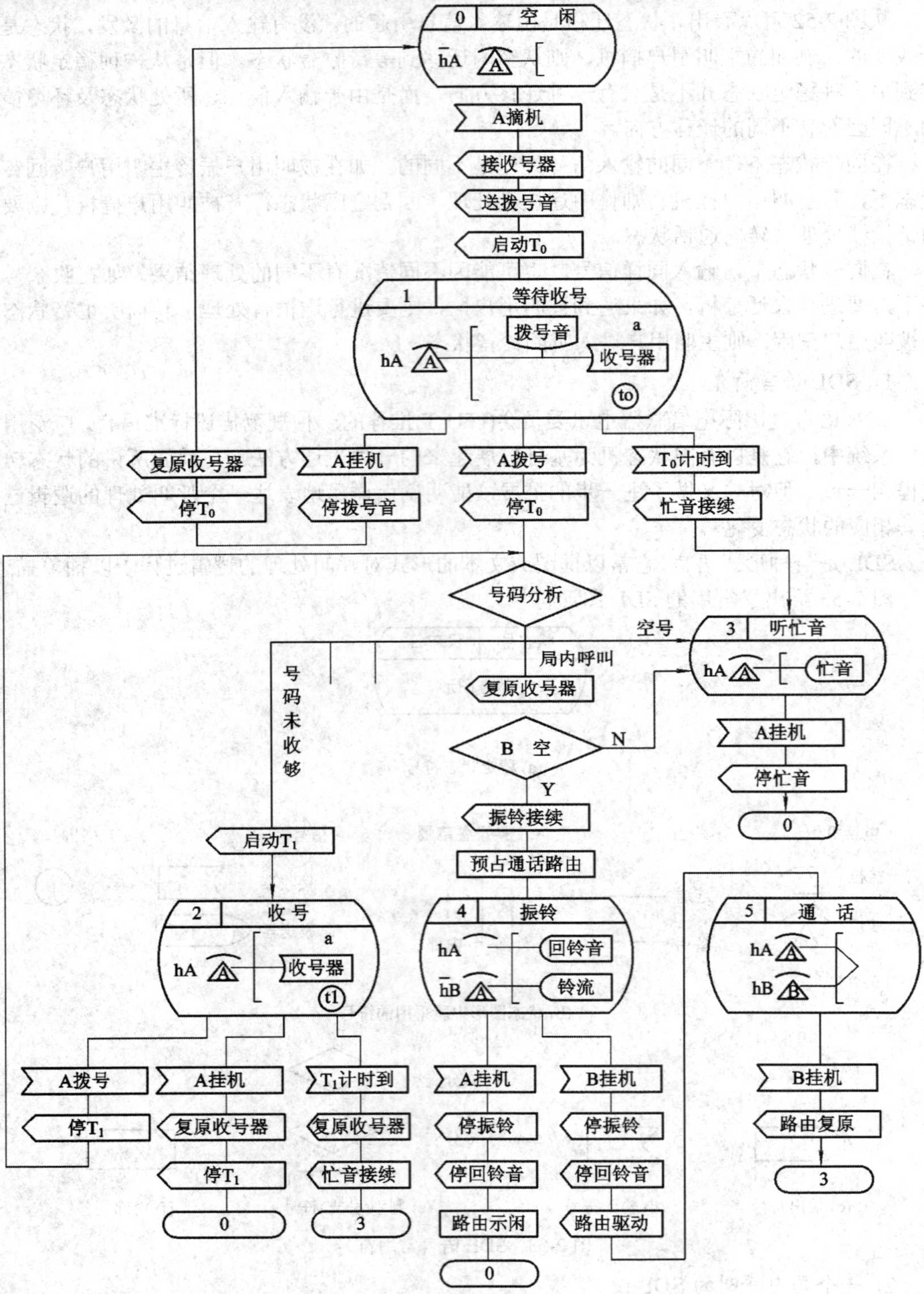

0 空闲
$\bar{h}A$ A
A摘机
接收号器
送拨号音
启动T_0
1 等待收号
拨号音
a
hA A
收号器
to
复原收号器
停T_0
A挂机
停拨号音
A拨号
停T_0
T_0计时到
忙音接续
号码分析
空号
3 听忙音
hA A
忙音
A挂机
停忙音
0
局内呼叫
号码未收够
复原收号器
B 空
N
Y
振铃接续
预占通话路由
启动T_1
2 收号
a
hA A
收号器
t1
A拨号
停T_1
A挂机
复原收号器
停T_1
0
T_1计时到
复原收号器
忙音接续
3
4 振铃
hA
回铃音
$\bar{h}B$ A
铃流
A挂机
停振铃
停回铃音
路由示闲
0
B挂机
停振铃
停回铃音
路由驱动
5 通话
hA A
hB B
B挂机
路由复原
3

图 2-54 一个局内呼叫 SDL 图

分析图 2-54 可以看出，整个呼叫过程包括三个处理部分。

(1) 输入处理：数据采集，识别并接收外部输入的处理请求和其他有关信号。

(2) 分析处理：内部数据处理部分。根据输入信号和现有状态进行分析、判别，给出分析结果。

(3) 输出处理：输出命令部分。根据分析结果，发布一系列控制命令，执行内部某任务或控制相关硬件。

3. 呼叫处理的工作过程

1) 输入处理

输入处理的主要任务是对话路设备的状态变化及时检测并进行识别，如检测用户线上的摘挂机信号、用户所拨的号码、中继线上的中国 No.1 线路信令、No.7 信令等。

各种扫描程序都属于输入处理，如：用户状态扫描、拨号脉冲扫描、双音频信号和局间多频互控信号的接收扫描、中继线占用扫描等。通过扫描来识别并接收从外部输入的处理请求和其他有关信号，所采集的信息是接续的依据。一般地，输入处理是在中断控制下按一定周期执行的，主要任务是发现事件而不是处理事件，因此其执行级别较高。

(1) 用户线扫描。

用户线扫描程序负责检测用户线的状态和识别用户线状态变化，其主要目的是检测用户线的摘挂机信号及号盘话机的拨号信号(拨号脉冲)。

用户线上的状态主要有两种：形成直流回路(续)和断开直流回路(断)。当用户摘机时，用户线状态为“续”；当用户挂机后，用户线状态为“断”。由于用户线状态变化是随机的，而处理机工作是串行的，因此扫描程序对用户状态只能作周期性的监视。

① 摘挂机识别。

设用户线的两种状态“续”和“断”分别用“0”和“1”表示，设摘挂机扫描程序的执行周期为 t，因此扫描程序的任务就是识别出用户线状态从“1”变为“0”或从“0”变为“1”。用户摘挂机识别原理图如图 2-55 所示。

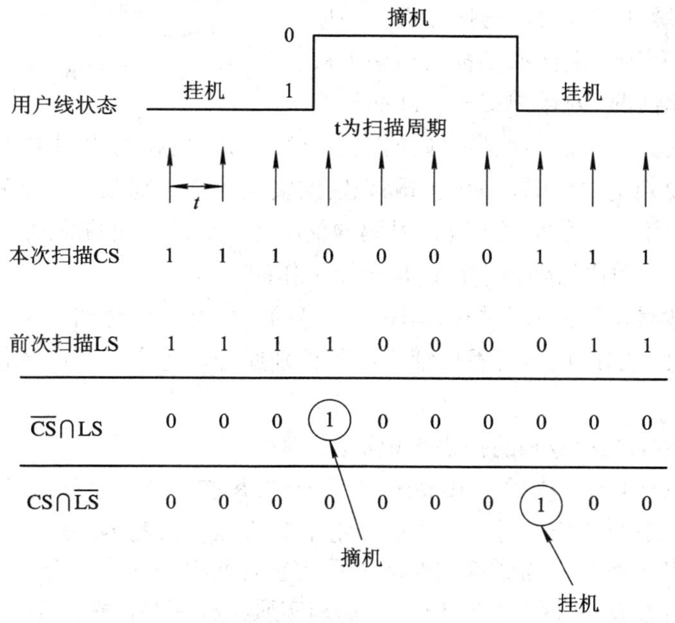

图 2-55　用户摘挂机识别原理图

从图 2-55 可以看出，检测摘挂机的基本方式是对用户线进行周期扫描，并对相邻两次扫描结果进行比较。如果相邻两次扫描的结果不同，则说明线路的状态发生了变化。设本次扫描结果用 CS 表示，前次扫描结果用 LS 表示，当满足 $\overline{CS}\cap LS=1$ 时，表示用户摘机。反之，当满足 $CS\cap\overline{LS}=1$ 时，表示用户挂机。图 2-56 为用户摘挂机扫描程序流程图。

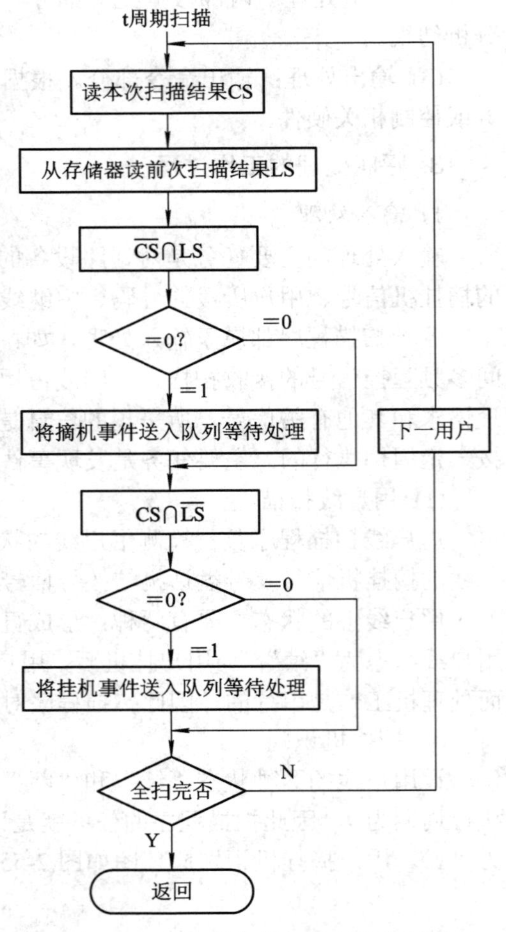

图 2-56　用户摘挂机扫描程序流程图

在各类程控交换设备中，对用户线监视扫描和摘机识别都采用群处理方式。所谓群处理，就是每次扫描和识别不是一个个用户进行的，而是若干个用户同时进行的，例如对 8 个用户同时进行的。这样做的好处是可以节省机时，提高扫描效率。

② 号盘话机的拨号脉冲识别。

用户送被叫号码有两类，一类是脉冲号码，另一类是双音多频信号。脉冲拨号识别包括脉冲识别和位间隔识别。脉冲识别就是识别用户拨号脉冲，位间隔识别是识别出两位号码之间的间隔，即相邻两串脉冲之间的间隔。

由于用户拨号送脉冲时为“断”，脉冲间隔时为“续”，所以脉冲识别原理与摘挂机扫描原理是一样的，都是利用前后两次扫描的结果来决定话机状态的变化情况。对用户拨号脉冲的扫描也是通过群处理的方法，因为拨号号码的值由脉冲个数表示，识别出拨号脉冲后，要对脉冲计数。另外还要判定位间隔，而位间隔识别的实质也是识别在一定时间内有无从“续”到“断”的变化，并在这个间隔内存储号码的值(即计数器累计的脉冲数，之后对计数器清0)。此外，脉冲识别和位间隔识别往往是协调工作的。

号盘话机的拨号由脉冲号码扫描程序来收号的，俗称软收号器。考虑到终端话机上已很少使用脉冲拨号，因此这里就不详细介绍其识别原理，重点介绍广泛使用的双音多频信号的接收原理。

(2) 双音多频(DTMF)号码的扫描与识别。

按钮话机当以 P/T 方式中的 T(Tone)模式拨号时，每按一个数字键就送出两个音频信号，其中一个是高频组中的信号，另一个是低频组中的信号，如表 2-6 所示。

表 2-6 为双音多频号码与频率的对应关系。它有两组频率，每个号码分别用一个高频信号和一个低频信号表示，因此 DTMF 号码识别实质上就是要识别出是哪两个频率的组合。目前程控交换设备有专用的 DTMF 收号器(俗称硬收号器)来接收 DTMF 信号，DTMF 收号

器的硬件结构示意图如图 2-57 所示。

表 2-6　双音多频方式号码与频率的对应关系

按键 高频/Hz 低频/Hz	1209	1336	1477	1633
679	1	2	3	A
770	4	5	6	B
852	7	8	9	C
941	*	0	#	D

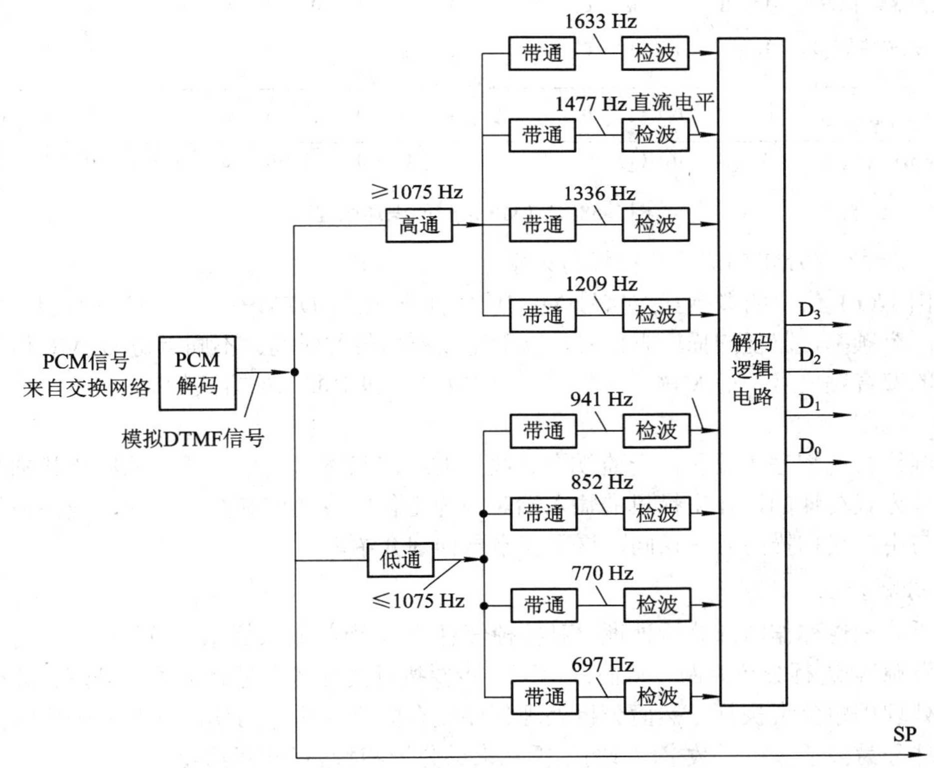

图 2-57　DTMF 收号器的硬件结构示意图

在 2.3.3 节中，我们已经讲解过 DTMF 收号器的硬件结构，这里重点介绍 DTMF 号码的扫描与识别。在图 2-57 中，SP 为信息状态标志信号。当 SP = 0 时，表示有 DTMF 信号送来；SP = 1 时，表示没有 DTMF 信号送来。为了及时读出号码，对信号标志信号 SP 要进行检查监视。一般地 DTMF 信号传送时间大于 25 ms，为了确保不漏读 DTMF 号码，通常取该扫描监视周期为 16 ms。图 2-58 为 DTMF 信号的识别原理图。

设本次扫描结果用 CS 表示，前次扫描结果用 LS 表示。首先，扫描监视程序按 16ms 的扫描周期读取本次扫描结果，并与前次扫描结果相比较，当两次扫描状态不一致时，且

满足 $(CS\oplus LS)\cap\overline{CS}=1$ 时，说明有 DTMF 信号到来，即扫描程序识别到了双音多频信号。接下来由双音多频收号器硬件电路识别该信号的频率成分，并解码出它所代表的号码。由此可以看出扫描程序的主要任务就是确定读取 DTMF 信号的时间，并配合硬收号器接收 DTMF 信号并转换为二进制数字进行存储。

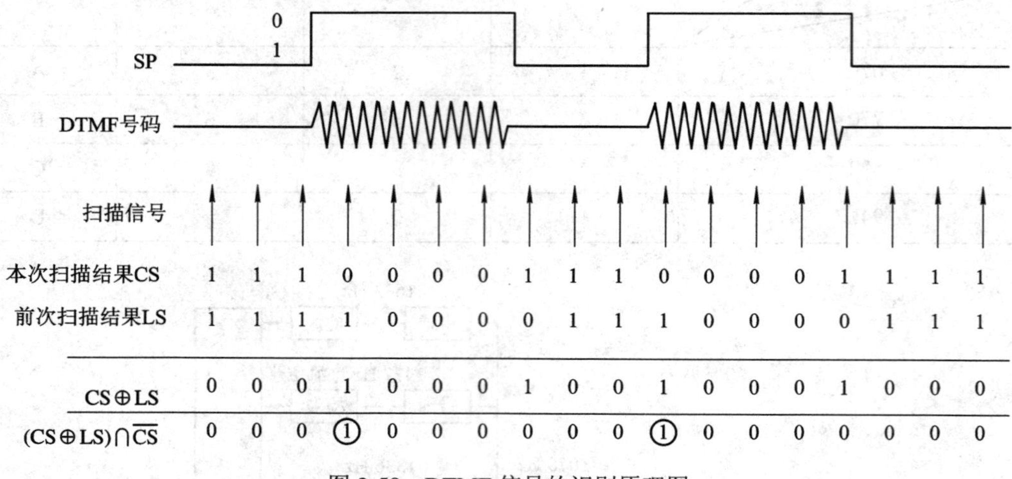

图 2-58　DTMF 信号的识别原理图

(3) 多频互控(MFC)信号的扫描与识别。

中国 NO.1 信令的多频互控信号(MFC)的接收原理与 DTMF 信号的接收原理一样，也是识别两个频率，监视扫描标志信号，以确定读取信号的时间。不同点是 DTMF 信号是四中取一的双音频信号，而 MFC 信号采用六中取二或四中取二的方式编码。

(4) 中继线扫描。

中继线扫描程序主要是用于监视中继线上的线路状态，而中继线上的线路状态是采用线路信号方式传递的，在交换机的输入端表现为电位的变化或脉冲。因此，线路信号的识别方法与用户线扫描的方法相同，这里就不再详细介绍。

2) 分析处理

分析处理也称作内部分析处理，对各种信息(包括当前输入信息、当前状态、用户数据和共享资源等)进行分析判断，从而决定下一步要执行的任务和进行的输出处理。分析处理由分析处理程序负责执行，然而分析处理程序没有固定的执行周期。按照要分析的信息，分析处理分为去话分析、数字(号码)分析、来话分析和状态分析四类。

(1) 去话分析。

去话分析是在主叫用户摘机发起呼叫时所进行的分析，其示意图如图 2-59 所示。

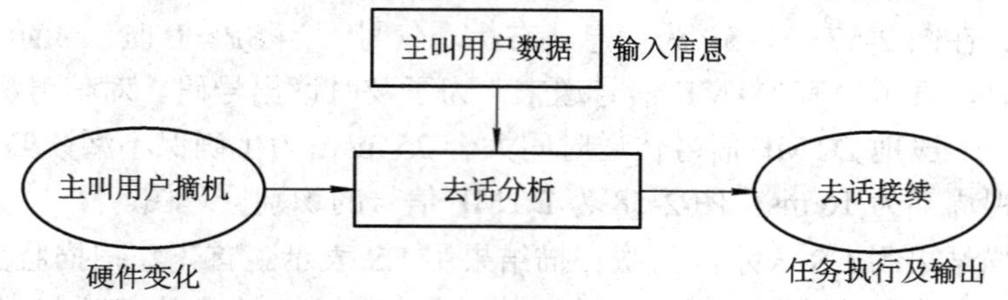

图 2-59　去话分析示意图

① 分析内容。

去话分析基于主叫用户数据，当交换机检测到主叫用户摘机命令时，处理机分析主叫用户数据，以决定下一步的任务和状态。主要分析的主叫用户数据有：

- 呼叫要求类别：一般呼叫、模拟呼叫、拍插簧呼叫。
- 端子类别：空端子、使用中。
- 线路类别：单线电话、同线电话。
- 运用类别：一般用户、来话专用、去话停止。
- 话机类别：是号盘话机还是按钮话机(双音频话机)。
- 计费种类：定期计费、立即计费还是免费等。
- 出局类别：允许区内呼叫、市内呼叫、国内长途呼叫还是国际长途呼叫。
- 专用情况：是否为热线电话、优先用户等。
- 服务类别：是否开通呼叫转移、呼叫等待、三方通话、叫醒、免打扰、恶意呼叫追踪等服务性能等。
- 用户电路类别：普通用户电路、带极性倒换的用户电路、投币话机专用电路、传真用户等。

② 分析流程。

采用逐次展开法，即各类相关数据装入表格，各表组成一链形队列，根据每一级的分析结果逐步展开下一级表格。图 2-60 为去话分析流程图。

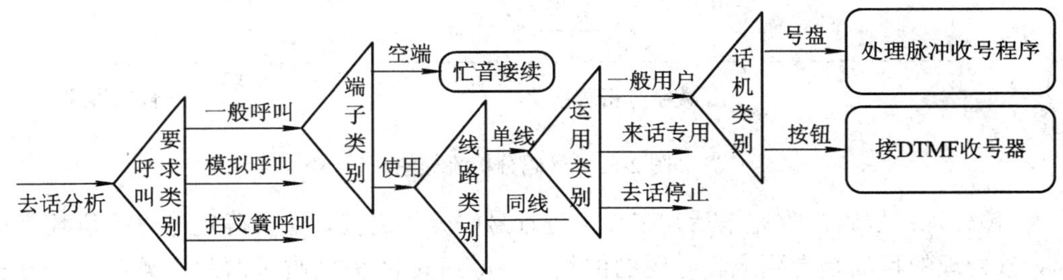

图 2-60　去话分析流程图

③ 分析结果处理。

分析后将结果转入处理程序，执行相应任务。比如分析结果表明用户为一般呼叫，且端子为使用状态，话机类别为 DTMF 话机，则接 DTMF 收号器，并给用户送拨号音。

(2) 号码分析。

号码分析是在收到用户所拨的被叫号码后所进行的分析处理，用于确定接续局向和计费信息，其示意图如图 2-61 所示。

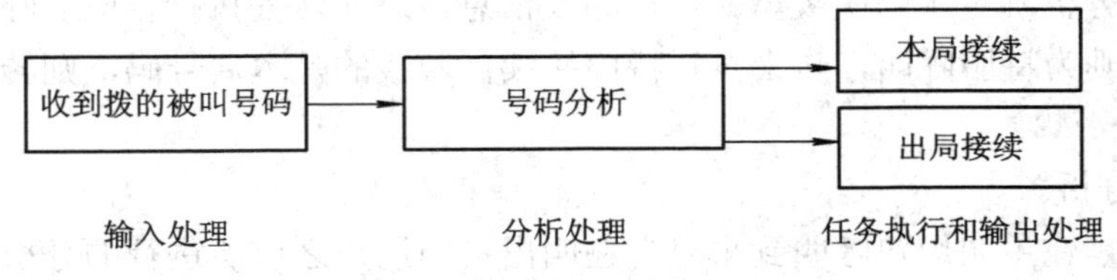

图 2-61　号码分析示意图

① 分析内容。

号码分析是基于主叫用户所拨的号码，它可以直接从用户话机接收，也可以通过局间信号传送，然后根据所拨号码查找译码表进行分析。

② 分析流程。

号码分析分为两个步骤，首先是预处理，其次是号码分析处理，图 2-62 为号码分析流程图。

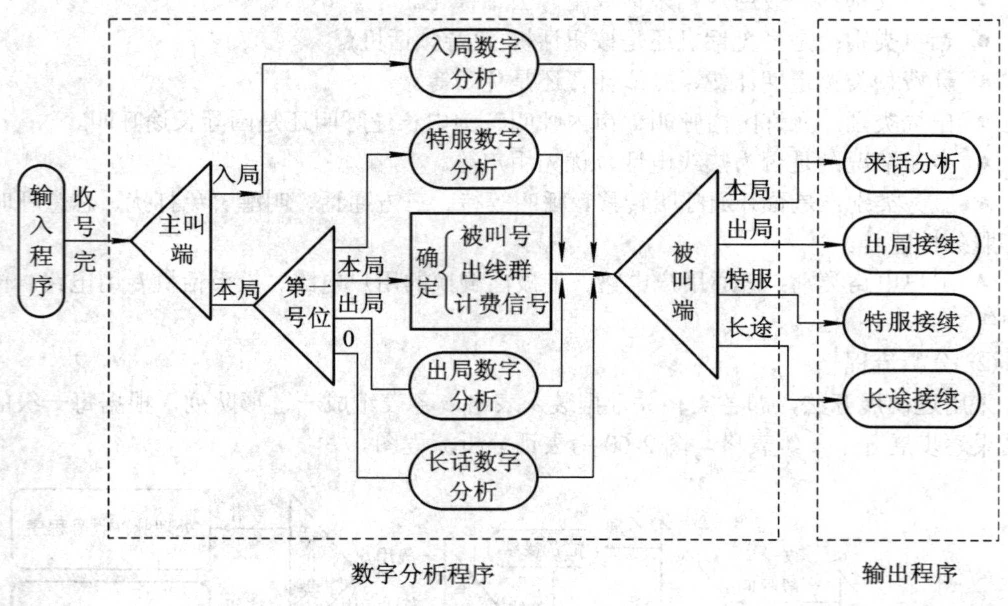

图 2-62　号码分析流程图

- 预处理：号码接收完毕后，在真正进行号码分析之前，先要确定号码的位数，即预处理。预处理的目的是得到应收号码的位数，并得到其业务类别(所谓业务类别可分为一般呼叫、缩位呼叫、特服号码等)。确定本次呼叫的号码位数，取决于拨号数字的第一位到第三位。例如，收到第一位数是“1”，就能判断为特种呼叫业务；收到第一位是“0”，则为长途呼叫业务，还需要根据第二、三位决定应收位数。号位的确定和用户业务类别的判定也可以采用逐步展开法，通过形成的多级表格来实现。
- 号码分析处理：对用户所拨全部号码进行分析，通过译码表进行，分析结果决定下一个要执行的任务。

③ 分析结果处理。

通过号码分析确定了呼叫类型并获得相关信息，进而转去执行相应的呼叫处理程序。比如拨 110，则为特服呼叫，转去执行特服接续；若拨的是本局号码，则转去执行来话分析程序。

(3) 来话分析。

来话分析是在主叫用户呼叫到来时、在叫出被叫用户之前所进行的分析，分析的目的是要确定能否叫出被叫用户和如何继续控制入局呼叫的接续，其示意图如图 2-63 所示。

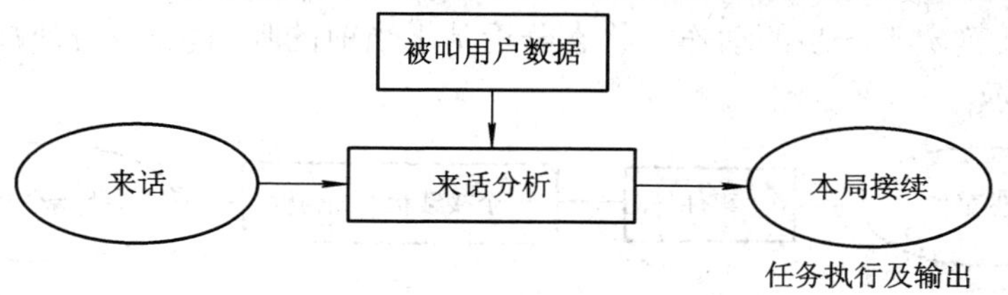

图 2-63　来话分析示意图

① 分析内容。

来话分析是基于被叫用户数据，根据被叫用户类别、运用情况以及忙闲状态确定所要执行的任务。主要分析的内容有：

- 用户状态：如来话拒绝、去话拒绝、去话来话均拒绝、临时接通等。
- 忙闲状态：被叫空闲、被叫用户忙，正在作主叫、被叫用户忙，正在作主被叫、被叫正在测试、被叫用户处于锁定状态、被叫用户线正在作检查等。
- 计费类别：免费、计费。
- 服务类别：各种用户新业务。

② 分析流程。

来话分析也是采用表格展开法进行。图 2-64 为来话分析流程示意图。

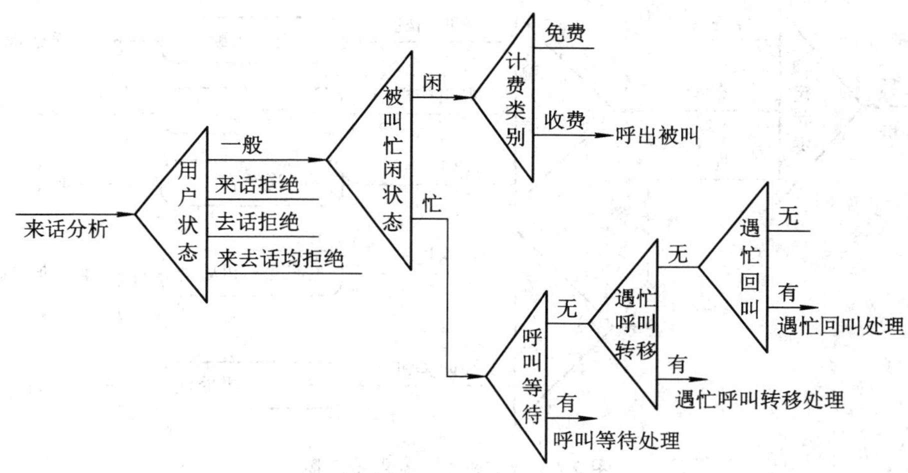

图 2-64　来话分析流程示意图

③ 分析结果处理。

来话分析时，如果判别被叫用户空闲，确定了计费类型之后，则给主叫用户送回铃音，给被叫用户送振铃，呼出被叫用户；如果判别被叫用户忙，分析被叫用户已申请了什么业务，假设被叫用户申请了遇忙呼叫转移业务，则执行遇忙呼叫转移处理。

(4) 状态分析。

对呼叫处理过程特点的分析可知，整个呼叫处理可分为若干个阶段，每个阶段可以用一个稳定状态来表示。因此呼叫处理就是在一个稳定状态下，CPU 监视识别输入信号，并进行分析处理，执行相应任务和输出命令，然后跃迁到下一个稳定状态的循环过程。在一个稳定状态下，若没有输入信号，状态不会迁移。在同一状态下，对不同输入信号的处理也是不同的。因此在某个稳定状态下，接收到各种输入信号，首先要进行状态分析，状态

分析的目的是要确定下一步的动作。状态分析基于当前的呼叫状态和接收的事件，其示意图如图 2-65 所示。

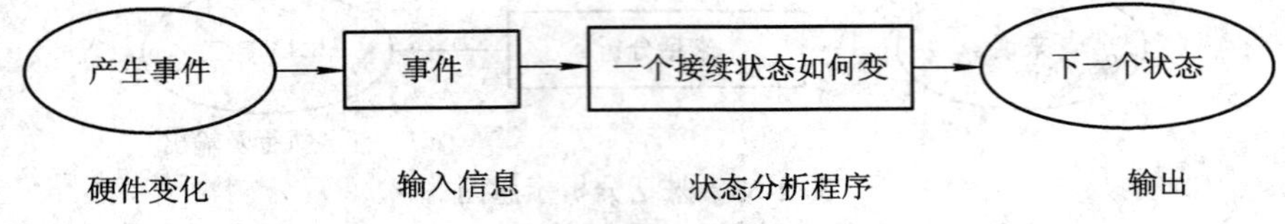

图 2-65　状态分析示意图

这里的事件，不仅包括从外部接收的事件，还包括从交换机内部接收的事件。内部事件一般是由计时器超时、分析程序分析的结果、故障检测结果、测试结果等产生的。

状态分析也是采用表格展开法进行。图 2-66 为状态分析流程示意图。

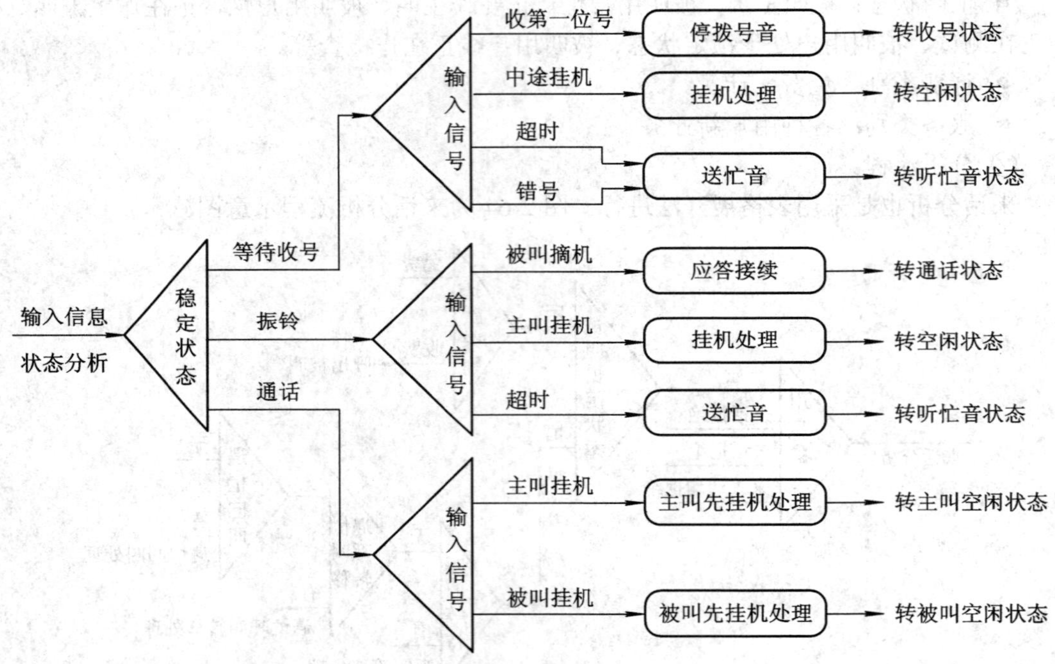

图 2-66　状态分析流程示意图

当用户进入某个稳定状态，如等待收号、振铃或通话状态时，交换机要根据输入信息并结合原有状态做出判断，以确定下一个任务及状态。

3) 任务执行和输出处理

任务执行是指从一个稳定状态迁移到下一个稳定状态之前，根据分析处理的结果，处理机完成相关任务的过程。在呼叫处理过程中，在某个状态下收到输入信号后，分析处理程序要进行分析，确定下一步要执行的任务。任务执行分为三个步骤：

(1) 动作准备，准备硬件资源，即要启动的硬件和要复原的硬件，如空闲路由的选择、空闲收号器的选择等，在启动以前在忙闲表上示忙(或示闲)，并编写启动或复原硬件设备的控制字，准备状态转移。

(2) 输出命令，将编写好的命令输出。

(3) 后处理，硬件动作后，将已复原的设备在忙闲表中示闲，转移到新的状态，软件又开始新的监视。

在呼叫处理状态迁移的过程中，交换机所要完成的任务主要包括：

(1) 分配和释放各种资源，如对 DTMF 收号器、交换网络时隙的分配和释放。

(2) 启动和停止各种计时器，如启动 40 s 忙音计时器，停止 60 s 振铃计时器等。

(3) 形成信令、处理机间的通信消息和驱动硬件的控制命令，如接通通话路由命令、送各种信号音和停各种信号音命令等。

(4) 开始和停止计费。

(5) 计算操作，如计算已收号长，重发消息次数等。

(6) 存储各种号码，如被叫号码、新业务登记的各种号码等。

(7) 对局数据、用户数据的读写操作。

输出处理程序是任务执行中与硬件动作相关的程序，它和任务执行程序配合共同完成状态迁移工作，是内部处理程序结果的体现。主要任务是根据任务执行程序编制完成的命令，由输出处理程序输出硬件控制命令，控制硬件的接续或释放，主要包括：

(1) 通话话路的驱动和复原(发送路由控制信息)：包括话路的接续和复原，信号音发送路由的接续和复原及信号(包括拨号号码和其他信号)接收路由的接续和复原。

(2) 送各种信号音、停各种信号音，向用户振铃和停振铃。

(3) 发送线路信令和多频互控信令(MFC)。

(4) 发送公共信道信令。

(5) 发送处理机间的通信信息。

(6) 发送计费脉冲。

在输出程序执行之后，一般要用结果监视程序来检查硬件动作的情况。如果硬件动作没有达到预期的目的，则任务执行程序再输出一次命令，驱动硬件再次动作，然后再用结果监视程序进行检查，反复几次，检查仍不正常，则进行故障处理。

2.5 公用交换电话网

2.5.1 概述

公用交换电话网(Public Switched Telephone Network，PSTN)是进行交互型语音通信，开放电话业务的电信网，简称电话网。它是一种电信业务量最大，服务面积最广的专业网，可兼容其他许多种非话业务网，是各电信网的基础。按所覆盖的地理范围，电话网可以分为本地电话网、国内长途电话网和国际长途电话网。

PSTN 是一个设计用于语音通信的网络，网络中的交换设备称为程控数字交换机，采用面向连接的电路交换方式。传输系统也不仅仅是简单的传输媒介和相应的传输设备，它们形成了包括复用分插设备和数字交叉连接设备的“传送网”，并由 PDH 过渡到 SDH、DWDM，对于连接用户终端的用户传输设备也已经以“接入网”的方式出现。而对于电话网的信令系统，逐渐以公共信道信令——No.7 信令代替了原有的随路信令，用来支持更多的业务和功能，实现大容量的信令传送。电话网传输和交换都采用同步时分复用技术，因此必须保证全网的交换设备和传输设备工作在同一个时钟下，而数字同步网保证了电话通信网的时钟同步。电信管理网为电话通信网提供高质量、高可靠性、高效率的电信服务。因此No.7信令网、数字同步网和电信管理网是现代电话通信网不可缺少的支撑网络。

2.5.2 电话网的网络结构

电话网的基本结构形式分为等级网和无级网。在等级网中，每个交换中心被赋以一定的等级，不同等级的交换中心采用不同的连接方式，低等级的交换中心一般要连接到高等级的交换中心。在无级网中，每个交换中心都处于相同的等级，完全平等，各交换中心采用网状网或不完全网状网相连。

1. 我国电话网

我国电话网目前采用等级制，并将逐步向无级网发展。在电话网建设初期，我国电话网分为五级结构，包括长途网和本地网两部分。长途网由大区中心 C1、省中心 C2、地区中心 C3、县中心 C4 四级长途交换中心组成，本地网由第五级交换中心即端局 C5 和汇接局 Tm 组成。我国早期电话网结构如图 2-67 所示。

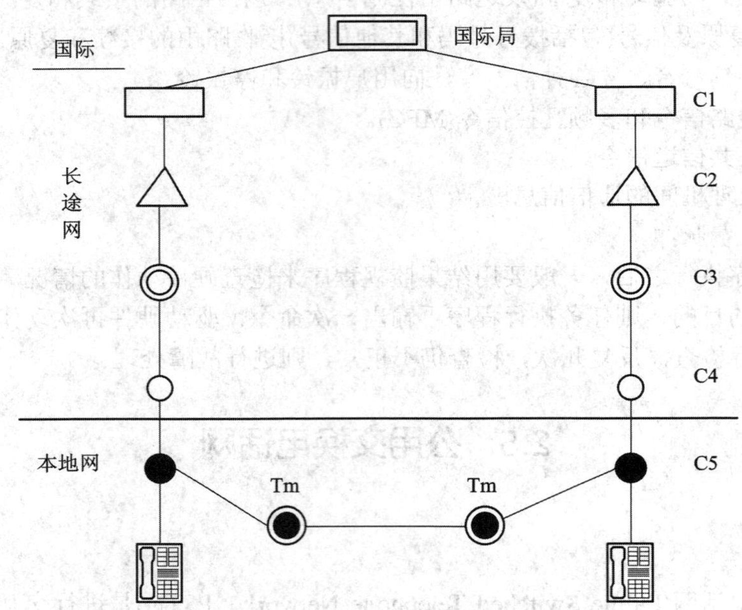

图 2-67 我国早期电话网结构图

图 2-67 所示的五级结构的电话网在我国电话网络发展的初级阶段起到了重要的作用。但随着社会和经济的发展，电话普及率的提高，以及非纵向话务流量日趋增多，五级网络结构存在的问题日趋明显，在全网服务质量方面主要表现为：

- 转接段数多，造成接续时延长、传输损耗大、接通率低。
- 可靠性差，多级长途网一旦某节点或某段链路出现故障，会造成网络局部拥塞。

此外，从全网的网络管理、维护运行来看，区域网络划分越小、交换等级越多，网络管理工作就越复杂。同时，级数过多的网络结构不利于新业务的开展。

目前，我国电话网已由五级向三级结构转变。三级网也包括国内长途电话网和本地电

话网两部分，其中国内长途电话网由一级长途交换中心(省级交换中心)DC1、二级长途交换中心(地区中心)DC2 组成，本地电话网与五级网类似，由端局 DL 和汇接局 Tm 组成。三级电话网网络结构如图 2-68 所示。

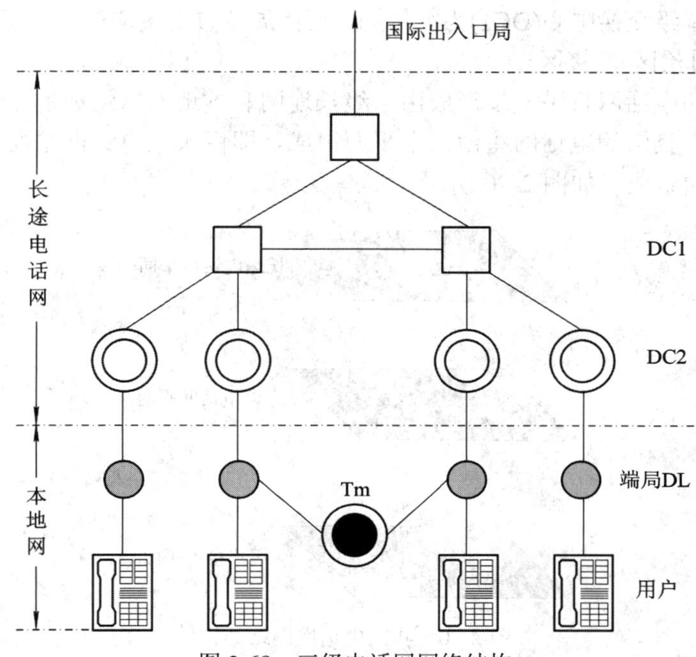

图 2-68 三级电话网网络结构

1) 国内长途电话网

国内长途电话网提供城市之间或省之间的电话业务，一般与本地电话网在固定的几个交换中心完成汇接。从图 2-68 可以看出，我国长途电话网由 DC1 和 DC2 两级长途交换中心组成，它们分别完成不同等级的汇接转换。其中，DC1 为省级交换中心，设在各省会城市，主要职能是疏通所在省的省际长途来去话业务，以及所在本地网的长途终端业务。DC2 为地区中心，设在各地区城市，主要职能是汇接所在本地网的长途终端业务。DC1 同时具有 DC2 的功能。其网络结构如图 2-69 所示。

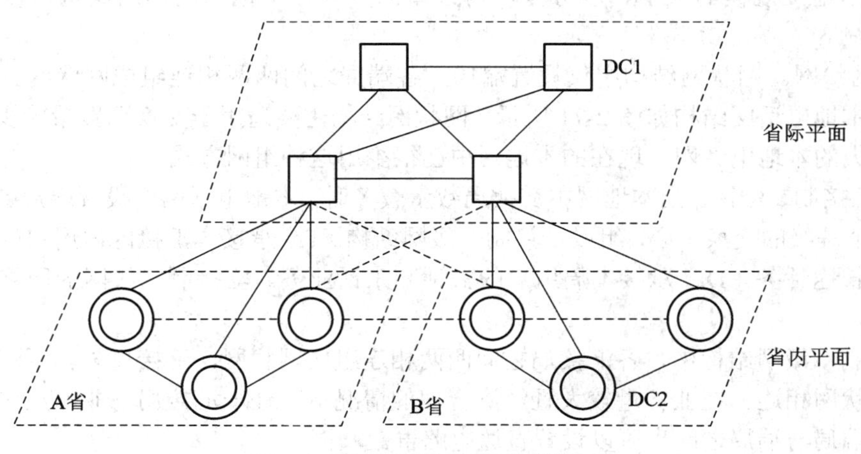

图 2-69 两级长途电话网网络结构

二级长途电话网中，形成了两个平面。DC1(省际平面)之间以网状结构相互连接。DC1与本省内各地市的DC2(省内平面)以星状结构相连，本省内各地市的DC2之间以网状结构或不完全网状结构相连，同时辅以一定数量的直达电路与非本省的交换中心相连。

国内全网以省级交换中心(DC1)为汇接局，汇接局负责汇接的范围为汇接区。因此，我国分为31个省(自治区)汇接区。

今后，我国的电话网将进一步形成由一级长途网和本地网所组成的二级网络，实现长途无级网。这样，我国的电话网将由三个平面组成，即由长途电话网平面、本地电话网平面和用户接入平面组成，如图2-70所示。

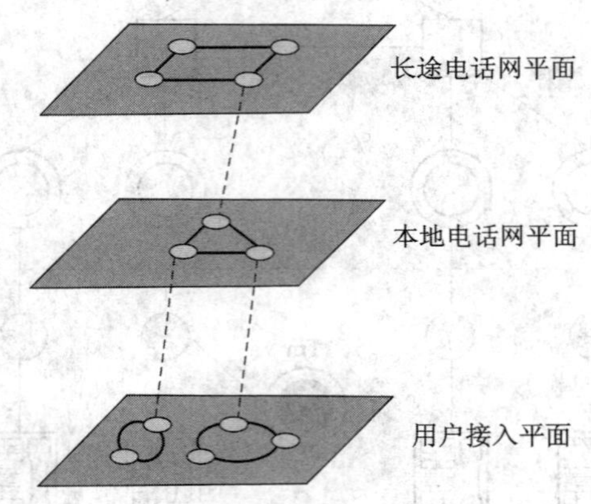

图2-70　我国电话网网络结构

2) 本地电话网

本地电话网简称本地网，是在同一长途编号区范围内，由若干端局或由若干个端局和汇接局、局间中继线、用户接入设备和话机终端等组成的电话网。

本地网内可以设置端局和汇接局。端局通过用户线和用户相连，其职能是负责疏通本局用户的去话和来话话务。汇接局与所管辖的端局相连，疏通这些端局间的话务；汇接局还与其他的汇接局相连，疏通不同汇接区间的端局的话务。根据需要，汇接局还可与长途交换中心相连，用来疏通本汇接区内的长途转接话务。

依据本地网规模的大小、服务区域内人口的多少，本地网的网络结构可以分成以下两种：

(1) 网状网。网状网结构中仅设置端局，各端局之间两两相连组成网状网。采用网状网结构的本地电话网结构如图2-71所示，网状网结构主要适用于交换局数量较少，各局交换机容量大的本地电话网。现在的本地网中已很少用这种组网方式。

(2) 汇接制二级网。当本地网中交换局数量较多时，本地电话网中设置端局DL和汇接局Tm两个等级的交换中心，组成汇接制二级网结构。Tm承接本汇接区内用户的去话和来话业务及长途话务，DL 承接本局用户的去话和来话业务。汇接制二级网的网络结构如图2-72所示。

汇接制二级网结构中，各汇接局之间两两相连组成网状网，汇接局与其所汇接的端局之间以星状网相连。在业务量较大且经济合理的情况下，任一汇接局与非本汇接区的端局之间或者端局与端局之间也可以设置直达电路群。

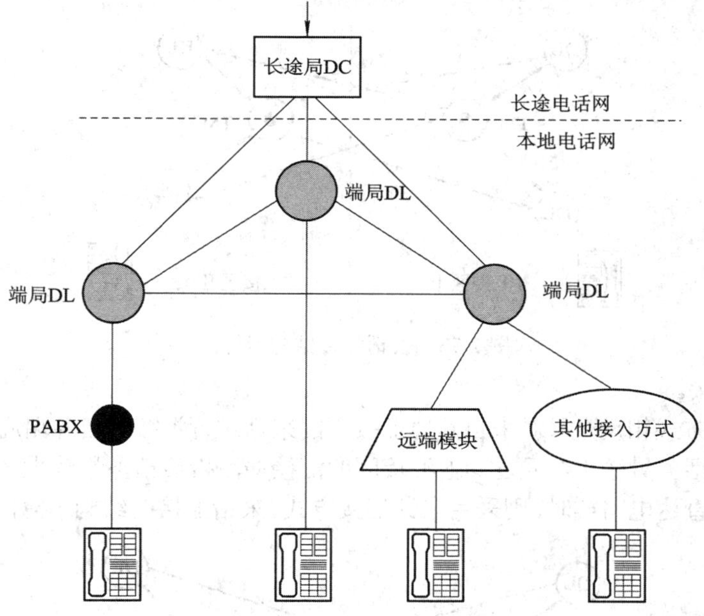

图 2-71 本地电话网网状网结构

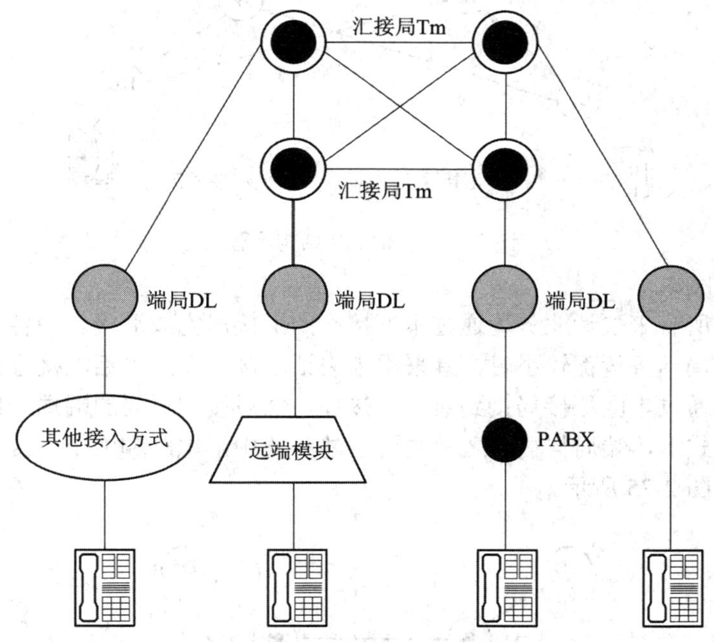

图 2-72 本地电话网汇接制二级网结构

汇接制电话网常用的汇接方式主要有去话汇接、来话汇接、来去话汇接。

(1) 去话汇接。

汇接区内的汇接局只汇接去话，而不汇接本汇接区的来话。当本汇接区各端局至另一汇接区的端局之间的话务量较小，本汇接区经过汇接后话务量较大，能经济合理地设置其间的低呼损直达电路群时，则采用去话汇接方式。去话汇接的结构示意图如图 2-73 所示。

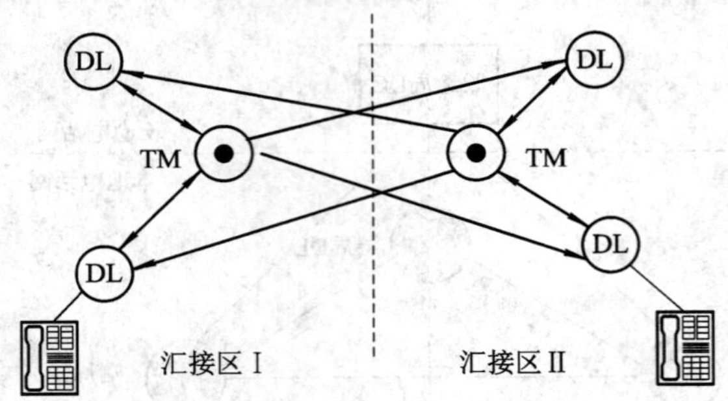

图 2-73　去话汇接结构示意图

(2) 来话汇接。

与去话汇接方式相反，只对来自其他汇接区的来话进行汇接。当各端局至其他汇接区的各个端局之间的话务量较小，经过其他汇接区的汇接局汇接后话务量较大，能经济合理地设置其间的低呼损直达电路群时，则采用来话汇接方式。来话汇接的结构示意图如图 2-74 所示。

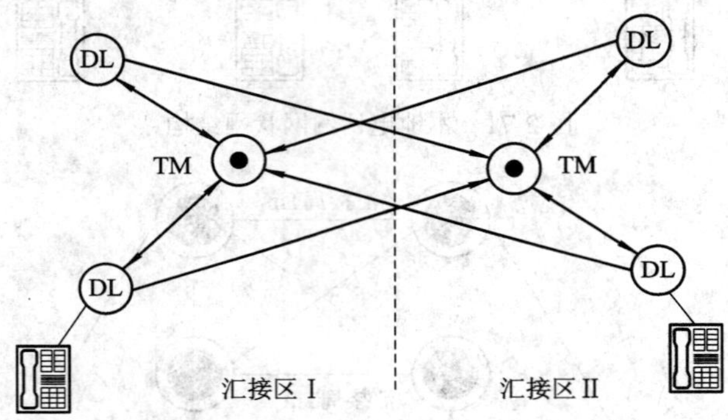

图 2-74　来话汇接结构示意图

(3) 来去话汇接。

汇接区内的所有来去话业务均通过本汇接区的汇接局完成汇接。当各汇接区中端局到其他汇接区的端局话务量都较小时，宜采用来去话汇接。在来去话汇接方式下，当用户发出呼叫时，首先通过本区汇接局接到对方汇接局，然后接到所要的端局，最后接到被叫用户。在来去话方式下，端局与端局之间共需经过 3 段中继电路和两个汇接局。来去话汇接的结构示意图如图 2-75 所示。

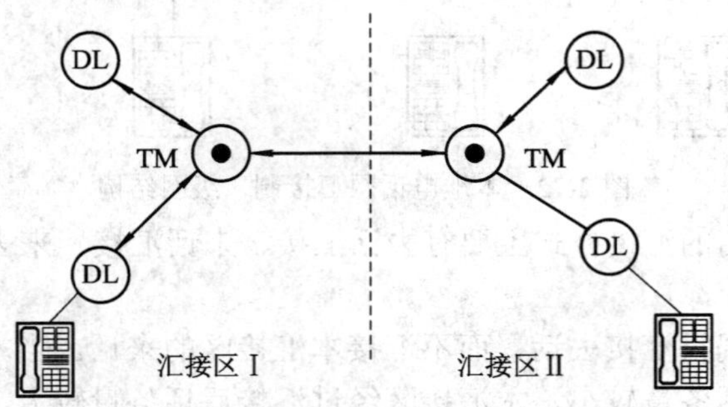

图 2-75　来去话汇接示意图

上述三种汇接是基本的汇接方式，除此之外，还可以采用主辅汇接方式，即两个汇接区各自有自己的汇接局，它们将本区的汇接局作为主汇接局，而将另一个汇接区的汇接局作为辅汇接局。本汇接区所有对其他区的呼叫首先经过本区的汇接局汇接，这是主汇接，也是去话汇接。同时它们还可以通过另外一个汇接区的汇接局进行汇接，这是辅汇接，也是来话汇接。一般地，在一个扩大的本地网或者在大中城市为中心的本地网中，去话汇接和来去话汇接用的比较多，而单独的来话汇接则用的比较少。

2. 国际电话网

国际电话网由国际交换中心和局间长途电路组成，用来疏通各个不同国家之间的国际长途话务。国际电话网中的节点称为国际电话局，简称国际局。用户间的国际长途电话通过国际局来完成，每一个国家都设有国际局，各国际局之间的电路即为国际电路。国际电话网的网络结构如图 2-76 所示。

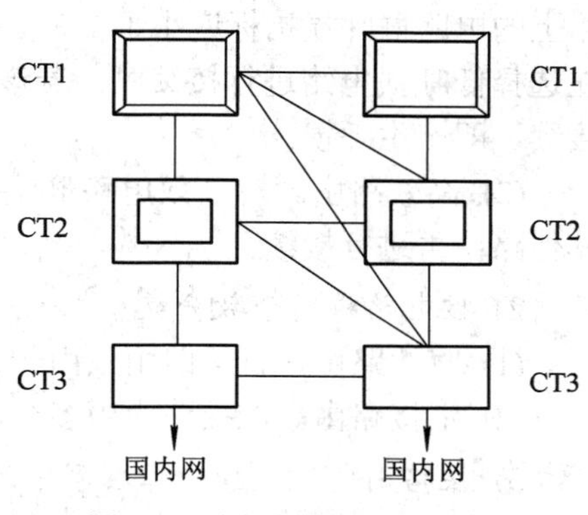

图 2-76　国际电话网网络结构

国际电话网由三级国际转接局 CT1、CT2、CT3 构成，其中：

(1) CT1 是在全世界范围内按地理区域划分的中心局，分管各自区域内国家的长话业务。一级国际中心局在全球设置 7 个，采用分区汇接方式，一级局之间以网状互连方式来满足各大区之间通话畅通。表 2-7 为一级国际中心局的设置情况。

表 2-7　一级国际交换局 CT1 设置

国际中心局(CT1)	所 辖 地 区
纽约	北美、南美
伦敦	西欧、地中海
莫斯科	东欧、北亚、中亚
悉尼	澳洲
东京	东亚
新加坡	东南亚
印巴	南亚近东、中东

(2) CT2 是每个 CT1 所辖区域内的一些较大国家设置的中间转接局，即将这些较大国家的国际业务或其周边国家的国际业务经 CT2 汇接后送到就近的 CT1 局。

(3) CT3 是设置在每个国家内，连接其国内长话网的国际网关，一般为一到多个，与各国的国内长途电话网的交换中心相连，从而形成了一个覆盖全球的电话通信网。

我国在北京、上海和广州设有三个国际交换中心(CT3)，这三个国际交换中心以网状网方式相连，三个国际交换中心均具有转接终端话务的功能。

2.5.3 路由选择

电话网中，当两个不在同一交换局的用户有呼叫请求时，需要在交换局之间建立一条传送信息的通道，这条通道就是路由。路由可以由单段链路组成，也可以由多段链路经交换局串接而成。所谓链路，是指两个交换局之间的一条直接电路或电路群。

1. 路由的分类

路由按其特征和使用场合的不同进行分类，常用的分类方法有以下四种。

1) 按呼损指标的不同分类

(1) 低呼损路由。电路群的呼损指标是为了保证全网的接续质量而规定的，低呼损路由上的电路群呼损指标应小于1%，话务量不允许溢出至其他路由。所谓不允许溢出，是指在选择低呼损电路进行接续时，若该电路拥塞，不能进行接续，也不再选择其他电路进行接续，即产生呼损。

(2) 高效路由。对高效电路群没有呼损指标的要求，话务量可以溢出至其他路由，由其他路由再进行接续。

2) 按电路群的个数分类

(1) 直达路由。直达路由只由一个电路群组成。

(2) 汇接路由。汇接路由由多个电路群经交换局串接而成。

3) 按路由所连交换中心在网中的地位分类

(1) 基干路由。基干路由由具有上下级汇接关系的相邻等级交换中心之间、长途网和本地网的最高等级交换中心(指C1局、DC1局或Tm)之间的低呼损电路群组成。基干路由上的低呼损电路群又叫基干电路群，其呼损指标应小于1%，且话务量不允许溢出至其他路由。基干路由是最基本的路由，可使任意两用户进行通话。

(2) 跨区路由。不同汇接区交换中心之间的路由。

4) 按路由选择顺序分类

(1) 首选路由。路由选择时首先选择的路由。直达路由是最短的路由，也是路由选择中的首选路由。

(2) 迂回路由。当首选路由遇忙时，就迂回到第二路由或者第三路由。此时，第二路由或第三路由称为首选路由的迂回路由。迂回路由一般是由两个或两个以上的电路群转接而成的。

(3) 最终路由。当一个交换中心呼叫另一交换中心，选择低呼损路由连接时不再溢出，由这些无溢出的低呼损电路群组成的路由，即为最终路由。最终路由可能是基干路由，也可能是低呼损直达路由，或部分基干路由和低呼损直达路由。

2. 路由选择

路由选择也称选路(Routing)，是指一个交换中心呼叫另一个交换中心时在多个可能的路由中选择一个最优的。对一次呼叫而言，直到选到了可以到达目标局的路由，路由选择才算结束。

电话网的路由选择可以采用等级制选路和无级选路两种。所谓等级制选路是指路由选

择是从源节点到目的节点的一组路由中依次按顺序进行的，而不管这些路由是否被占用。无级选路是指对于从源节点到目的节点的一组路由，在路由选择过程中，这些路由可以互相溢出而没有先后顺序。

路由选择时，有固定路由选择计划和动态路由选择计划两种。固定路由选择计划是指交换设备的路由表一旦生成后在相当长的一段时间内保持不变，交换设备按照路由表内指定的路由进行选择，若要改变路由表，须人工进行参与。而动态路由选择计划是指交换设备的路由表可以动态改变，通常根据时间、状态或事件而定，如每隔一段时间或一次呼叫结束后改变一次，这些改变可以是预先设置的，也可以是实时进行的。

1) 路由选择原则

不论采用什么方式进行路由选择，都应遵循一定的基本原则，主要有以下五个方面：

- 要确保信息传输质量和信令信息的可靠传输。
- 有明确的规律性，确保路由选择中不会出现死循环。
- 一个呼叫连接中串接的段数应尽量少。
- 不应使网络设计或交换设备过于复杂。
- 能在低等级网络中疏通的话务量，尽量不在高等级交换中心疏通。

2) 固定等级制路由选择规则

在等级制网络中，一般采用固定路由选择计划，等级制路由选择结构，即固定等级制路由选择。下面以我国电话网为例，介绍固定等级制路由选择规则。

(1) 长途网路由选择。

我国长途网采用等级制结构，路由选择也采用固定等级制路由选择。这里，请注意区分这两个不同的概念，等级制结构是指交换中心的设置级别，而等级制路由选择则是指在从源节点到目的节点的一组路由中依次按顺序进行选择。依据相关规定，在我国长途网上实行的路由选择规则有：

- 网中任一长途交换中心呼叫另一长途交换中心时所选路由局向最多为三个。
- 路由选择顺序为先选直达路由，再选迂回路由，最后选最终路由。若两个路由的转接段数相同，按照“自远而近”的原则设置路由选择顺序。
- 在选择迂回路由时，先选择直接至受话区的迂回路由，后选择经发话区的迂回路由。所选择的迂回路由，在受话区是从低级局往高级局的方向(自下而上)，而在发话区是从高级局往低级局的方向(自上而下)。
- 同一汇接区的话务在该汇接区内疏通，路由选择过程中遇到低呼损路由时，不再溢出至其他路由，路由选择即终止。

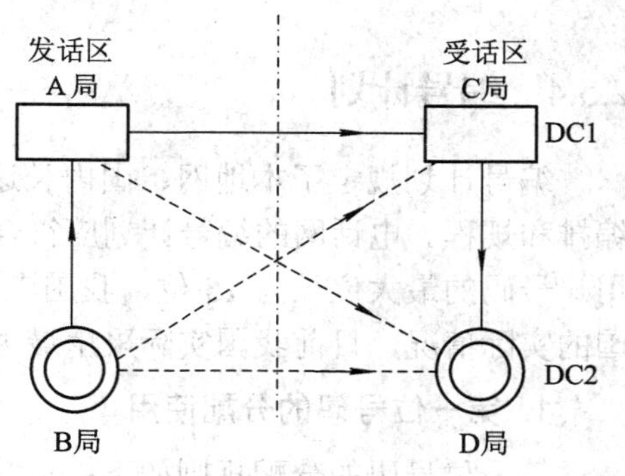

图 2-77　长途电话网路由选择

如图 2-77 所示的长途电话网路由选择，按照上面的选路规则，B 局到 D 局的路由选择如下：

① 先选直达路由“B 局→D 局”。

② 若直达路由全忙，再依次选迂回路由。迂

回路由“B 局→C 局→D 局”和“B 局→A 局→D 局”的转接段数相同，先选汇接局离发端远的 BCD，再选汇接局离发端近的路由 BAD，这就是自远而近的原则。

③ 最后选最终路由“B 局→A 局→C 局→D 局”，路由选择结束。

路由选择过程中，当发端至收端同一局向设有多个电路群时，可根据各电路群承受话务能力等情况，采用话务负荷分担方式来进行路由选择。

(2) 本地网路由选择。本地网路由选择规则如下：

- 先选直达路由，遇忙再选迂回路由，最后选基干路由。在路由选择中，当遇到低呼损路由时，不允许溢出到其他路由上，路由选择结束。
- 数字本地网中，原则上端到端的最大串接电路数不超过三段，即端到端呼叫最多经过两次汇接。当汇接局间不能两两相连时，端至端的最大串接电路数可放宽到四段。
- 一次接续最多可选择三个路由。

对于网状网结构，各端局之间都有低呼损直达电路连接，因此，端到端的来去话都由两端局间的低呼损直达路由疏通。

对于汇接制二级网结构，其路由选择如图 2-78 所示。端局 A 呼叫端局 B 时，路由有如下选择顺序：

① 选高效直达路由 A→B。

② 直达路由全忙时，选迂回路由 A→Tm2→B。

③ 选基干路由 A→Tm1→Tm2→B。

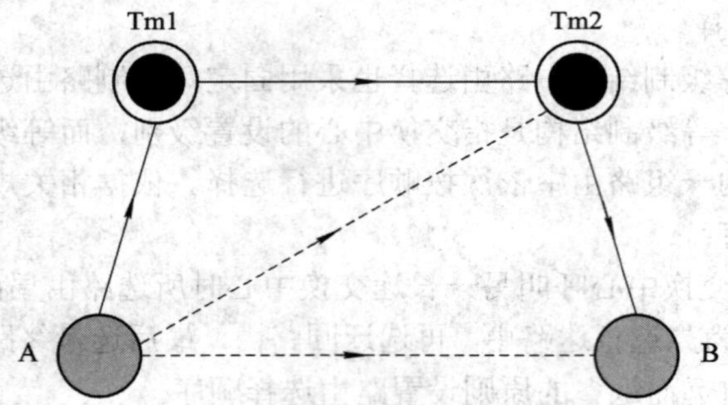

图 2-78　本地电话网汇接制二级网路由选择

2.5.4　编号计划

编号计划规定了本地网、国内长途网、特种业务以及新业务等各种呼叫所规定的号码编排和规程。电话网的编号计划应符合 ITU-T E.164 的建议，即从 1997 年开始，国际电话用户号码的最大位长为 15 位，我国国内有效电话用户号码的最大位长可为 13 位，结合我国的实际情况，目前我国实际采用最大为 11 位的编号计划。

1. 第一位号码的分配使用

第一位号码的分配规则如下：

- “0”为国内长途全自动冠号；
- “00”为国际长途全自动冠号；

● “1”为特种业务、新业务及网间互通的首位号码；

● “2”～“9”为本地电话首位号码，其中，“200”、“300”、“400”、“500”、“600”、“700”、“800”为新业务号码。

2. 本地网编号方案

在一个本地电话网内，采用统一的编号，一般情况下采用等位制编号，号长根据本地网的长远规划容量来确定，我国规定本地网号码加上长途区号的总长不超过11位。

本地电话网的用户号码包括两部分：局号和用户号。其中局号可以是1～4位，用户号为4位。如一个8位长的本地用户号码可以表示为：

PQRS + ABCD
局号　　用户号

3. 长途网编号方案

长途呼叫时需在本地电话号码前加拨长途字冠“0”和长途区号，即长途号码的构成为0+长途区号+本地电话号码。

按照我国的规定，除长途字冠“0”外，长途区号加本地电话号码的总位数最多不超过11位。

长途区号一般采用固定号码系统，即全国划分为若干个长途编号区，每个长途编号区都编上固定的号码。长途编号可以采用等位制和不等位制两种。我国采用不等位制编号，采用2、3位的长途区号。

● 首都北京，区号为“10”。其本地网号码最长可以为9位。

● 大城市及直辖市，区号为2位，编号为“2X”，X为0～9，共10个号，分配给10个大城市，如广州为“20”，上海为“21”等。这些城市的本地网号码最长可以为9位。

● 省中心、省辖市及地区中心，区号为3位，编号为“X1X2X3”，X1为3～9(6除外)，X2为0～9，X3为0～9，如郑州为“371”，太原为“351”。这些城市的本地网号码最长可以为8位。

● 首位为“6”的长途区号除60、61留给台湾外，其余号码为62X～69X共80个号码作为3位区号使用。

4. 国际长途电话编号方案

国际长途呼叫时需在国内电话号码前加拨国际长途字冠“00”和国家号码，即：00+国家号码+国内电话号码。

除国际长途字冠“00”外，国家号码加国内电话号码的总位数最多不超过15位。国家号码由1～3位数字组成，根据ITU-T的规定，世界上共分为9个编号区，我国在第8编号区，国家代码为86。

2.5.5 计费方式

程控交换设备的计费方式主要有两种：本地网自动计费方式(Local Automatic Message Accounting，LAMA)、集中式自动计费方式(Centralized Automatic Message Accounting，CAMA)。

LAMA 用于本地网内用户通话的计费，通常采用复式计次方式，即按通话时长和通话距离进行计费。用户的通话由发端端局进行计费。

CAMA 用于长途呼叫计费，长途计费也可按通话时长和通话距离计费。国内长途自动电话呼叫只对主叫用户计费，由长途发端局负责长话计费。与国际局在同一城市用户的国际长途去话由国际局负责，与国际局不在同一城市用户的国际长途去话由该城市的长话局负责。

2.6 小 结

电话通信是最早出现的一种通信方式，也是当今通信领域应用最广泛的一种通信方式。电话通信通常采用电路交换方式，目前电话通信网中使用的交换设备为程控数字交换机。程控数字交换机是公用电话交换网的核心设备，它不仅提供基本的电话通信业务，还提供各类补充服务，并能提供传真、话路数据业务、分组数据业务等。

程控交换机分为话路系统和控制系统两大部分。

话路系统由各种接口设备、用户级交换网络、选组级交换网络、信令设备等组成。接口设备包括连接用户终端的用户电路和连接中继线路的中继电路。模拟用户电路具有馈电、过压保护、振铃、监视、编解码与滤波、混合电路和测试(BORSCHT)等功能。数字中继电路具有码型变换、时钟提取、帧同步、复帧同步、帧定位、信号的插入和提取等功能。信令设备能产生各种数字化单音频信号音(如拨号音、忙音、回铃音等)及双音频信号音(多频记发器信令)，实现双音多频信号(DTMF)的接收与识别及多频互控信号(MFC)的接收和发送。数字交换网络是程控数字交换机的核心部件，实现交换机内部的信息交换。数字交换网络由数字接线器构成，有两种数字接线器：时间(T)接线器和空间(S)接线器。对于 T 接线器，其基本功能就是实现时隙交换，只要配上复用器和分用器，它就可以单独构成一个单 T 数字交换网络。TTT 交换网络是目前局端交换机采用最多的网络结构。

控制系统是程控交换机的指挥系统，所用的命令从这里发出，交换机执行的每一个操作都是在控制系统的控制下完成的，因此控制系统应具有较强的呼叫处理能力和较高的可靠性。控制系统的控制方式一般可分为集中控制方式和分散控制方式。分散控制方式又可分为分布式分散控制方式和分级分散控制方式。控制系统一般采用多处理机工作方式，每台处理机可按容量(话务)分担或功能分担的方式工作。另外，为了提高控制系统的可靠性，处理机一般采用冗余配置。

程控交换系统的软件十分庞大而复杂，主要由系统软件、应用软件及数据构成。系统软件主要由操作系统构成。操作系统是交换设备硬件和应用软件之间的接口，它统一管理交换设备的软硬件资源，控制各个程序的执行，协调处理机的动作，实现各个处理机之间的通信。应用软件主要包括呼叫处理软件、操作管理维护软件(OAM)。呼叫处理软件负责整个交换设备所有呼叫的建立与释放，以及各种服务业务的建立与释放。OAM 软件是程控交换设备用于操作、维护和管理的后台软件，实现对交换设备的集中管理。数据包括系统数据、局数据和用户数据，一般存储在数据库中，用来描述有关交换机的各种信息。

在程控交换机中，呼叫接续过程都是在呼叫处理程序控制下完成的。一个完整的呼叫

过程就是处理机监视、识别输入信息，然后进行分析，执行相关任务及输出相关命令的过程，接着再进行监视、识别输入信息、再分析、执行的循环过程。因此呼叫处理过程可分为三个处理部分，即输入处理、分析处理及任务执行及输出处理。输入处理即数据采集，用于识别并接收外部输入的处理请求和其他有关信号。分析处理即内部数据处理部分，根据输入信号和现有状态进行分析、判别，给出分析结果。输出处理即输出命令部分，根据分析结果，发布一系列控制命令，执行内部某任务或控制相关硬件。

SDL 语言是一种以扩展的有限状态机模型为基础的语言，可以直观、准确、完整地表达呼叫处理过程，在电信系统中得到广泛应用。

电话通信网由本地电话网、国内长途电话网和国际长途电话网构成。我国电话通信网采用分级网络结构，并将逐步向无级网发展。

在电话网建设初期，我国长途电话网电话网包括 4 个等级的长途交换中心 C1、C2、C3 和 C4。目前长途电话网由省级交换中心 DC1 和地区中心 DC2 两级组成，今后长途电话网将逐步过渡到无级网。

本地电话网中设置端局 DL 和汇接局 Tm 两个等级的交换中心，组成汇接制二级网结构。汇接制电话网常用的汇接方式有去话汇接、来话汇接、来去话汇接。

国际电话网由三级国际转接局 CT1、CT2、CT3 构成。CT1 之间呈网状互连方式，CT1 与 CT2 之间、CT2 与 CT3 之间采用分区汇接的连接方式。

长途网的路由选择规则：网中任一长途交换中心呼叫另一长途交换中心时所选路由局向最多为 3 个；路由选择顺序为先选直达路由，再选迂回路由，最后选最终路由；受话区的路由选择为自下而上，发话区的路由选择自上而下；同一汇接区的话务在该汇接区内疏通。

本地网的路由选择规则：先选直达路由，遇忙再选迂回路由，最后选基干路由。端到端的最大串接电路数不超过 3 段，一次接续最多可以选择 3 个路由。

电话网的编号计划应符合 ITU-T E.164 的建议。我国电话网的编号计划对本地网号码的长度、组成、长途区号、字冠和首位号码的分配做了详细规定。

程控交换设备的计费方式主要有本地网自动计费方式(LAMA)和集中式自动计费方式(CAMA)。LAMA 用于本地网内用户通话计费，CAMA 用于长途呼叫计费。

习　题

1. 程控交换机主要由哪几部分组成，各部分实现的功能是什么？

2. 程控交换机提供的业务有哪些？

3. 用户接口电路七大功能是什么？

4. 数字中继接口电路实现哪些功能？

5. 简述 PCM 30/32 路帧结构，并指出路时隙、帧、复帧的概念。

6. 设计产生 1380 Hz + 1500 Hz 信号发生器框图，指出 ROM 的大小、重复周期及在重复周期内各频率的重复次数。

7. 试说明 T 接线器和 S 接线器的基本组成和功能，两者有何不同？

8. 某 HW 线上主叫用户占用时隙 TS_{11}，被叫用户占用时隙 TS_{23}，若通过 T 接线器完

成彼此的信号交换，分别采用输出和输入控制方式，画出了两种工作方式的示意图。

9. 某 S 接线器大小为 4×4，控制存储器分别为 CM_0～CM_3，设每个控存单元数为 32。要将 HW_0TS_5 的信息交换到 HW_3TS_5，分别采用输出和输入控制方式，画出了两种工作方式的示意图。

10. 设某单 T 交换网络有 8 条 HW 线(HW_0～HW_7)，每条 HW 线有 32 个时隙，要实现 HW_2TS_7 与 HW_7TS_{31} 的信息交换，分别采用输出和输入控制方式，画出了两种工作方式的示意图。

11. 如图 2-39 所示的 TST 交换网络，输入侧 T 接线器采用输出控制方式，输出侧 T 接线器采用输入控制方式，S 接线器采用输出控制方式，分析 $HW_1TS_5 \leftrightarrow HW_3TS_{21}$ 双向接续过程。设 CPU 选定的内部空闲时隙为 TS_7。

12. 什么是集中控制方式，什么是分散控制方式，各有什么特点？

13. 多处理机的容量分担方式和功能分担方式的含义是什么？

14. 冷备用和热备用的含义是什么？

15. 常用处理机间的通信方式有哪几种？适用场合有哪些？

16. 程控交换机的软件组成？

17. 什么是输入处理、分析处理、任务执行和输出处理？

18. 简述用户摘挂机识别原理。

19. 简述 DTMF 识别原理。

20. 简述我国电话通信网结构的发展趋势。

21. 本地电话网的汇接方式有哪几种？

22. 长途电话网和本地电话网的路由选择原则分别是什么？

23. 国际电话网的网络结构是什么？

24. 交换网络的内部阻塞是怎样产生的？

25. 什么是 BHCA，与哪些因素有关？

26. 某中继线 1 小时有 6 个 10 分钟的占用时间，问该中继线的话务量是多少？

27. 某处理机忙时用于呼叫处理的时间开销平均为 0.95，固有开销为 0.25，处理一个呼叫平均开销需要 30 ms，试求其 BHCA？

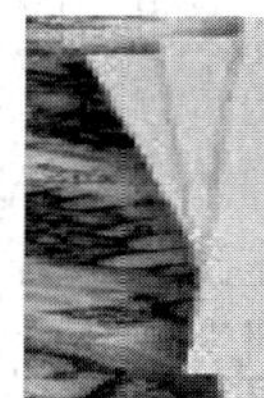

第三章 信 令 系 统

终端用户和交换设备之间，以及交换设备与交换设备之间，除了传输语音、数据等信息外，还必须传送各种专用控制信号来保证交换设备的协调工作，这种控制信号就是信令(signalling)。在电话接续过程中，信令的传送必须遵守一定的协议或规约，这些协议或规约我们称之为信令方式，而完成信令方式的传递与控制所实现的功能实体我们称之为信令设备。各种特定的信令方式及信令设备就构成了电话通信网的信令系统。信令系统是通信网的重要组成部分，是保证通信网正常运行必不可少的。本章首先介绍信令的基本概念及分类，对用户线信令及局间中国 No.1 信令做了简单讲解，然后重点介绍目前通信网中普遍采用的 No.7 信令系统及 No.7 信令网。

本章重点

- 信令的基本概念及分类
- 中国 No.1 线路信令及记发器信令
- No.7 信令特点及 No.7 信令系统分层结构
- No.7 消息传递部分各层实现的功能
- No.7 信令网的基本概念及信令点编码方式
- TUP 消息的一般格式及常用的信令消息
- TUP 信令过程
- ISUP 的一般格式及常用信令消息

本章难点

- PCM30/32 系统帧结构
- No.7 信令系统分层结构
- TUP 信令过程

3.1 信令的基本概念

3.1.1 信令的概念

首先以电话网中两端局用户进行通话接续为例，说明接续建立过程中信令信号的传递及其控制流程。

图 3-1 描述了一个完整的两端局用户呼叫经简化的信令交互过程，简单说明如下：

(1) 主叫用户摘机，发出一个“摘机”信令信号并送达发端交换机。

(2) 发端交换机收到主叫用户的摘机命令后，经去话分析并允许他发起这个呼叫，向主叫用户送“拨号音”信令信号。

(3) 主叫用户听到拨号音后，开始拨号，将所拨被叫号码送给发端交换机。

(4) 发端交换机对被叫号码进行号码分析，确定被叫所在的终端交换机，并在发端交换机与终端交换机之间选择一条空闲的中继电路，然后向终端交换机发出“占用”信令信号，并把被叫号码送给终端交换机。

(5) 终端交换机根据被叫号码寻找被叫用户，向被叫用户送“振铃”信令信号，同时给主叫用户送“回铃音”信令信号。

(6) 当被叫用户摘机应答时，终端交换机收到“摘机应答”信令信号，停振铃，并向发端交换机发送“被叫应答”信令信号。发端交换机收到“被叫应答”信令信号后，停止向主叫用户送回铃音，接通话路。

(7) 用户双方进入通话状态，这时，线路上传送语音信号。

(8) 若通话结束被叫用户先挂机，发出“挂机”信令信号，终端交换机收到该信令则向发端交换机发送“反向拆线”信令信号，发端交换机收到该信令则向主叫用户送“忙音”信令信号，主叫用户挂机。

(9) 发端交换机收到主叫“挂机”信令信号后，向终端交换机发送“正向拆线”信令信号，终端交换机拆线后，回送一个“拆线证实”信令信号，一切设备复原。

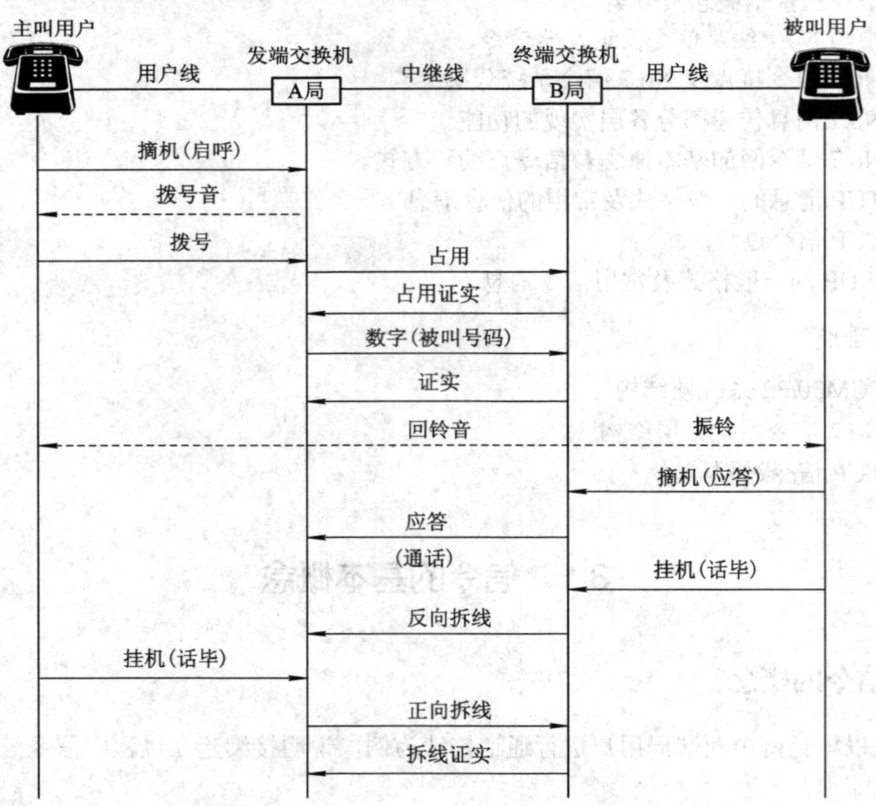

图 3-1 两端局接续的信令传送流程

从上述呼叫信令交互流程的描述过程可知，在交换机与用户或各交换机之间，除传送语音、数据等业务信息外，还必须传送各种专用控制信号，即信令(Signalling)信号，其功能是完成用户呼叫的接续、控制、处理等功能，控制通信网中各种通信连接的建立和拆除，维护通信网的正常运行。

3.1.2 信令的分类

信令的分类方法有很多，常用的分类方式有如下几种。

1. 按信令的传送区域划分

按照信令的传送区域，可将信令分为用户线信令和局间信令。

(1) 用户线信令。用户线信令是用户和交换机之间在用户线上传送的信令。图 3-1 中主叫用户—发端交换机和终端交换机—被叫用户间传送的信令都是用户线信令。对于常见的模拟电话用户线，这种信令包括三类：描述用户状态的信令、数字信令、铃流和信号音。

用户状态信令反映用户话机的摘挂机状态，交换设备通过检测用户线上电流的有无来检测用户的摘挂机状态。数字信令即用户线的路由信令，如用户所拨的被叫号码，供交换设备选择路由。铃流和信号音是交换设备向用户话机送出的信令，用来通知用户接续结果。

(2) 局间信令。局间信令是交换机之间或交换机与网管中心、数据库之间使用的信令，在局间中继线上传送。局间信令主要包括用来控制话路接续和拆线的监视信令、路由信令及用来保证网络有效运行的管理信令。

目前通信网的局间信令都是数字信令，主要采用中国 No.1 信令和 No.7 信令。No.7 信令是目前 PSTN 广泛使用的信令，本章将会重点介绍。

2. 按信令的功能划分

按照信令的功能，可将信令分为监视信令、选择信令和管理信令。用户线和局间中继线上的信令都必须包括监视信令和选择信令，管理信令则在局间中继线上使用。

(1) 监视信令。监视信令具有监视功能，用来检测或改变线路(包括用户线和中继线)上的呼叫状态，控制接续的进行。用户线上的监视信令有主被叫的摘挂机信令，局间中继线上的监视信令有占用、应答、正向拆线、反向拆线及拆线证实等信令。

(2) 选择信令。选择信令主要用于路由的选择。用户线的选择信令为用户线的数字信令，如用户所拨的被叫号码。局间中继的选择信令也称作记发器信令，包括发端局向收端局送出的数字信令和收端局回送的证实信令。

(3) 管理信令。管理信令具有操作维护功能，主要用于网络的维护和管理。比如 No.7 信令系统中的信令网管理消息、导通检验消息等都是管理信令。

3. 按信令信道与语音信道的关系划分

按照信令信道与语音信道的关系，可将信令分为随路信令和公共信道信令。

(1) 随路信令。随路信令(Channel Associated Signalling，CAS)指用传送话路的通路与该话路有关的各种信令，或指传送信令的通路与话路之间有固定的关系，其示意图如图 3-2 所示。

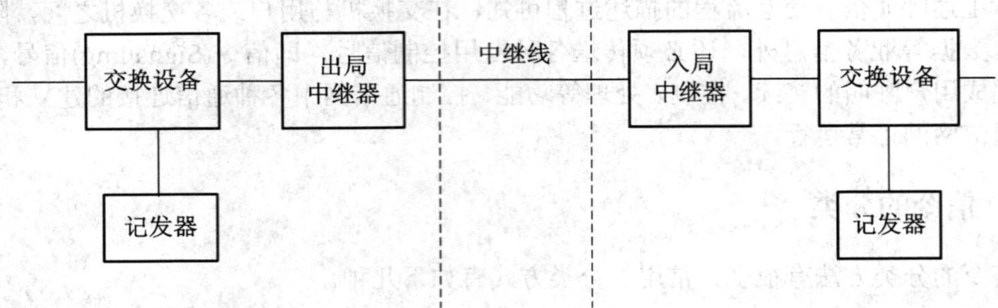

图 3-2　随路信令示意图

中国 No.1 信令是随路信令，它由线路信令和多频互控信令(也叫作记发器信令)构成。多频互控信令是路由信令，它在传送话路的通道中传送。在接续建立时，用户话路通道是空闲的，因此可用于传送与接续相关的信令。线路信令是监视信令，它是在局间 PCM 中继系统的 TS_{16} 中传送的，该信令传送通道与话路之间存在着时间上的一一对应关系，详细内容在 3.3 节讲解。

(2) 公共信道信令。公共信道信令(Common Channel Signalling，CCS)指传送信令的通道和传送语音的通道是完全分开的，即信令在专用的信令链路上传送，其示意图如图 3-3 所示。

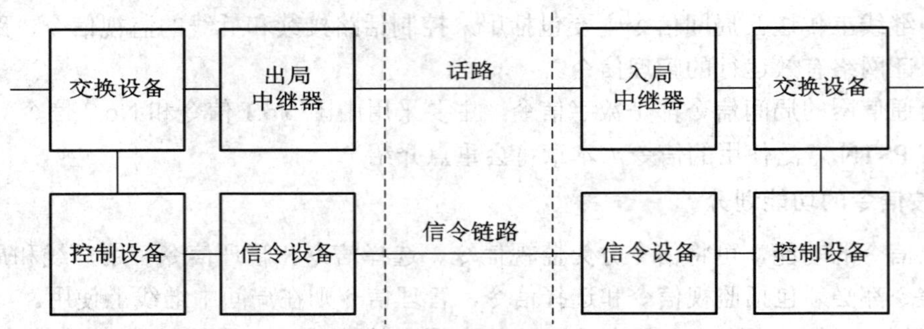

图 3-3　公共信道信令示意图

No.7 信令是公共信道信令。公共信道信令传送速度快、信令容量大，可传递大量与呼叫无关的信令，便于信令功能的扩展和开展新业务，适应现代通信网的发展，在 3.4 节将详细讲解 No.7 系统。

4. 按信令的传送方向划分

按信令的传送方向，可将信令分为前向信令和后向信令。

前向信令是由发端局(主叫用户侧的交换局)记发器或出局中继器发送和由终端局(被叫用户侧的交换局)记发器或入局中继器接收的信令，后向信令则是相反方向传送的信令。

3.1.3　信令方式

在电话接续过程中，信令的传送必须遵守一定的协议或规约，这些协议或规约我们称之为信令方式。信令方式包括信令的结构形式、信令在多段路由上的传送方式以及信令传送过程中的控制方式。

1. 结构形式

信令的结构形式是指信令所能传递信息的表现形式，一般分为未编码和编码两种结构形式。

1) 未编码信令

未编码信令依据脉冲的个数、脉冲的频率、脉冲的时间结构等表示不同的信息。如用户在脉冲方式下所拨的号码是以脉冲个数来表示 0～9 数字的，而拨号音、忙音、回铃音是由相同频率的脉冲采用不同的时间结构(脉冲断续时间不同)而形成的。

2) 编码信令

信令的编码方式主要有两种：一种是采用多频信号进行编码；另外一种是采用二进制数进行编码。因此编码信令包括模拟多频信令和数字二进制信令。

(1) 模拟多频信令。多频是指多频编码信号，即由多个频率组成的编码信号。双音多频信令(DTMF)和多频互控信令(MFC)都采用的是多频编码方式的信令。

(2) 数字二进制信令。采用二进制编码的数字信令有：中国 No.1 信令的线路信令和 No.7 信令。

2. 传送方式

信令在多段路由上的传送方式主要有：端到端方式、逐段转发方式和混合方式。

在端到端方式下转接局只将信令路由进行接通以后透明传输，终端局收到的是由发端局直接发来的信令。

逐段转发方式是逐段识别，校正后转发的简称。在这种方式下，每一个转接局收到信令以后进行识别，并加以校正，然后转发给下一个交换局。

混合方式是在信令传送时既采用端到端方式又采用逐段转发方式。混合方式的特点是根据电路的情况灵活地采用不同的传送方式，保证信令快速可靠地传送。中国 No.1 信令中的 MFC 信令选择传送方式的原则一般是：在优质电路上传送采用端到端方式，在劣质电路上传送采用逐段转发方式。No.7 信令的传送一般采用逐段转发方式，在某些情况下也采用端到端方式。

3. 控制方式

控制信令传送的方式有三种：非互控方式、半互控方式和全互控方式。

非互控方式是指在信令传送过程中，信令传送端传送信令不受接收端的控制，不管接收端是否收到，可自由地传送信令。采用这种控制方式的信令系统，其信令传送的控制设备简单、信令传送速度快，但信令传送的可靠性不高。No.7 信令系统采用这种控制方式，以求信令快速地传送，同时采取有效的可靠性保证机制。

半互控方式是指在信令的传送过程中，信令传送端每传送一个信令，都必须等到接收端返回证实信令后，才能接着传送下一个信令，即发送端信令受到接收端的控制。采用这种控制方式的信令系统，其信令传送的控制设备相对简单，信令传送速度较快，信令传送的可靠性有保证。

全互控方式是指信令在传送过程中，传送端传送信令受到接收端的控制，接收端传送的信令也受到传送端的控制。这种控制方式抗干扰能力较强，传送可靠性高，但信令收发设备复杂，信令传送速度慢。中国 No.1 信令中的 MFC 信令采用这种控制方式。

3.2 用户线信令

用户线信令是终端用户与交换机之间在用户线上传送的信令。用户线信令可以是用户话机发出的信令信号，也可以是交换机发出的信令信号。

3.2.1 用户话机发出的信令信号

1. 监视信令

监视信令主要检测用户话机的摘挂机状态。当用户挂机后，在话机和交换机之间的用户环路是开路的，没有直流电流流过；当用户摘机后，用户环路闭合，有直流电流流过，并向话机供电。因此，检测用户状态信号就是检测用户线上是否有直流电流信号。若交换机检测到某一用户线直流环路闭合，则表示这一用户线进入占用状态；反之，表示此用户线拆线，进入空闲状态。

2. 选择信令

选择信令是主叫用户发出的地址信息，如主叫用户所拨的被叫号码。电话网中使用两种不同形式的终端话机，因此可有两种不同的拨号信号。

1) 号盘话机或直流脉冲按键话机发出的信令信号

号盘话机的拨号信号是以断、续脉冲组成的脉冲串表示的，脉冲断的次数为用户所拨的被叫用户号码对应的数字。为了使交换机可以区分出每位数字，数字之间必须有脉冲串间隔(即两串脉冲(两位号码)之间的间隔，也叫位间隔)，其时长要大于脉冲持续的时间。因此国标 GB1493—78 规定了脉冲式话机的有关技术参数指标：程控交换机脉冲速度为 8～16(脉冲/秒)，脉冲断续比(脉冲宽度(断)和脉冲间隔宽度(续)之间的比值)为 1∶1～1∶3。脉冲串间隔一般不小于 250 ms。

2) 双音多频(DTMF)话机发出的信令信号

DTMF 话机发出的信令信号是由两个频率组成的双音频组合信号。在 2.3.3 节中已经给出了按键数字号码与频率的组合关系(见表 2-3)，这里不再重复。

3.2.2 交换机发出的信令信号

1. 铃流信号

铃流信号是交换机发送给被叫用户的信号，提醒被叫用户有呼叫到达。铃流信号采用频率为 25±3 Hz、电压为 75±15 V 的正弦波。铃流采用 5 s 断续(1s 续、4s 断)，断续时间偏差均不得超过 10%。

2. 信号音

信号音是交换机发送给用户的信号，用来说明有关的接续状态，如忙音、拨号音、回铃音等。信号音的音源有 450 ± 25 Hz 和 950 ± 50 Hz 的两种正弦波，各种信号音的结构和含义请参见表 2-2，这里不再重复。

3.3 中国 No.1 信令

在局间中继线上传送的信令为局间信令，局间信令按传送信令的信道与传送语音的信道之间的关系，可分为随路信令和公共信道信令。我国目前使用的随路信令一般为中国 No.1(中国一号)信令。中国 No.1 信令根据其作用不同又分为线路信令和记发器信令两种。

3.3.1 线路信令

局间线路信令一般包括示闲、占用、应答与拆线等信令，用以监视和表示中继线的呼叫状态、控制接续的进行。说到线路信令，就要提到数标方式。所谓数标方式，是指线路信令发送标准。中国一号线路信令有直流线路信令、带内单频线路信令和数字型线路信令三种。现在常用的是数字型线路信令，因此本节重点介绍数字型线路信令的结构及编码含义。

1. 直流线路信令

直流线路信令用直流极性标志的不同代表不同的信号含义，主要用于机电制交换局间，或用于机电制交换局与自动长途局、人工长途局之间。在市话网的音频电缆上，局间线路信号一般采用直流线路信令。这种信令结构简单，比较经济，但传输距离不宜过长，如果距离超过直流信令传输的界限，就要采用低频或高频交流信号。

2. 带内单频线路信令

在频分多路复用传输系统中，不能再采用直流信令而要采用带内单频线路信令，带内单频线路信令所选择的频率应是语音信号中功率较小的频率，一般选 2600 Hz。

3. 数字型线路信令

当局间中继方式采用 PCM 方式传输时，中继接口电路采用数字中继器时，局间信令采用数字型线路信令。

1) 时隙分配

如图 2-13 所示，在 125 μs 取样周期内，每一个话路轮流传送 8bit 语音码组一次，每个话路占用一个时隙。30 个话路加上同步和信令时隙共同组成一个单帧。TS_0 用于传输同步码，TS_{16} 用于传送复帧同步和失步告警码以及 30 个话路的线路信令。30 个话路只有 8 比特信令信息，这显然不够，为此采用复帧结构，即由 16 个单帧组成 1 个复帧。

以 F_0、F_1…F_{15} 顺次代表组成一复帧的 16 单帧。F_0 的 TS_{16} 用来传送复帧同步和复帧失步告警码；F_1 的 TS_{16} 的前四位用来传送话路 1 的线路信令，后四位用来传送话路 16 的线路信令；F_2 的 TS_{16} 的前四位用来传送话路 2 的线路信令，后四位用来传送话路 17 的线路信令；依此类推，F_{15} 的前四位用来传送话路 15 的线路信令，后四位用来传送话路 30 的线路信令。复帧结构可以保证在 2 ms 时间内为每个话路分配到 4 个信令信息比特。

2) 编码含义

在 30/32 路 PCM 系统中，30 个话路的线路信令由 TS_{16} 按复帧传送，其中每一个话路的两个传输方向各有 a、b、c、d 四比特可供传送线路信令码。目前电话网的线路信号容量不大，只用 a、b、c 三比特就够了。a_f、b_f、c_f 为前向信号，a_b、b_b、c_b 为后向信号，它们的含义分别如下：

(1) a_f表示发话交换局状态或主叫用户状态的前向信号。$a_f=0$ 为摘机占用状态；$a_f=1$ 为挂机拆线状态。

(2) b_f表示向来话交换局表示故障状态的前向信号。$b_f=0$ 为正常状态；$b_f=1$ 为故障状态。

(3) c_f表示话务员再振铃或强拆的前向信号。$c_f=0$ 为话务员再振铃或进行强拆操作；$c_f=1$ 为话务员未进行再振铃或未进行强拆操作。

(4) a_b表示被叫用户摘挂机状态的后向信号。$a_b=0$ 为被叫摘机状态；$a_b=1$ 为被叫挂机状态。

(5) b_b表示受话局状态的后向信号。$b_b=0$ 为示闲状态；$b_b=1$ 为占用或闭塞状态。

(6) c_b表示话务员回振铃的后向信号或表示是否到达被叫信号，或用于传送计次脉冲信号。$c_b=0$ 为话务员进行回振铃操作和呼叫到达被叫；$c_b=1$ 为话务员未进行回振铃操作和呼叫未到达被叫。

数字型线路信令共有 13 种标志方式，即数标方式(1)至数标方式(13)(DL(1)～DL(13))。表 3-1 为数标方式(1)局间数字型线路信令编码。

表 3-1　数标方式(1)局间数字型线路信令编码

<table>
<tr><th colspan="3" rowspan="3">接续状态</th><th colspan="4">编　码</th></tr>
<tr><th colspan="2">前　向</th><th colspan="2">后　向</th></tr>
<tr><th>a_f</th><th>b_f</th><th>a_b</th><th>b_b</th></tr>
<tr><td colspan="3">示　闲</td><td>1</td><td>0</td><td>1</td><td>0</td></tr>
<tr><td colspan="3">占　用</td><td>0</td><td>0</td><td>1</td><td>0</td></tr>
<tr><td colspan="3">占用确认</td><td>0</td><td>0</td><td>1</td><td>1</td></tr>
<tr><td colspan="3">被叫应答</td><td>0</td><td>0</td><td>0</td><td>1</td></tr>
<tr><td rowspan="16">复原</td><td rowspan="6">主叫控制</td><td>被叫先挂机</td><td>0</td><td>0</td><td>1</td><td>1</td></tr>
<tr><td rowspan="2">主叫后挂机</td><td rowspan="2">1</td><td rowspan="2">0</td><td>1</td><td>1</td></tr>
<tr><td>1</td><td>0</td></tr>
<tr><td rowspan="3">主叫先挂机</td><td rowspan="3">1</td><td rowspan="3">0</td><td>0</td><td>1</td></tr>
<tr><td>1</td><td>1</td></tr>
<tr><td>1</td><td>0</td></tr>
<tr><td rowspan="5">互不控制</td><td rowspan="2">被叫先挂机</td><td>0</td><td>0</td><td>1</td><td>1</td></tr>
<tr><td>1</td><td>0</td><td>1</td><td>0</td></tr>
<tr><td rowspan="3">主叫先挂机</td><td rowspan="3">1</td><td rowspan="3">0</td><td>0</td><td>1</td></tr>
<tr><td>1</td><td>1</td></tr>
<tr><td>1</td><td>0</td></tr>
<tr><td rowspan="5">被叫控制</td><td rowspan="2">被叫先挂机</td><td>0</td><td>0</td><td>1</td><td>1</td></tr>
<tr><td>1</td><td>0</td><td>1</td><td>0</td></tr>
<tr><td>主叫先挂机</td><td>1</td><td>0</td><td>0</td><td>1</td></tr>
<tr><td rowspan="2">被叫后挂机</td><td rowspan="2">1</td><td rowspan="2">0</td><td>1</td><td>1</td></tr>
<tr><td>1</td><td>0</td></tr>
</table>

3) 线路信令在多段路由上的传输方式

线路信令的形式一般不具备自检能力，在多段电路转接的电话接续过程中，为了能使

信令正确传送，通常采用逐段识别、校正后转发的方式，即采用逐段传输方式。

3.3.2 记发器信令

与线路信令不同，记发器信令是在用户通话接续建立过程中传送的。记发器信令由一个交换局的记发器发出，由另一个交换局的记发器接收，主要功能是控制电路的自动接续，包括选择路由所需的地址信息。记发器信令采用多频编码、连续互控传送方式，因此记发器信令也称为多频互控信令(MFC)。

1. 多频编码

记发器信令也分为前向信令和后向信令两种。前向信令采取六中取二的多频编码方式，可以组成十五种信令。后向信令采用四中取二的多频编码方式，组成六种信令。记发器信令信号的编码见表 3-2。

表 3-2 记发器信令信号的编码

数码	前向信号/Hz						后向信号/Hz			
	1380	1500	1620	1740	1860	1980	1140	1020	900	780
	F_0	F_1	F_2	F_4	F_7	F_{11}	F_0	F_1	F_2	F_4
1	○	○					○	○		
2	○		○				○		○	
3		○	○					○	○	
4	○			○			○			○
5		○		○				○		○
6			○	○					○	○
7	○				○					
8		○			○					
9			○		○					
10				○	○					
11	○					○				
12		○				○				
13			○			○				
14				○		○				
15					○	○				

前向信令频率为 1380 Hz、1500 Hz、1620 Hz、1740 Hz、1860 Hz、1980 Hz，分别用 F_0、F_1、F_2、F_4、F_7、F_{11} 表示，相邻频率之差为 120 Hz，每一种信号的数码应为相应频率的下标之和(除数码 10、14、15 外)。这 15 种信令又根据接续过程中发出的时间不同而代表不同的含义，因而信令信号数量较多。前向信令分为Ⅰ组和Ⅱ组。

后向信令在 780 Hz、900 Hz、1020 Hz、1140 Hz 这四个频率中，采用四中取二的多频编码方式组成六种信号，这四个频率分别用 F_0、F_1、F_2、F_4 表示。后向信号分为 A 组和 B 组。

2. 记发器信令含义

各类记发器信令含义如表 3-3 所示。

表 3-3　记发器信令的含义

<table>
<tr><th colspan="4">前向信令</th><th colspan="4">后向信令</th></tr>
<tr><th>组别</th><th>名称</th><th>基本含义</th><th>容量</th><th>组别</th><th>名称</th><th>基本含义</th><th>容量</th></tr>
<tr><td rowspan="4">Ⅰ</td><td>KA</td><td>主叫用户类别</td><td>10(步进制)
15(纵横制、程控市局)</td><td rowspan="4">A</td><td rowspan="4">A 信令</td><td rowspan="4">收码状态和接续状态的回控证实</td><td rowspan="4">6</td></tr>
<tr><td>KC</td><td>长途接续类别</td><td>5</td></tr>
<tr><td>KE</td><td>长市(市内)接续类别</td><td>5</td></tr>
<tr><td>数字信令</td><td>数字 0～9</td><td>10</td></tr>
<tr><td>Ⅱ</td><td>KD</td><td>发端呼叫业务类别</td><td>6</td><td>B</td><td>B 信令</td><td>被叫用户状态</td><td>6</td></tr>
</table>

1) 前向Ⅰ组信令

前向Ⅰ组信令由接续控制信令和数字信令组成。

(1) KA 信令。

KA 信令是发端市话局向发端长话局(或国际局)发送的主叫用户类别信号，包括三种信号：

① 本次接续的计费种类(定期、立即、营业处、免费)。

② 用户等级(普通、优一、优二)。

③ 通信业务类别(电话、传真、数据)。

这三种信号的相关组合用一位 KA 信令编码表示，因此，KA 信号为组合类别信号。

在 KA 信令中，用户等级和通信业务类别信息由发端长话局译成相应的 KC 信令。用户等级中的优一用户(包括电话、传真、数据)只能选用优质无线电路，优二用户(包括电话、传真、数据)只能选用优质电缆电路。

(2) KC 信令。KC 信令为长话局间前向发送的接续控制信号，具有保证优先用户的通话质量，满足多种通信业务的传输质量，完成指定呼叫及其他指定接续(如测试呼叫)的功能。

(3) KE 信令。KE 信令是终端长话局向终端市话局以及市话局间前向传送的接续控制信号。长市间 KE 信令目前只设置 13 为测试呼叫。市话局间 KE 信令设置为 11 时，表示多局制市话网内经汇接接续的汇接标志。

(4) 数字信令。前向Ⅰ组中的数字(0～9)信号用来表示主叫用户号码、被叫区号和被叫用户号码。此外，发端市话局向发端长话局发送的 15 信号，表示主叫用户号码终了。

2) 后向 A 组信令

后向 A 组信令是前向Ⅰ组信令的互控信号，起控制和证实前向Ⅰ组信令的作用。

(1) A_1、A_2、A_6 信令。这三种 A 信令，统称发码位次控制信号，起控制和证实前向Ⅰ组信令的作用。

A_1：发下一位；

A_2：由第一位发起；

A_6：发 KA 和主叫用户号码。

(2) A_3 信令。A_3 是转至 B 组信号的控制信号。

(3) A_4 信令。A_4 是接续尚未到达被叫用户之前遇忙致使呼叫失败的信号。

(4) A_5 信令。A_5 是接续尚未到达被叫之前，接续遇到空号(区号空号或局号空号)的信号。

前向Ⅰ组信令和后向 A 组信令如表 3-4 所示。

表 3-4　前向Ⅰ组信令和后向 A 组信令

KA 编码	前向Ⅰ组信令									后向 A 组信令
	KA 信令内容				KC 编码	KC 信令内容	KE 编码	KE 信令内容	数字信令	A 信令
	适用于步进制市话局		适用于纵横制或程控市话局							内容
1		定期	定期	电话通信或用户传真					1	A_1：发下一位
2	普通	立即	立即						2	A_2：由第一位发起
3		营业处	营业处	用户数据通信					3	A_3：转至 B 信号
4	优一、立即		优一、立即电话通信或用户传真、用户数据通信						4	A_4：机件拥塞
5	免费								5	A_5：空号
6	(小交换机)								6	A_6：发 KA 和主叫用户号码
7	优一、定期		优一定期	电话通信						
8			优二定期	或用户传						
9	(郊话自动有权，长途自动无权)		优一营业处	真、用户数据通信						
10	(长、郊自动无权)		免费							
11			备用		11	[优一]呼叫，选用优质无线电路	11	汇接标志(仅供市内接续使用)		
12					12	指定号码呼叫	12	备用		
13	—		用于测试呼叫		13	测试接续呼叫	13	测试呼叫	-	-
14			备用		14	[优二]呼叫，选用优质电缆电路	14	备用		
15			—		15	备用	15	—	15	

3) 前向Ⅱ组信令(KD)

KD 信令是发端业务性质信号。

4) 后向 B 组信令(KB)

KB 信令是表示被叫用户状态的信号，起证实前向Ⅱ组信令和控制接续的作用。

前向Ⅱ组信令和后向 B 组信令如表 3-5 所示。

表 3-5　前向Ⅱ组信令和后向 B 组信令

<table>
<tr><th colspan="3">前向Ⅱ组信令(KD)</th><th colspan="3">后向 B 组信令(KB)</th></tr>
<tr><th rowspan="2">KD
编码</th><th rowspan="2">KD 信令内容
(发端业务类别信号)</th><th rowspan="2">用途</th><th rowspan="2">KB
编码</th><th colspan="2">KB 信令内容(被叫状态信号)</th></tr>
<tr><th>长途接续时
(当 KD = 1 或 2 或 6)</th><th>市内接续时
(当 KD = 3 或 4)</th></tr>
<tr><td>1</td><td>长途半自动话务员呼叫</td><td rowspan="2">用于长途接续</td><td>B_1</td><td>被叫用户空闲</td><td>被叫普通用户空闲</td></tr>
<tr><td>2</td><td>长途全自动用户呼叫(电话通信或用户传真、用户数据通信)</td><td>B_2</td><td>被叫用户[市忙]</td><td>备用</td></tr>
<tr><td>3</td><td>市内电话</td><td rowspan="2">用于市话接续</td><td>B_3</td><td>被叫用户[长忙]</td><td>备用</td></tr>
<tr><td>4</td><td>市内用户传真或用户数据通信、优先用户</td><td>B_4</td><td>机键拥塞</td><td>被叫用户忙或机键拥塞</td></tr>
<tr><td>5</td><td>半自动核对主叫号码</td><td></td><td>B_5</td><td>被叫用户为空号</td><td>被用户为空号</td></tr>
<tr><td>6</td><td>测试呼叫</td><td></td><td>B_6</td><td>备用</td><td>被叫用户小交换机中继线空闲</td></tr>
</table>

3．MFC 信令的互控传送方式

为了保证信令的可靠传送，MFC 信令采用连续互控的传送方式，其传送过程分四拍进行，如图 3-4 所示。

(1) 第一拍：发端发送前向信号。

(2) 第二拍：接收端接收和识别前向信息信号后，强制回送一个后向证实信号，表示已收到了前向信息信号。后向证实信号可以包含要求发端发送什么样的下一个前向信息的指示，它是根据接续等情况所确定的，例如要不要发送长途区号等。

(3) 第三拍：发端局接收和识别了后向证实信号后，即停发前向信息信号，表示收到了后向信号，同时把收到的后向信号寄存下来。

(4) 第四拍：收端检验出该前向信号已停发，即可停发后向证实信号。

然后，发端识别出后向信号已停发，即根据刚才收到的后向信号的指示和要求，发送下一位前向信号信息，从而开始第二个四拍互控周期。

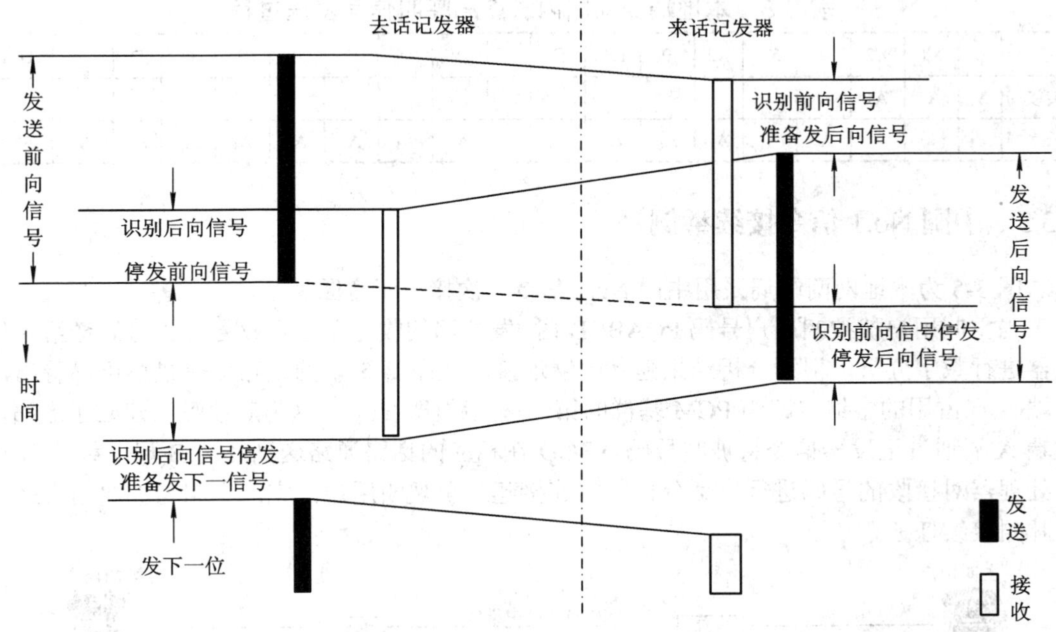

图 3-4 记发器互控信号传送过程

4. 记发器信令互控流程举例

1) 本地网间记发器信号的发送

表 3-6 为本地网端局到端局有中继电路直连时的呼叫信号发送顺序。设被叫号码为PQABCD，其中 PQ 为被叫所在端局的局号，ABCD 为被叫所在端局的用户号。

表 3-6 端局到端局直连的呼叫信号发送顺序

端局前向信号	P	Q	A	B	C	D	KD = 3
端局后向信号	A_1	A_1	A_1	A_1	A_1	A_3	KB

表 3-7 为本地网端局间通过汇接局转接时的呼叫信号发送顺序。这时 MFC 信令在多段路由上采用了端到端的传送方式，即汇接局记发器只接收用以选择路由的 MFC 数字信令(局号)，在接收到必要的路由信令后，将电路向前接通，汇接局记发器退出工作。终端局记发器接收由发端局记发器沿汇接局已经接通的电路直接发来记发器信令。

表 3-7 端局间通过汇接局转接的呼叫信号发送顺序

端局前向信号	P	Q	A	B	C	D	KD
汇接局	A_1	A_1					
端局后向信号			A_1	A_1	A_1	A_3	KB

2) 国内长途全自动记发器信号的发送

表 3-8 为本地端局向国内长途局呼叫的记发器信号发送过程。其中被叫地区区号为 2 位——X1X2，主叫用户号码为 P'Q'A'B'C'D'，其中 P'Q' 为主叫用户所在端局的局号，A'B'C'D' 为主叫所在端局的用户号。MFC 信令在多段路由上采用了端到端的传送方式。

表 3-8　本地端局向国内长途局呼叫信号发送过程

端局	0	X1	X2	0	X1	X2	P	KA	P'	…	D'	15	Q	A	B	C	D	—	KD=2
转接局	A_1	A_1	A_2																
长途局				A_1	A_1	A_1	A_6	A_1	A_1	…	A_1	A_1	A_1	A_1	A_1	A_1	A_1	A_3	KB

3.3.3　中国 No.1 信令接续举例

图 3-5 为本地网两端局采用中国 No.1 信令一次接续示意图。

当主叫用户拨被叫用户号码 PQABCD 时，发端局的收号器进行收号并将号码送给主处理器进行数字分析，根据分析结果建立中继连接。从图 3-5 中的线路信令描述可以看出，发端 A 局占用的中继电路为 PCM 基群的第一条话路(即 TS_1)，这为后续呼叫建立了通路，发端 A 局通过记发器信令将被叫号码 ABCD 在相应的话路通路送到终端 B 局，终端 B 局主处理器对接收的号码进行来话分析，将连接建立至被叫用户，完成主叫与被叫用户之间的呼叫接续任务。

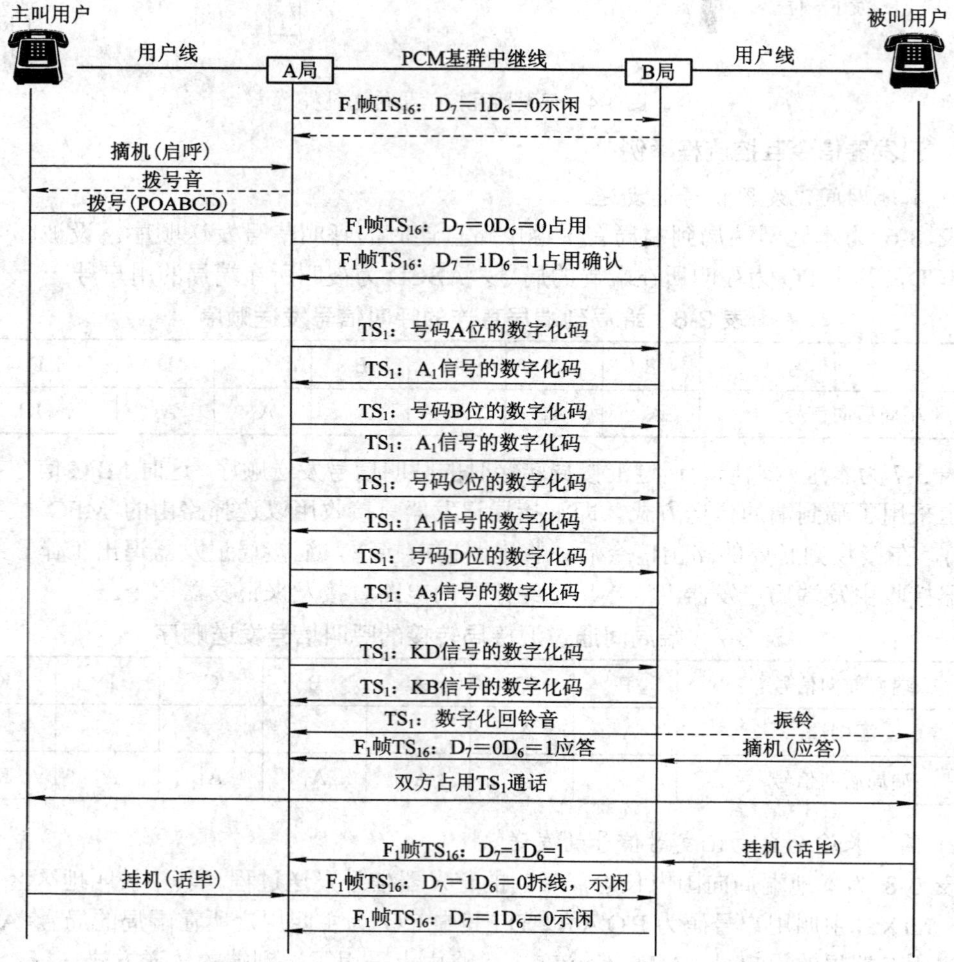

图 3-5　本地网两端局采用中国 No.1 信令一次接续示意图

3.3.4 中国 No.1 信令特点

(1) 中国 No.1 采用 TS_{16} 固定来传送话路的线路信令，一个方向的线路信令需要 4 个 bit 传送，因此一个呼叫的两个方向需要 8 个 bit，即一个 TS_{16} 时隙只能为两个中继话路服务，而线路信号只需在呼叫的建立与释放阶段传送，因此大多数情况下，TS_{16} 是空闲不用的，因此 TS_{16} 的利用率非常低。

(2) 中国 No.1 记发器信令不但占用语音信道资源，而且在通话期间无法传送信令，局限性很大，不能灵活地进行各种业务处理。

(3) 中国 No.1 的信令编码少，线路信令最大容量为 16，记发器信令的最大容量为 15。由于其信令种类特别少，因此可以传送的信息也就极为有限，实现的功能也非常少。

(4) 中国 No.1 信令在数字语音通道中传送的记发器信令实际上是多频模拟信号的抽样值，交换机收码器必须接收一定数量的抽样值才能识别一个多频信号。以典型的抽样值 96 来计算，识别一个多频信号需要的时间为：$125\ \mu s \times 96 = 12\ ms$。在多频互控方式中，发送一位数字要 4 个节拍，因此至少需要时间 $12 \times 4 = 48\ ms$，即发码速度约为 20 个数字/秒。实际上考虑到整个传送的互控过程，每秒传送的数字不超过 10 个，一般只有 5～6 个，因此中国 No.1 的记发器信令传送的速度特别慢，在一些长途呼叫特别是国际长途中，经常会由于接续的时延过长而导致接续失败。

(5) 由于中国 No.1 的信令类型特别少，因此只适用于基本的电话呼叫接续，很难扩展用于其他新业务，更不能传送非话业务和管理信息。

3.4 No.7 信令系统

3.4.1 No.7 信令系统概述

20 世纪 60 年代美国研制并开通了第一部空分程控交换机，70 年代法国开通了第一部程控数字交换机，通信网采用数字交换和数字传输，通信网成为数字通信网，支持快速的信令传送。人们希望现代通信网能够提供综合的业务，包括语音、图像、数据以及各种新业务，并希望网络具有高度可靠性和适应现代化网络管理的需要，而随路信令所固有的特点已无法满足现代通信网的需要，设计一种新的信令系统势在必行。在此背景下，1968 年国际电信联盟(ITU)下属的国际电报电话咨询委员会(CCITT)提出第一个公共信道信令——No.6 信令系统。由于它不能很好地适应未来通信网发展的需要，目前已很少使用。1973 年 CCITT 开始着手对 No.7 信令系统的研究，1980 年确定了有关电话网和电路交换数据网应用 No.7 信令的技术规程(1980 年黄皮书)，1980 年至 1984 年期间又在黄皮书的基础上，进行了综合业务数字网和开放智能网业务的研究，1984 年形成了 No.7 信令红皮书建议，截止到 1988 年的蓝皮书建议，CCITT 基本上完成了消息传递部分(MTP)、电话用户部分(TUP)和信令网的研究，并在 ISDN 用户部分(ISUP)、信令连接控制部分(SCCP)和事务处理能力(TC)三个重要领域取得很大成就，基本可以满足开放 ISDN 基本业务和部分补充业务的需要。1992 年的白皮书继续对 ISUP、SCCP、TC 作了修订和补充，No.7 信令系统得到了进一步的完善。

1990 年 8 月，我国经原邮电部批准颁布了《中国国内电话网 No.7 信号方式技术规范(暂行规定)》，1993 年通过了《No.7 信令网技术体制》，随后又陆续地颁布了 SCCP、TC、智能网和移动通信等一系列有关 No.7 信令的国内标准。

No.7 信令系统是目前最先进、应用最广泛的一种标准化共路信令系统。图 3-6 给出了共路信令系统的示意图。共路信令是将一组话路所需的各种控制信号(局间信令)集中到一条与语音通路分开的公共信号数据链路上进行传送的。

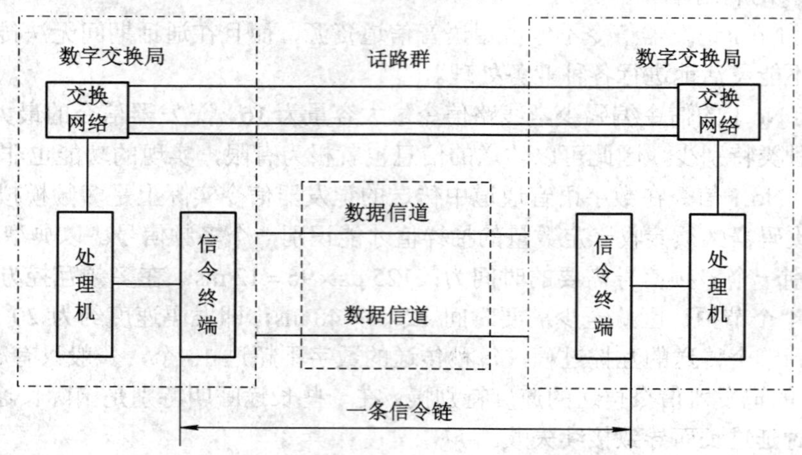

图 3-6　共路信令系统的示意图

No.7 信令与中国 No.1 信令相比具有以下特点：

(1) 在 No.7 信令中，信令消息可以在一个消息包中一次发送，而不像中国 No.1 信令那样逐位互控发送；号码传送以及应答等时间几乎可以忽略不计，因此 No.7 信令的接续过程很短，一般情况下用户几乎感觉不到接续时延，这和中国 No.1 信令的接续速度相比，改善相当明显。

(2) No.7 信令由于采用共路信令方式，信令与话路不在同一条电路上，所以任何消息都可以在业务通信过程中传送，业务处理相当灵活，可以适应多种业务。

(3) No.7 信令有一套完善的国际标准，因此组网特别方便。随着电信技术的不断发展，ITU(国际电信联盟)不断对 No.7 信令标准进行补充和完善，因此 No.7 信令可以方便地实现各种最新的电信业务。

(4) No.7 信令不但可以传送传统的中继电路接续信令，还可以传送各种与电路无关的管理、维护、信息查询等消息。

No.7 信令应用范围相当广泛，可以支持 PSTN、ISDN、移动通信、智能网等业务。由于 No.7 信令的信令传送采用消息包编码发送，因此扩充信令规范非常方便，可以很容易地适应未来信息技术和各种未知业务发展的需要。同时由于可以传送各种管理、维护消息，因此可以实现信令网与通信网的分离，便于运行维护和管理。

3.4.2　No.7 信令系统结构

No.7 信令系统采用模块化功能结构以及面向 OSI 七层协议的分层模型，可以灵活、方便地适应多种应用。

1. 基本功能结构

No.7 信令系统的基本功能结构如图 3-7 所示，它由消息传递部分(MTP)和用户部分(UP)组成。

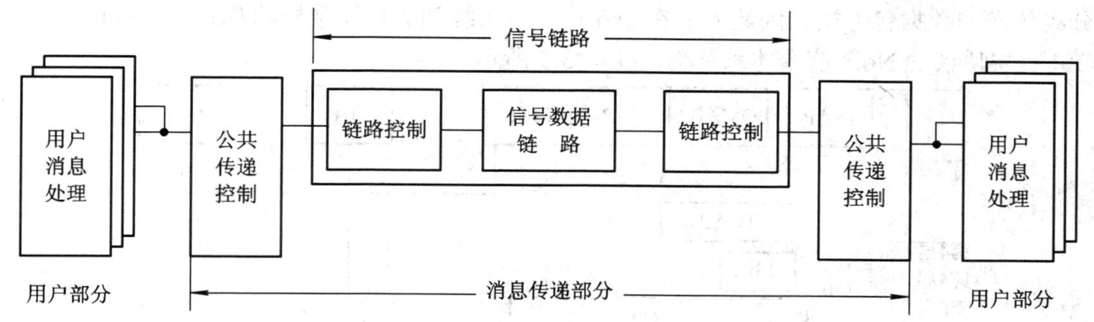

图 3-7　No.7 信令系统基本功能结构

1) 消息传递部分

消息传递部分是各种用户部分的公共处理部分。主要功能是作为一个公共传输系统在信令网中提供可靠地信令消息传递，并在系统和信令网故障的情况下，具有为保证可靠的信息传送而做出响应并采取必要措施的能力。

消息传递部分由信令数据链路功能(MTP1)、信令链路功能(MTP2)、信令网功能(MTP3)三部分组成。

2) 用户部分

用户部分使用消息传递部分的各功能部分，实现用户消息的处理。它包括电话用户部分(TUP)、数据用户部分(DUP)和综合业务数字网部分(ISUP)等。

No.7 信令系统采用分级结构，共分 4 级。MTP 的 MTP1、MTP2、MTP3 构成了 No.7 信令系统的 1、2、3 功能级，用户部分 UP 是 No.7 信令系统的第 4 功能级。每一级是独立的，它利用下一级所提供的功能，向高一级提供本级所能完成的服务。No.7 信令系统的 4 级功能结构如图 3-8 所示。

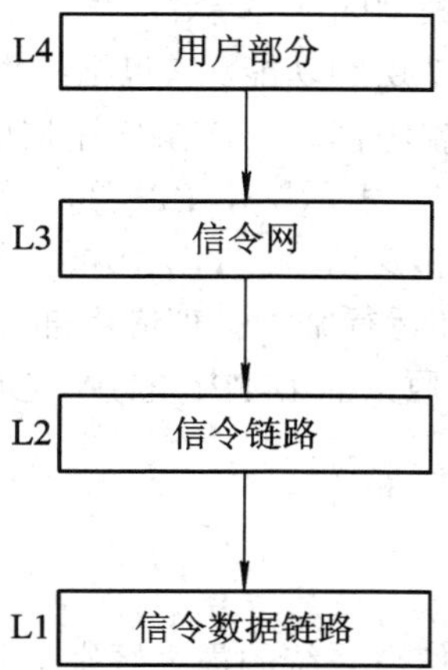

图 3-8　No.7 信令系统四级功能结构

2. 面向 OSI 七层协议的信令系统结构

No.7 信令系统与 OSI 参考模型有相似之处，也采用分层(或分级)的模块化结构。OSI 参考模型主要应用于计算机通信网络，而 No.7 信令系统应用于信令网，两者对信息都采用分组传送的数据包方式，因此人们在 No.7 信令系统基本功能结构的基础上，设计了面向 OSI 七层协议的 No.7 信令体系结构，如图 3-9 所示。

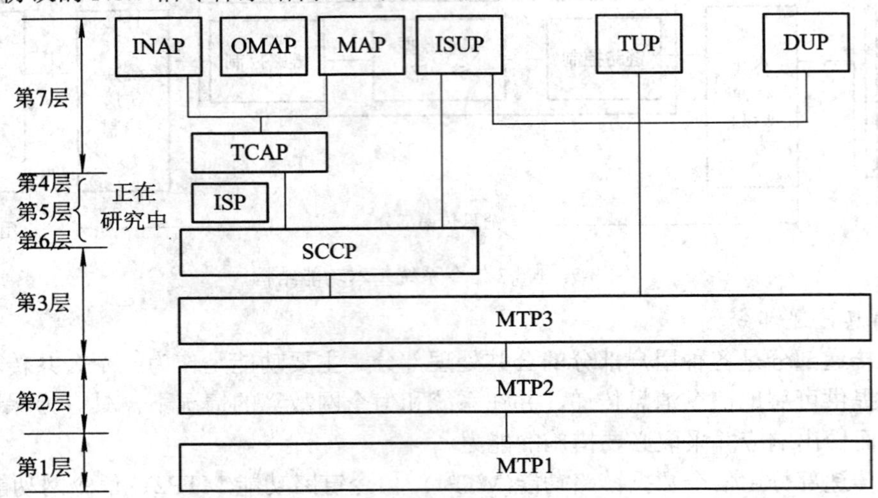

图 3-9 面向 OSI 七层协议的 No.7 信令系统结构

MTP1 对应 OSI 参考模型的物理层，MTP2 对应 OSI 参考模型的数据链路层，MTP3 对应 OSI 参考模型的网络层，但它只具有部分网络层功能，MTP3 不能跨网直接寻址，不能提供端到端的信令传递，不能传递与电路无关的信令，不支持逻辑连接等。

为了使 No.7 信令系统与 OSI 参考模型一致，并适应通信网新技术和新业务的发展，在 No.7 信令系统的结构中又增加了信令连接控制部分(SCCP)和事务处理能力部分(TC)。SCCP 加强了消息传递功能，具有传送与电路无关信息的能力，可满足 ISDN 多种补充业务的信令要求，为传送信令网维护运行和管理的数据信息提供可能。因此 SCCP 和 MTP3 构成了网络业务部分，对应于 OSI 参考模型的网络层。

TC 完成 OSI 参考模型第 4～7 层的功能，它包括事务处理能力应用部分(TCAP)和中间业务部分(ISP)。TCAP 完成 OSI 参考模型第 7 层应用层的部分功能，ISP 则对应于 OSI 参考模型第 4～6 层(传送层、会话层、表示层)，ISP 目前处于研究之中。由于 ISP 尚未定义，因此目前 TCAP 直接通过 SCCP 传递信令。TCAP 指各种应用，目前主要有智能网应用部分(INAP)、移动应用部分(MAP)和运行维护管理应用部分(OMAP)。

这样，新增的 SCCP、TC 与原来的 MTP、TUP、DUP、ISUP 构成了一个四级结构和七层协议并存的信令系统结构。

3.4.3 No.7 信令网

No.7 信令系统与中国 No.1 信令系统的最大区别就是它有一个独立电话通信网的信令网。No.7 信令网是一个业务支撑网，它不仅可以控制电话通话业务的接续，而且也可以满足数据网、ISDN 业务以及网络管理和维护的各项要求。

1. 信令网的组成

No.7 信令网由信令点(Signalling Point，SP)、信令转接点(Signaling Transfer Point，STP)和信令链路(Signalling Link，SL)组成。

1) 信令点(SP)

信令点是处理信令消息的节点，产生信令消息的信令点为源信令点，接收信令消息的信令点为目的信令点。

信令点由 No.7 信令系统中的 UP 和 MTP 两部分组成，若具有业务交换点或业务控制点功能，则由 No.7 信令系统中的 MTP、SCCP 和 TC 三部分组成。

2) 信令转接点(STP)

信令转接点是将信令消息从一条信令链路转移到另一信令链路的信令点，既非源信令点又非目的信令点，它是信令传送过程中所经过的中间节点。

信令转接点分为综合型和独立型两种。综合型 STP 是除了具有 MTP 和 SCCP 的功能外，还具有用户部分(如 TUP、ISUP、TCAP、INAP 等)功能的信令转接点设备；独立型 STP 是只具有 MTP 和 SCCP 功能的信令转接点设备。

3) 信令链路(SL)

信令链路是连接信令点或信令转接点之间信令消息的通道。

2. 几个基本概念

关于 No.7 信令网，需了解以下几个名词的含义。

信令关系(Signalling Relation)：任意两个信令点相对应的用户部分之间存在通信可能性，则称这两个信令点具有“信令关系”。

信令链路群(Signalling Link Group)：具有相同属性的信令链路组成的一组链路集，即本地信令点与一个相邻的信令点之间的链路的集合。图 3-10 为由 $n+1$ 条链路组成的信令链路群。

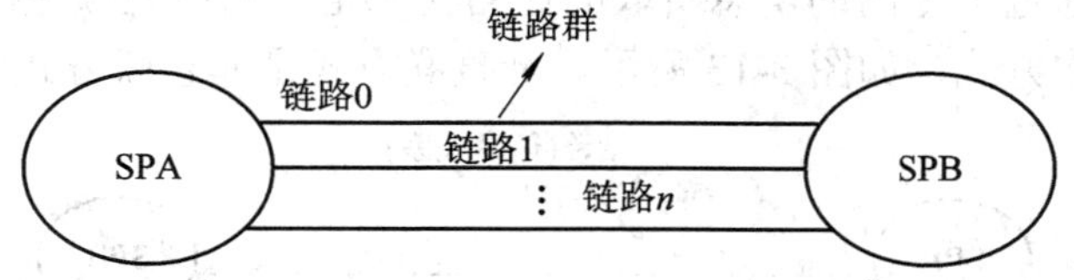

图 3-10 信令链路群

信令链路编码(Signalling Link Code)：对于相邻两信令点之间的所有链路，需对其统一编号，称为信令链路编码。它们之间的编号应各不相同，而且两局之间应一一对应。

信令路由(Signalling Route)：信令消息从源信令点到目的信令点所行走的路径，它取决于信令关系和信令传送方式。

信令路由组(Signalling Route Set)：一个信令关系可利用的所有可能的信令路由。对于一个给定的消息，在正常情况下其信令路由是确定的，在故障情况下，将允许转往替换路由。

3. 信令的工作方式

No.7 信令网的工作方式，是指一个信令消息所取的途径与该信令消息相关的语音通路的对应关系。

1) 直联方式

两个信念点之间的信令消息通过直接连接两个信令点的信令链路进行传递，称为直联工作方式，如图 3-11 所示。

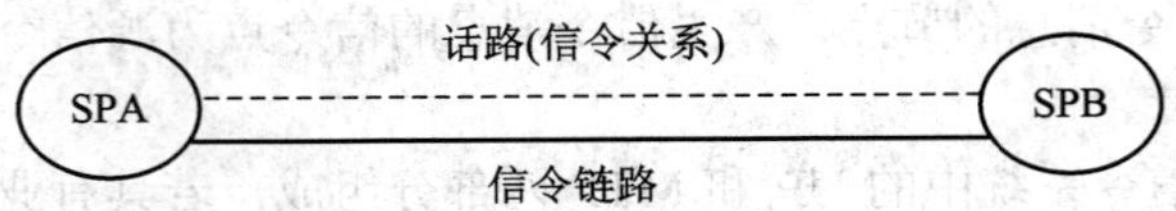

图 3-11　直联工作方式

2) 非直联方式

属于某信令关系的消息根据当前的网络状态经由某几条信令链路传送的工作方式，称为非直联工作方式，如图 3-12 所示。在非直联工作方式中，信令消息在哪条路由上传送是随机的，与话路无关，是由整个信令网的运行情况动态选择的，可以有效地利用网络资源，但会使信令网的路由选择和管理非常复杂，因此，目前在 No.7 信令网上未建议采用。

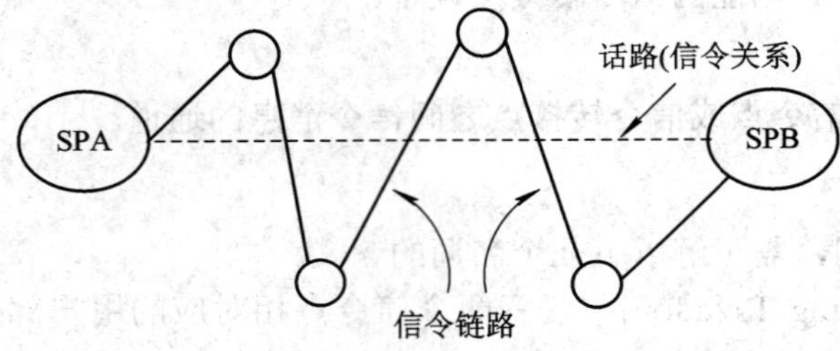

图 3-12　非直联工作方式

3) 准直联方式

属于某信令关系的消息经过两个或多个串联的信令链路传送，中间要经过一个或者几个信令转接点，但通过信令网的消息所取的通路在一定时间内是预先确定和固定的工作方式，称为准直联工作方式，如图 3-13 所示。准直联方式是非直联方式的特例。

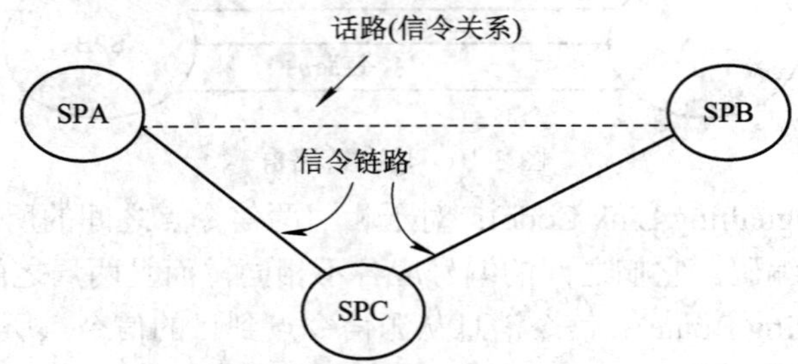

图 3-13　准直联工作方式

目前 No.7 信令网以准直联工作方式为主，直联工作方式为辅。当局间话路群足够大时，则在局间设置直达信令链路，采用直联工作方式；当话路群较小时，则采用准直联工作方式。

4. 信令网的结构

信令网结构按照不同等级可以划分为无级信令网和分级信令网。

无级信令网是指信令网中未引入信令转接点，图 3-14 给出了几种无级网的结构。

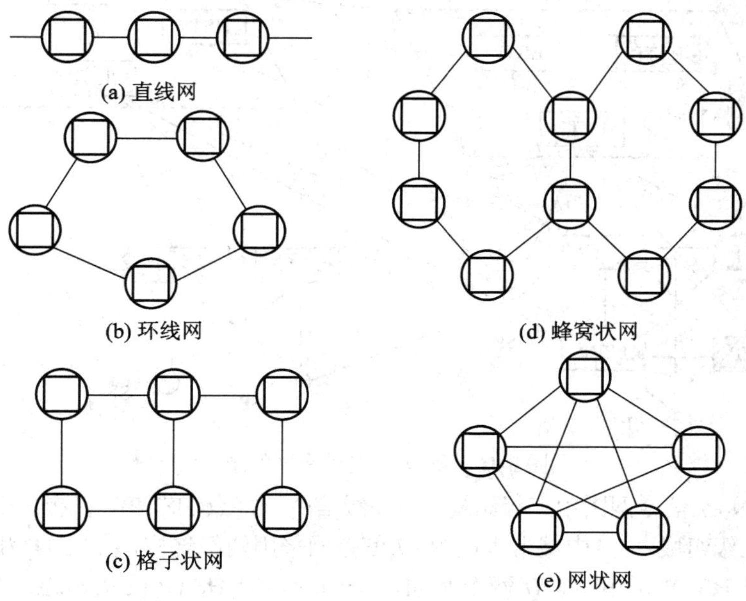

图 3-14 几种无级网结构

除网状网外的无级网的共同特点是信令路由数较少，因此在信令的接续中所经过的信令点数目较多，信令传输时延大。而对网状网来说，虽然没有上述缺点，但是也存在另外一个缺点，即当信令点数量增大，信令点之间的信令链路数会急剧增加，因此无级信令网不适合在实际的信令网应用。

分级信令网是指信令网中引入信令转接点的信令网，其特点是：网络容量大，信令传输只需经过有限个 STP 转接(一般为 1～2 个 STP 转接)，传输时延不大，网络设计和扩充简单。另外，在信令业务较大的信令点之间，特别是 STP 之间，还可以设置直达信令链路，进一步提高信令网的能耐和经济性。图 3-15 给出两种常用的分级网结构。

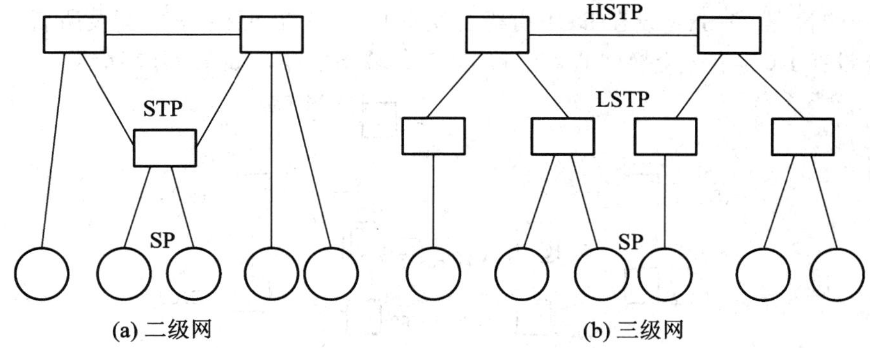

图 3-15 两种常用的分级网结构

5. 我国 No.7 信令网的结构

我国 No.7 信令网由全国长途 No.7 信令网和大、中城市的本地 No.7 信令网组成，如图 3-16 所示。

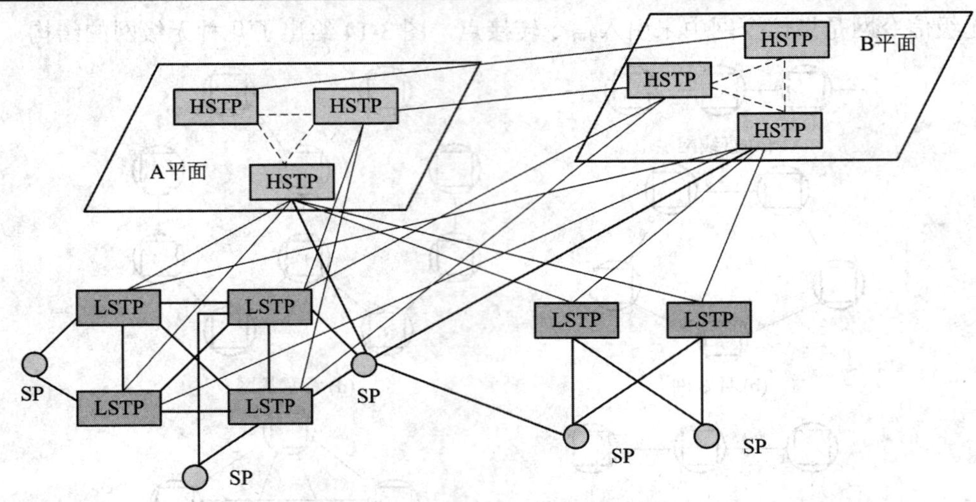

图 3-16 我国 No.7 信令网的结构

全国长途 No.7 信令网采用三级结构，由高级信令转接点(HSTP)、低级信令转接点(LSTP)和信令点(SP)三级组成。大、中城市本地 No.7 信令网采用两级结构，由 LSTP 和 SP 两级组成。

- 第一级 HSTP 采用 A、B 两个平面，平面内各个 HSTP 网状相连，在 A 和 B 平面间成对的 HSTP 相连。HSTP 负责转接它所汇接的第二级 LSTP 和第三级 SP 的信令消息。
- 第二级 LSTP 至少要分别连至 A、B 平面内成对的 HSTP，LSTP 至 A、B 平面两个 HSTP 的信令链路组间采用负荷分担方式工作。LSTP 负责转接它所汇接的第三极 SP 的信令消息。
- 第三级 SP 至少连至两个 STP(HSTP 或 LSTP)，若连至 HSTP 时，应分别固定连至 A、B 平面内成对的 HSTP，SP 至两个 STP 的信令链路组间采用负荷分担方式工作。SP 是信令网中各种信令消息的源信令点或目的信令点。

6. 我国信令网与电话网的对应关系

目前我国电话网由二级长途网(DC1 和 DC2)和本地网构成。考虑我国信令区的划分和整个信令网的管理，HSTP 设在 DC1 省级交换中心，HSTP 汇接 DC1 间及所属 LSTP 的信令；LSTP 设在 DC2 市级交换中心，汇接 DC2 和端局信令，如图 3-17 所示。

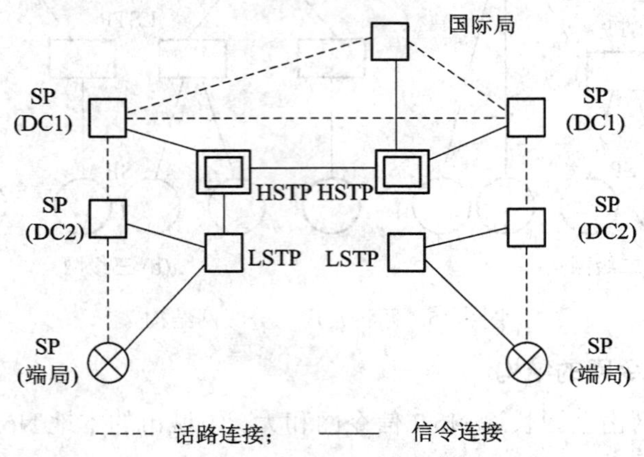

图 3-17 我国信令网与电话网的对应关系

7. 信令网的路由

信令网的路由是从源信令点到达目的信令点所经过的预先确定的信令消息的传送路径。在 No.7 信令网中，信令消息的传送有其特有的路由规划和路由选择原则。

1) 信令路由的分类

信令路由按其特征和使用方法分为正常路由和迂回路由。

(1) 正常路由。正常路由是未发生故障情况下的信令业务流的路由。正常路由主要分为两类：

① 采用直联方式的直达信令路由。当信令网中的一个信令点具有多个信令路由时，如果有直达的信令链路，则应将该信令路由作为正常路由。直达路由就是不经过 STP 转接的信令路由，如图 3-18 所示。

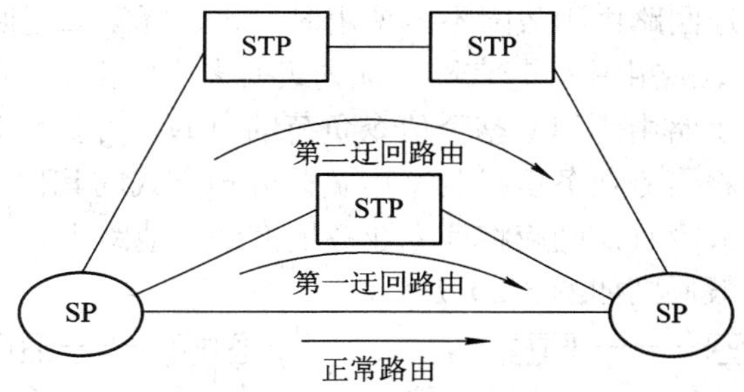

图 3-18 采用直联方式的直达信令路由

② 采用准直联方式的信令路由。当信令网中一个信令点的多个信令路由都采用准直联方式经过信令转接点转接时，正常路由为信令路由中的最短路由。最短路由就是经由 STP 转接的次数最少的路由，如图 3-19 所示。

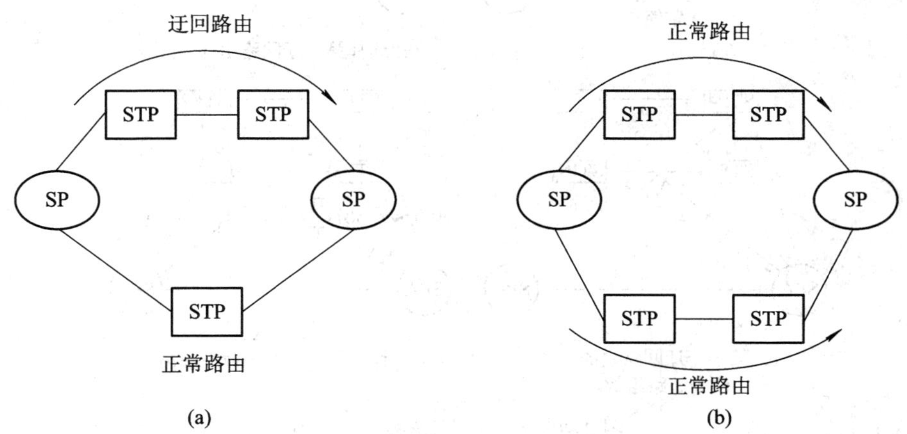

图 3-19 采用准直联方式的信令路由

图 3-19(a)中，两个信令点之间有两条信令路由，路由最短的为正常路由，另一条为迂回路由。图 3-19(b)中，两个信令点之间有两条最短路径，且采用负荷分担方式工作，那么这两条信令路由均为正常路由。

(2) 迂回路由。因信令链路或路由故障造成正常路由不能传送信令业务流而选择的路由称为迂回路由。迂回路由都是经过信令转接点转接的准直联方式的路由，可以是一个路由，也可以是多个路由。当有多个迂回路由时，应按经过信令转接点的次数，由小到大依次分为第一迂回路由、第二迂回路由等。转接次数相同的信令路由采用负荷分担的工作方式。

2) 信令路由的选择

在 No.7 信令网中，信令路由的选择遵循两个基本原则：最短路由和负荷分担。最短路由就是在确定至各个目的信令点的路由时，选择不经过信令转接点的直达信令路由或经信令转接点次数最少的信令路由。负荷分担就是同一等级的信令路由之间和每一条信令路由的信令链路组之间均匀分担信令业务。信令路由的选择规则如下：

- 首先选择正常路由。当有多个迂回路由时，应按经过信令转接点的次数，由小到大依次分为第一迂回路由、第二迂回路由等。
- 信令路由中具有多个迂回路由时，迂回路由的选择规则是：首先选择优先级最高的第一迂回路由，当第一迂回路由因故障不能使用时，再选择第二迂回路由，依此类推。
- 在正常路由或迂回路由中，若有同一优先级的多个路由 N，而且它们之间采用负荷分担方式工作时，则每个路由承担着整个信令负荷的 1/N。若负荷分担的一个路由中一个信令链路组故障，则应将信令业务倒换到采用负荷分担方式的其他信令链路组；若采用负荷分担方式的一个路由故障时，则应将信令业务倒换到其他路由。

信令路由选择的一般原则如图 3-20 所示。

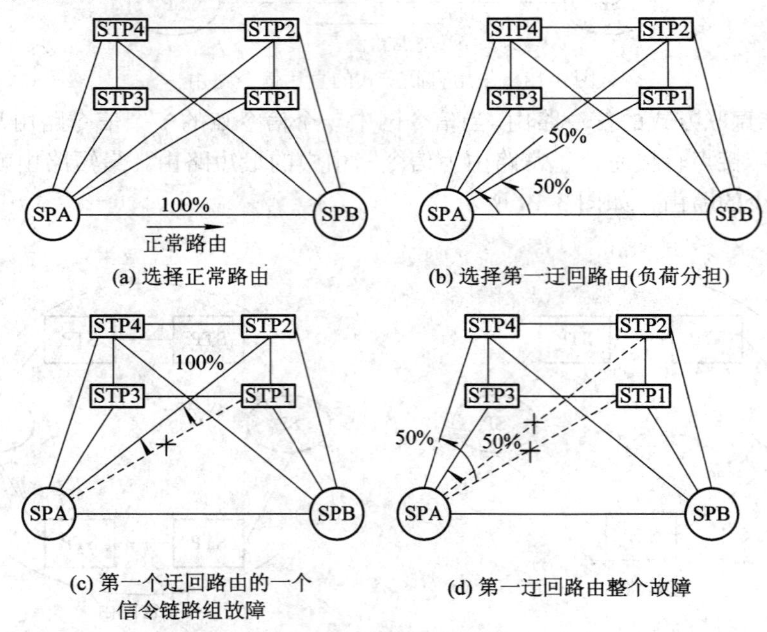

图 3-20 信令路由选择一般原则

8. 信令点编码

在 No.7 信令网中，需要根据目的信令点编码(DPC)来识别信令点的路由，因而对每个信令点都要进行独立于电信网编码的信令点编码。

为了便于信令网的管理，国际和各国国内的信令网是彼此独立的，并且采用独立的信令点编码方案。ITU-T 给出了国际 No.7 信令网中信令点的编码方案，而各国 No.7 信令网的信令点的编码方案由各个国家的主管部门决定。

1) 国际信令网信令点编码

CCITT 在 Q.708 中规定了国际信令网信令点的编码方案。国际信令网的信令编码位长为 14 位二进制数，采用三级的码结构，具体格式如表 3-9 所示。

表 3-9　国际信令网信令点编码格式

NML	KJIHGFED	CBA
大区识别(ZONE)	区域网识别(AREA)	信令点识别(POINT)
信令区域网编码(SANC)		
国际信令点编码(ISPC)		

在表 3-8 中，NML 所占的 3 比特用于识别世界编号大区，K～D 所占的 8 比特用于识别世界编号大区内的区域网，CBA 所占的 3 比特用于识别区域网内的信令点。NML 和 K～D 两部分合起来称为信令区域网编码(SANC)，每个国家应至少占用一个 SANC。SANC 用 Z-UUU 的十进制数表示，即十进制数 Z 相当于 NML 所占的 3 比特，UUU 相当于 K～D 所占的 8 比特。我国被分配在第 4 号大区，大区编码为 4，区域编码为 120，所以中国的 SANC 编码为 4-120。

2) 我国国内网的信令点编码

我国国内信令网采用 24 位二进制数的编码方案，信令点编码格式如表 3-10 所示。

表 3-10　我国国内网信令点编码格式

8 位	8 位	8 位
主信令区	分信令区	信令点

每个信令点的编码由三部分组成，每部分占八位二进制数。主信令区为省、自治区和直辖市编码；分信令区为地区、地级市编码或直辖市内的汇接区和郊县编码；信令点为各种交换局、各种特种服务中心和信令转接点编码。

由于国际信令网和国内信令网的信令点编码格式不同，彼此相互独立，所以，对应支持 No.7 信令的国际出口局，应有 2 个信令点编码，一个是 14 比特的国际信令网信令点编码，另一个是 24 比特国内信令网信令点编码，该国际出口局负责完成两种编码格式的转换。

3.4.4　No.7 信令消息结构

No.7 信令系统将局间信令表示成消息形式，并把每一个信令消息都作为一个分组(消息信号单元)在信令点之间传送。同时为了保证传送的可靠性，分组中除包含消息本身外，还包括传送控制字段和检错校验字段，形成在信令数据链路中实际传送的信令单元(SU)。信令单元的长度是可变的，通常以 8 比特作为信令单元的长度单位，并称为一个 8 位位组，因此信令单元均为 8 位位组的整数倍。No.7 信令有三种信令单元格式：

(1) 消息信令单元(Message Signal Unit，MSU)：用于传送用户所需消息。

(2) 链路状态信令单元(Link Status Signal Unit，LSSU)：用于传送信号链路的状态。一般是在信令链路开始投入工作或者发生故障(包括出现拥塞)时传送，以便使信令链路能正常工作或得以恢复正常工作。

(3) 填充信令单元(Fill-In Signal Unit，FISU)：在信令链路上没有 MSU 和 LSSU 时发送

的信令单元。用来维持信令链路两端的通信状态，并可起到证实收到对方发来信息的作用。

三种信令单元的结构分别如图 3-21(a)、(b)、(c)所示。

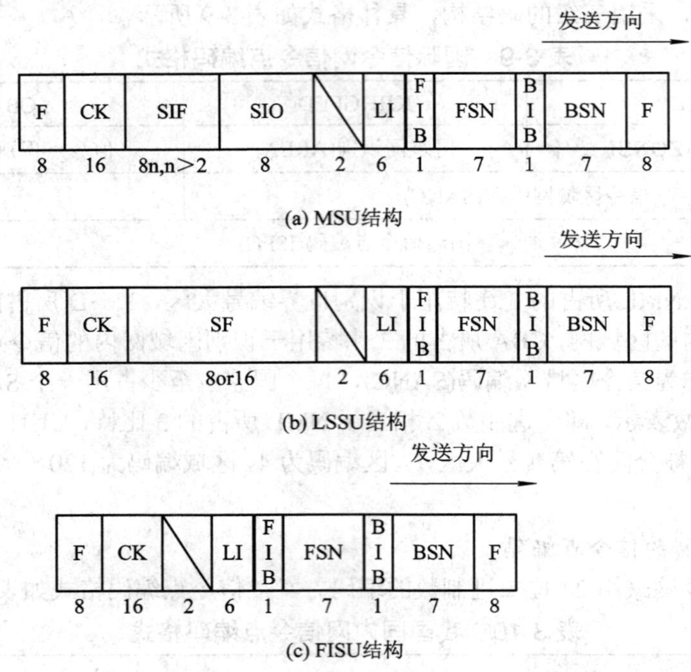

图 3-21 MSU 结构、LSSU 结构、FISU 结构

三种信令单元都包含有标志码(F)、后向序号(BSN)、后向指示语比特(BIB)、前向序号(FSN)、前向指示语比特(FIB)、长度表示语(LI)、校验位(CK)，这些字段用于消息传递的控制。在 MSU 结构中还包括信令消息字段 SIF 和 SIO 字段，LSSU 结构中还包括 SF 字段。每个字段的含义如下：

(1) F(Flag)。用 8 比特表示，码型固定为 01111110。它是信令单元的起点，且一个信号单元的开始标记码往往是前一信令单元的结尾标记码。

(2) 序号(FSN 和 BSN)。序号分为前向序号(Forward Sequence Number，FSN)和后向信号(Backward Sequence Number，BSN)。FSN 是信令单元本身的序号，BSN 是被证实的信令单元的序号。FSN 和 BSN 为二进制码表示的数，长度为 7 比特，循环顺序从 0 到 127。

(3) 指示语比特(FIB 和 BIB)。指示语比特分为前向指示语比特(Forword Indicator Bit，FIB)和后向指示语比特(Backword Indicator Bit，BIB)。连同 FSN 和 BSN 一起用于基本误差控制方法中，FIB 和 BIB 的长度为 1 比特，完成信令单元的顺序号控制和证实功能。

(4) 长度指示语 LI(Length Indicator)。用于表明 LI 以后和检验位比特之前的 8 位位组的数目。用 6 比特表示，其范围为 0～63。根据 LI 的取值，可区分三种不同形式的信令单元。LI=0 为填充信令单元，LI=1 或 2 为链路状态信令单元，LI>2 为消息信令单元。当消息信号单元中的信号消息字段(SIF)大于 62 个八位位组时，LI 取值为 63。

(5) 校验位(Check bits，CK)。每个信号单元都有用于误差检测的 16 比特校验码 CK。

(6) 信令信息字段(Signalling Information Field，SIF)。SIF 用来传送消息本身，此消息可以是一个电话呼叫或数据呼叫的控制信息，也可以是网络管理和维护信息等，最长为 272 字节。

(7) 业务信息八位位组(Signalling Information Field，SIO)。包括业务表示语(SI)和子业务字段(SSF)两部分，具体编码格式以及含义参见图 3-28。

(8) 状态字段(Status Field，SF)。用来指示链路的状态，该字段长度为一个八位位组，具体编码格式及其含义参见表 3-12 所示。

3.4.5 MTP 功能结构

1. 信令数据链路功能(MTP1)

MTP1 定义信令数据链路的物理、电气和功能特性，确定与数据链路的连接方法，它是信令传递的物理介质。在 PCM30/32 基群传输通道中就是一个时隙为 64 kb/s 的通道。信令数据链路如图 3-22 所示。

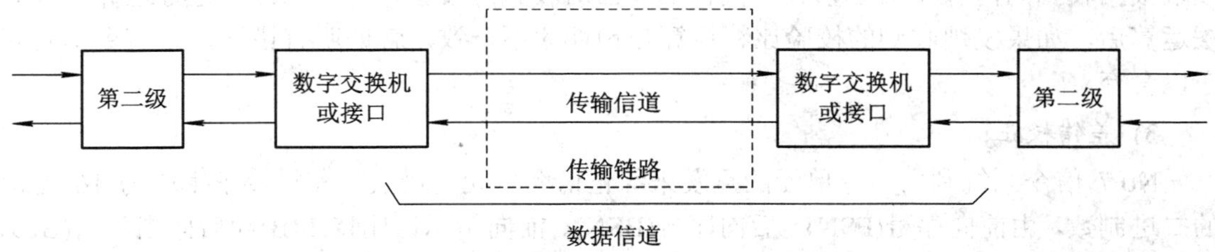

图 3-22　信令数据链路

2. 信令链路功能(MTP2)

MTP2 规定了信令消息在一条信令数据链路上传递的功能和程序。MTP2 和 MTP1 相配合，为两点间信令消息的传递提供一条可靠的信令链路。MTP2 功能包括：信号单元定界和定位、差错检测、差错校正、初始定位、信令链路的误差监视和流量控制等，其功能框图如图 3-23 所示。

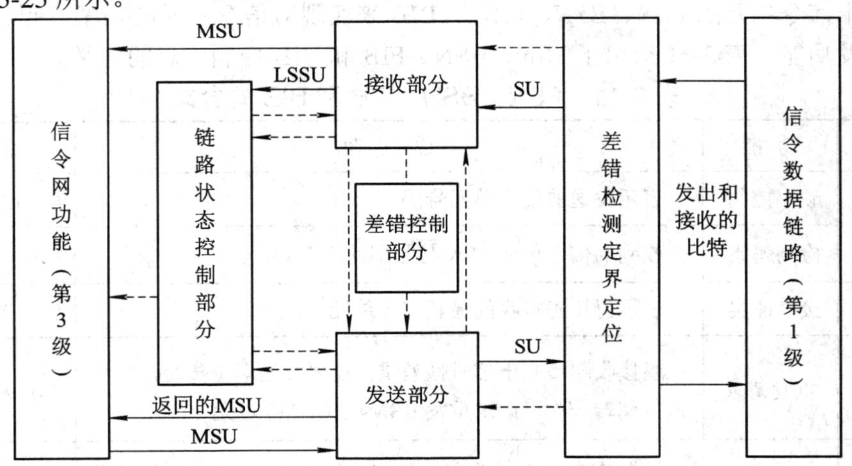

MSU：消息信令单元；SU：信令单元；LSSU：链路状态信令单元

———— 信令消息流；- - - - - - 控制和指示

图 3-23　信令链路功能框图

1) 信号单元定界和定位

定界即指用标志码作为信令单元的开始和结束。

No.7 信令采用码型为 01111110 的标志码 F 作为信令单元的定界，它表示上一个信令单元的结束，又表示下一个信令单元的开始。接收端根据 F 来确定信令单元的开头和结尾。

在定界过程中，当收到了不允许出现的码型，如大于 6 个连 1，小于 6 个 8 位位组，大于(m＋7)个 8 位位组(m＝62 或 272)，不是 8 位位组的整数倍时，就认为失去定位。

2) 差错检测

由于传输信道存在噪声和干扰等，因此信令在传输过程中会出现差错。为了保证信令的可靠传输，必须进行差错处理。No.7 信令系统通过循环校验方法来检测错误，CK 是长度为 16 比特的校验码，由发送端根据要发送的信令内容，按着一定的算法计算产生；在接收端根据收到的内容和 CK 值按照同样的算法对收到的校验码之前的比特进行运算。按算法运算后，如果发现收到的校验比特运算与预期的不一致，就证明有错误，该信令单元即予以舍弃。

3) 差错校正

No.7 信令系统利用信令单元的重发来纠正信令单元的错误。差错校正字段为 16 比特的二进制数，由前向序号(FSN)、后向序号(BSN)、前向指示语比特(FIB)和后向指示语(BIB)组成。在国内电话网中使用两种差错校正方法，即基本差错校正方法和预防性循环重发方法。基本差错校正方法应用在传输时延小于 15 ms 的传输线路上，而预防性循环重发方法则是用在传输时延等于或大于 15 ms 的传输线路上，如卫星信号链路上就是采用预防性循环重发的方法。

(1) 基本差错校正方法。

基本差错校正方法是一种非互控的、肯定和否定证实的重发纠错系统，其具体方法是依靠每一个信令单元的 FSN、BSN、FIB 和 BIB 来实现对信令单元的顺序控制、差错检测和证实重发功能。表 3-11 给出了 FSN、BSN、FIB 和 BIB 控制信息的含义。

表 3-11　FSN、BSN、FIB 和 BIB 的含义

控制信息	功　能	说　明	备　注
FSN	顺序控制	表示发送的信令单元号码	0～127 循环
	检测差错	收到的信令单元 FSN 与预期的不符	FIB＝BIB 检出
BSN	接收证实	表示已正确接收的最新信令单元	0～127 循环
BIB	重发请求	当接收端检测出信号帧差错，需要发送端重传时，便将该位翻转一次，请求重发 BSN＋1 的信令单元	BIB ≠ FIB
FIB	重发表示	根据 BIB 状态，改变 FIB 使之与 BIB 一致，即当发送端重传一个信号帧时，便将该位翻转一次，表示重新开始	使 FIB＝BIB

在发送信令单元时，给消息信令单元(MSU)分配新的编号，用 FSN 表示，并按 MSU 的发送顺序从 0～127 编号，到 127 时，再从 0 开始。发送填充单元 FISU 不分配新的 FSN

编号，使用它前面的 MSU 的 FSN 号码。每个发送的信息信令单元都包含 BSN，表示本端已正确接收的 MSU 的 FSN 号。在正常传送顺序中，一端信令单元 FIB 与另一端 BIB 有相同的编号。在接收端出错的信令单元将被忽略，不进行处理。在发送端发出信令单元后，一直将它保存到从接收端送来一个肯定证实为止，在未收到肯定或否定证实前一直按顺序发出信令单元。当发送端收到接收端的肯定证实后，就从重发缓冲存储器中清除已被证实过的信令单元。若接收端收到某一信令单元有差错时，就向发送端发回否定证实信号，发送端收到否定证实信号后，就从有差错的信令单元开始按顺序重发各个信号单元，如图 3-24 所示。

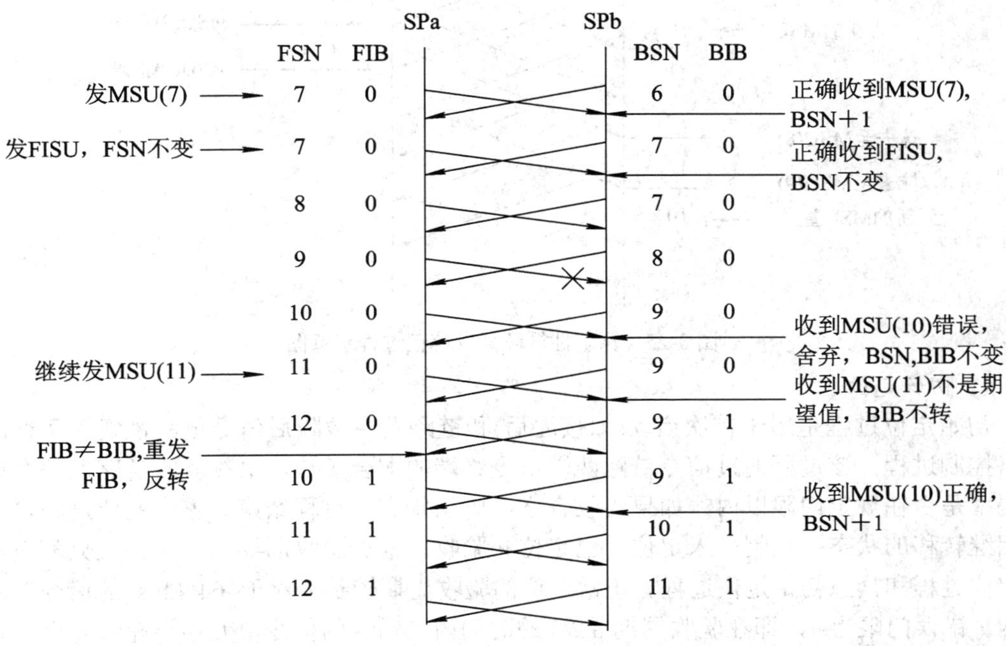

图 3-24　基本差错校正过程示意图

当传输时延大于 15 ms 的，基本差错校正方法的重发机制将使信令通道的信号吞吐量降低，因此改用预防性循环重发方法(PCR 方法)。

(2) 预防性循环重发方法。

预防性循环重发方法是一种非互控的、肯定证实、循环重发的方法，它与基本差错校正方法不同的是没有否定证实。发送端发出信令单元，同时要将此信令单元存入重发缓冲器中，一直保留到收到肯定证实为止。在此期间，若没有任何新的消息信令单元要求发送，则发送端自动按顺序循环重发在重发缓冲器中未得到肯定证实的消息信令单元；若有新的信令单元要求发送，则中断重发信息信令单元，优先发送新的消息信令单元。当收到肯定证实信号后，肯定证实的信令单元就从重发缓冲器中清除掉。若重发缓冲器中没有新的消息信令单元要求发送，也没有需要重发的消息信令单元，则发送填充信令单元，如图 3-25 所示。

若信号链路有大量的新消息需要发送时，很少有机会循环重发未得到肯定证实的消息信令单元，因此，必须补充设置强制重发程序，这里不展开讲解。

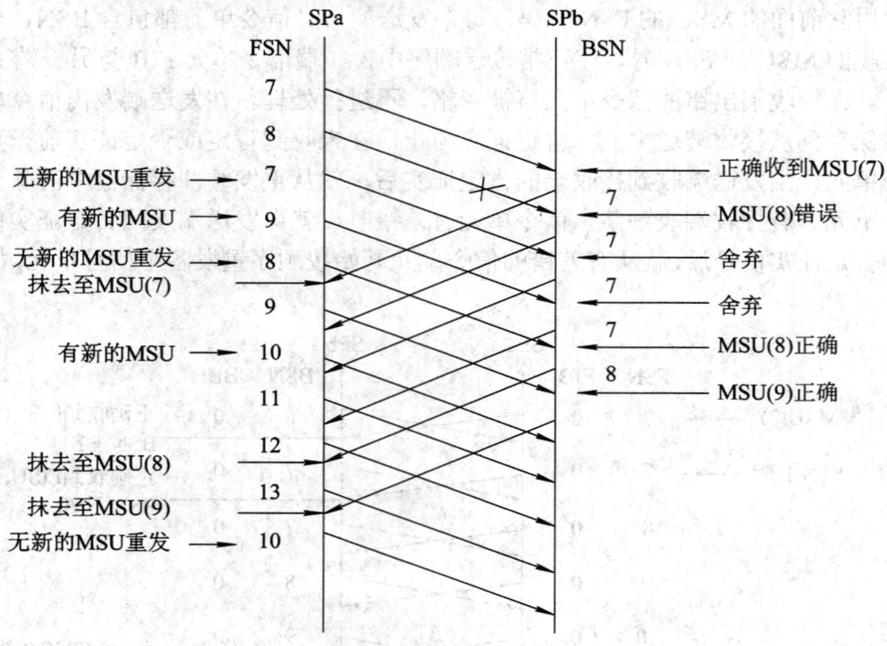

图 3-25 预防性循环重发校正过程示意图

4) 初始定位

初始定位过程是用于首次启动(如接通后)和链路发生故障后信令链路恢复时所使用的链路控制过程，该过程通过信令链路两端信令终端的配合工作，最终验收链路的信令单元误码率是否在规定门限以内，如果验收合格，则初始定位过程结束。整个定位过程包括四个相继转移的状态：空闲、未定位、已定位和验收。根据验收周期的长短，又分为正常初始定位过程和紧急初始定位过程。正常定位的验收周期较长，对于 64 kb/s 的信令链路为 8.2 s，错误门限为 4，即在验收周期 8.2 s 的时间内，错误的信令单元不能超过 4 个，否则就算验收不合格。紧急定位的验收周期较短，对于 64 kb/s 的信令链路为 0.5 s，错误门限为 1。采用何种验收周期取决于链路状态控制模块和信令网功能级的指示。

执行初始定位过程，是通过信令链路的两端之间交换链路状态信令单元(LSSU)实现的。图 3-21(b)给出了 LSSU 的结构，其中状态字段(SF)用来指示链路的状态，该字段长度为一个八位位组，具体编码格式及其含义如表 3-12 所示。图 3-26 为正常定位过程示意图。

表 3-12 LSSU 链路状态字段(SF)含义

HGFED	C	B	A	状　态	意　义
备用	0	0	0	状态“0”(SIO)	链路失调
	0	0	1	状态“N”(SIN)	链路处于正常调整状态
	0	1	0	状态“E”(SIE)	链路处于紧急调整状态
	0	1	1	状态“OS”(SIOS)	链路本身故障、业务中断
	1	0	0	状态“PO”(SIPO)	处理机或上层模块故障、业务中断
	1	0	1	状态“B”(SIB)	链路忙

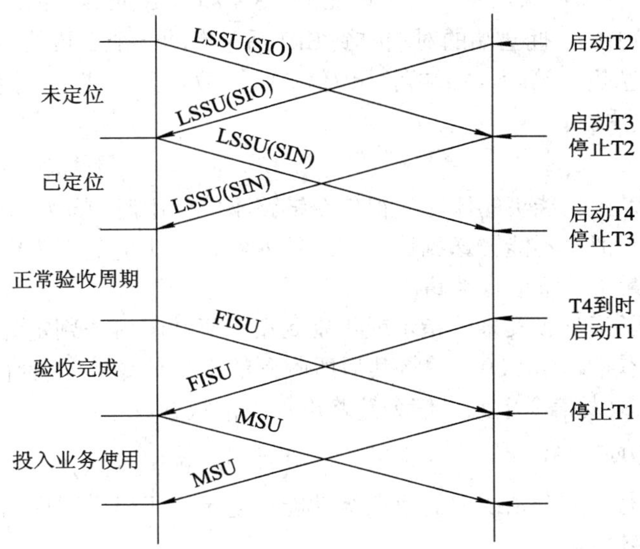

图 3-26　正常定位过程示意图

表 3-12 中各状态的含义和功能分别如下：

(1) SIO(失去定位)：用于启动信令链路并通知对端本端已准备好接收任何链路信号。

(2) SIN(正常定位)：用于指示已接收到对端发来的 SIO 信号且已启动本端信令终端，并通知对端启动正常验收过程。

(3) SIE(紧急定位)：用于指示已接收到对端发来的 SIO 信号且已启动本端信令终端，并通知对端启动紧急验收过程。

(4) SIOS(业务中断)：用于指示信令链路不能发送和接收任何链路信号。

(5) SIPO(处理机故障)：当第二功能级以上部分发生错误，通知对端。

(6) SIB(链路拥塞)：在拥塞状态下，向对端周期地发送链路忙信号。

为了防止因偶然差错使链路不合格，验收可以连续进行 5 次，5 次都不合格，就认为该信令链路不能完成初始定位过程，发 SIOS。

5) 信令链路的误差监视

No.7 信令使用重发进行差错纠正，但如果信令链路的差错率太高，会引起消息信令单元 MSU 频繁重发，产生较长的排队时延，而导致信令系统处理能力下降。为了保证正常工作的信令链路有良好的服务质量，必须对信令链路上信令单元的差错程度进行监视，当差错率达到一定门限值时，应判定信令链路故障，并通知第三级作适当处理。

信令链路有两种差错率监视程序。一种是信令单元差错率监视，在信令链路开通业务后使用，用于监视信令链路的传输质量；另一种是定位差错率监视，在信令链路处于初始定位过程的验收阶段使用。

6) 第二级流量控制

当信令链路上的负荷过大时，接收端的 MTP2 检测出链路拥塞，此时要启动拥塞控制过程，进行流量控制。

进行拥塞控制时，拥塞端每隔 80～120 ms 向对端发送 SIB，并停止对接收的所有 MSU

作肯定和否定的证实，即拥塞端发出信令单元的BSN和BIB应等于出现拥塞前最近发出的信令单元的BSN和BIB。拥塞端的对端收到SIB后，启动一个5秒的定时器，进行流量控制，如果5秒内拥塞仍未消除，该端可认为信令链路故障。当拥塞端拥塞消除后，停止发送SIB，恢复正常过程。

7) 处理机故障

当由于第二级以上功能级的原因使得信令链路不能使用时，就认为处理机发生了故障。处理机故障是指信令消息不能传送到第三级或第四级，这可能是因为中央处理机故障，也可能是因为人工阻断了一条信令链路。

当第二级收到了第三级发来的指示或识别到第三级故障时，判定为本地处理机故障，并开始向对端发状态指示(SIPO)，并将其后所收到的消息信令单元舍弃。当处理机故障恢复后将停发SIPO，改发信令单元，信令链路进入正常状态。

3. 信令网功能(MTP3)

信令网功能是七号信令系统中的第三级功能，它定义了信令网内信令传递的功能和过程，是所有信令链路共有的。

信令网功能分为两大类：信令消息处理和信令网管理。信令消息处理的作用是引导信令消息到达适当的信令链路或用户部分。信令网管理的作用是在预先确定的有关信令网状态数据和信息的基础上，控制消息路由或信令网的结构，以便在信令网出现故障时可以控制并重新组织网络结构，保存或恢复正常的消息传递能力。

1) 信令消息处理

信令消息处理保证源信令点的某个用户部分发出的信令消息能准确地传送到所要传送的目的信令点的同类用户部分。信令消息处理由消息路由、消息识别和消息分配三部分功能组成，它们之间的结构关系如图3-27所示。

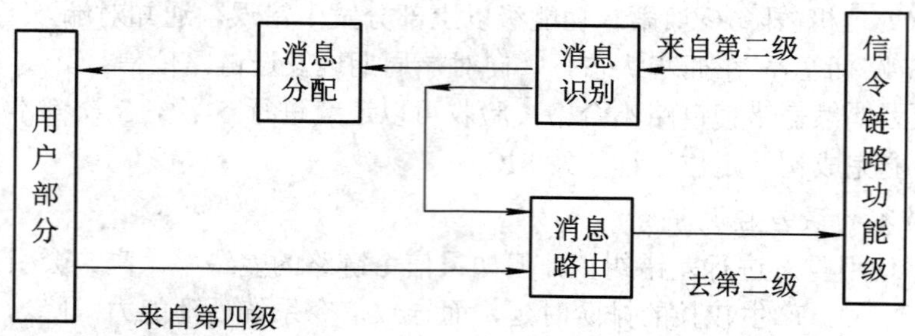

图3-27　信令消息处理结构关系图

(1) 消息识别。消息识别功能模块接收来自第二级的信令消息，根据信令消息中的DPC以确定信令消息的目的地是否是本信令点。如果目的地是本信令点，消息识别功能将信令消息传送给消息分配功能；如果目的地不是本信令点，消息识别功能将信令消息发送给消息路由功能转发出去。后一种情况表示本信令点具有转接功能，即信令转接点(STP)功能。

(2) 消息分配。消息分配功能模块根据信令消息中的业务信息八位位组(SIO)的业务表示语(SI)来实现消息分配。例如，当SI字段等于0000或0001，则待分配的信令消息为信令网管理消息或信令网维护和测试消息。只要是到达了消息分配的消息，肯定是由本信令

点接收的消息。

业务信息八位位组(Service Information Octet，SIO)包括业务表示语(SI)和子业务字段(SSF)两部分，具体编码格式以及含义如图 3-28 所示。

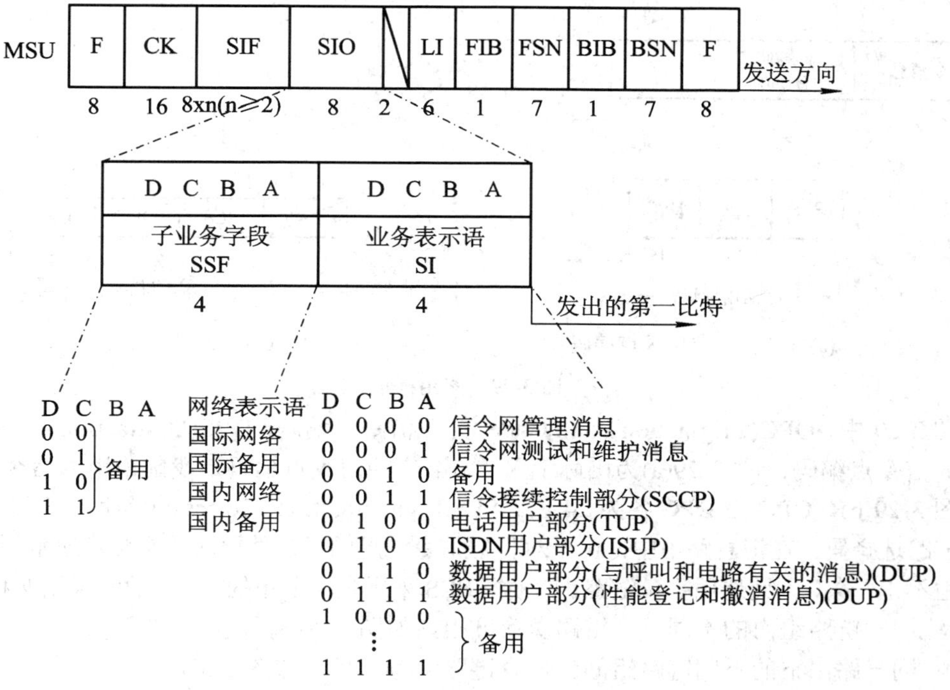

图 3-28 SIO 编码格式及含义

(3) 消息路由。消息路由是确定信令消息要到达的目的信令点所需要的信令链路组和信令链路，利用路由标记中的信息(DPC 和 SLS)为信令消息选择一条信令链路，以使信令消息能传送到目的信令点。此外，在某些情况下，业务表示语(SI)也能用于路由功能。

① 消息的来源。送到消息路由的消息有以下三类：

- 从第四级发来的用户信令消息。
- 从第三级信令消息处理中的消息识别功能模块发来的要转发的消息。
- 第三级产生的消息，这些消息来自信令网管理和测试维护功能，包括信令路由管理消息、信令链路管理消息、信令业务管理消息和信令链路测试控制消息等。

② 路由选择。路由选择功能分三步从去目的信令点的多条路由中确定一条信令链路。第一步根据 SIO 中的 SI 选择信令业务使用的路由表，这是由于不同的业务可以采用不同的信令路由。(如果信令网中不同的业务都使用同一路由表的话，这一步可以省略。)第二步根据所要到达的目的信令点，寻找使用的信令链路组。第三步根据 SLS 在信令链路组中选择一条信令链路。

MTP3 第三级功能的实现必须依据信令消息中的某些标识，如目的信令点编码(DPC)、信令链路选择码(SLS)等。这些标识就是信令消息中的路由标记，是每一条信令消息必须有的路由标记(Label)。下面对路由标记进行讨论。

路由标记位于消息信号单元(MSU)信令信息字段(SIF)的开头，如图 3-29 所示。

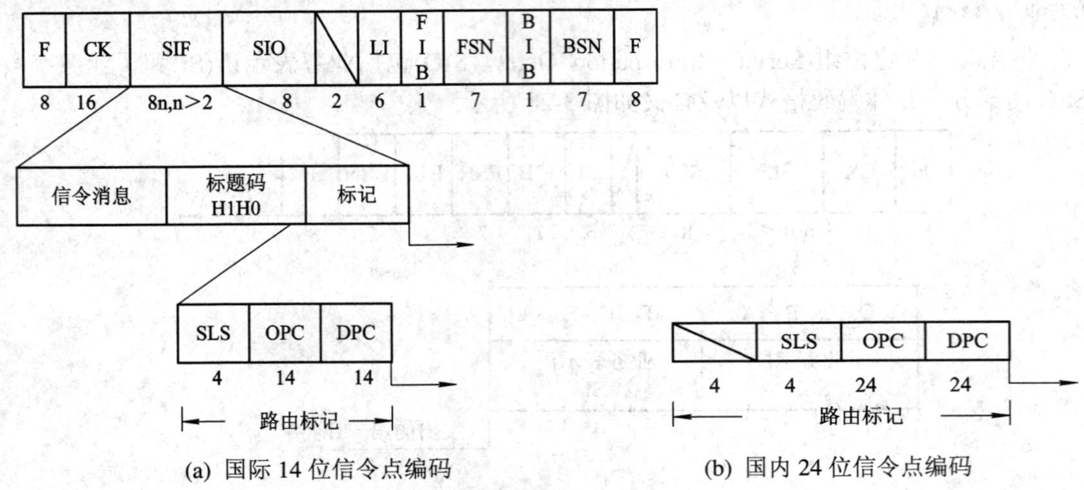

(a) 国际 14 位信令点编码　　(b) 国内 24 位信令点编码

图 3-29　路由标记

图 3-29 中，OPC(Origination Point Code)为源信令点编码，DPC(Destination Point Code)为目的信令点编码，图 3-29(a)为国际上采用 14 位的信令点编码，我国采用的信令点编码示于图 3-29(b)，OPC 与 DPC 各为 24 位。SLS(Signaling Link Selection)是用于负荷分担的信令链路选择码。在消息路由中，由于对传送信令消息的可靠性要求非常高，通常到目的地的路由不止一条，因此选用哪条链路，就根据 SLS 采用负荷分担的方法，通常采用两种方法：

- 同一链路组内的不同信令链路负荷分担，如图 3-30(a)所示。
- 同一路由下的不同链路组间的信令链路负荷分担，如图 3-30(b)所示。

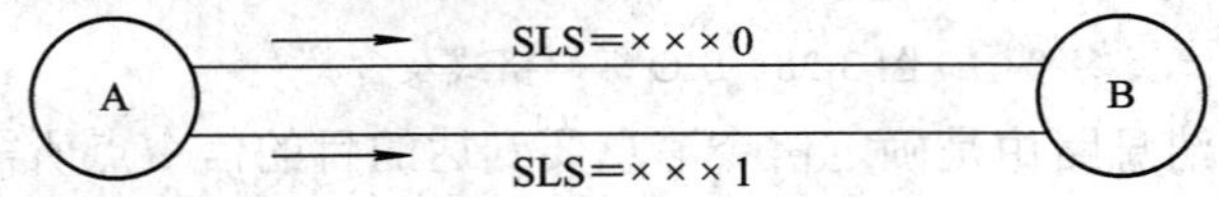

(a) 同一链路组内，不同信令链路负荷分担

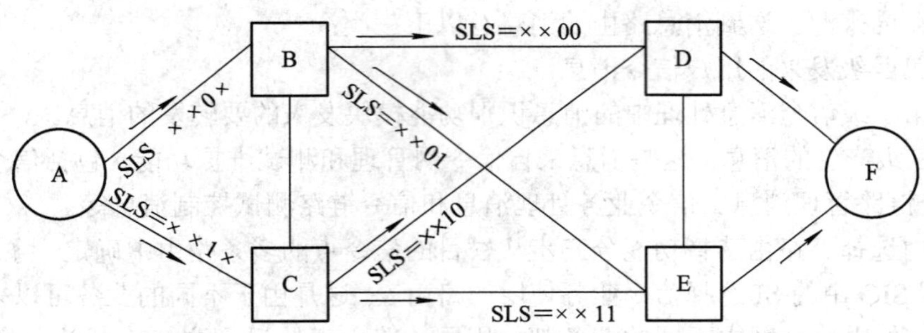

(b) 同一路由下，不同链路组间的信令链路负荷分担

图 3-30　信令链路负荷分担

图 3-30(a)中，信令点 A 和 B 之间只设置了两条信令链路，因此 SLS 只用最低一位编码，两条信令链路的最低位分别为 0 和 1。

图 3-30(b)中，信令点 A 到信令点 F 最多有 4 条信令链路，因此用 SLS 的最低 2 位编码。4 条信令链路及其 SLS 分别为：

A→B→D→F　SLS＝××00

A→B→E→F　SLS＝××01

A→C→D→F　SLS＝××10

A→C→E→F　SLS＝××11

其中，A→B 和 A→C 采用 SLS 的最低 2 位码来实现两个信令链路组间的负荷分担，B→D、B→E 或 C→D、C→E 的不同链路组间两条链路的负荷分担使用 SLS 的最低位。SLS 共有 4 位码，因此最多可允许 16 条信令链路间的负荷分担。

2) 信令网管理

在信令网中信令链路或信令点发生故障时，信令网管理保证维持信令业务和恢复正常信令传送。故障形式包括信令链路和信令点不能工作，或由于拥塞使可达性降低。信令网管理由三个功能过程组成：信令业务管理、信令链路管理和信令路由管理。

(1) 信令业务管理。信令业务管理用于在信令链路或路由发生变化时(由可用变为不可用)，将信令业务从一条链路或路由转移到另一条或多条不同的链路或路由；或在信令点拥塞时，暂时减少信令业务。信令业务管理由以下过程组成：信令链路的倒换、信令链路的倒回、强制重选路由、受控重选路由、信令点再启动、管理阻断、信令业务流量控制。

① 信令链路的倒换。当信令链路由于故障、阻断等原因成为不可用时，倒换程序用来保证把信令链路所传送的信令业务尽可能地转移到另一条或多条信令链路上。在这种情况下，倒换程序不应引起消息丢失、重复或错序。如图 3-31 所示，AB 链路故障，信令点 A 和信令转接点 B 均实行倒换过程。

② 信令链路的倒回。信令链路的倒回完成的动作与倒换相反，是把信令业务尽可能快地由替换的信令链路倒回已可使用的原链路上。在此期间消息不允许丢失，重复或错序。

③ 强制重选路由。当达到某给定目的信令点的信令路由不可用时，强制重选路由程序用来把到那个目的信令点的信令业务尽可能快地转移到新替换的信令路由上，以减少故障的影响。

如图 3-32 所示，信令点 A 至信令点 D 的路由有 AB 和 AC 两条链路。当 BD 链路故障时，信令点 A 至信令点 D 的业务已不能通过转接点 B 转发至信令点 D，转接点 B 通知信令点 A，信令点 A 施行强制重选路由程序，将信令点 A 至信令点 D 的业务全部转至 AC 链路上，通过转接点 C 转发至信令点 D。

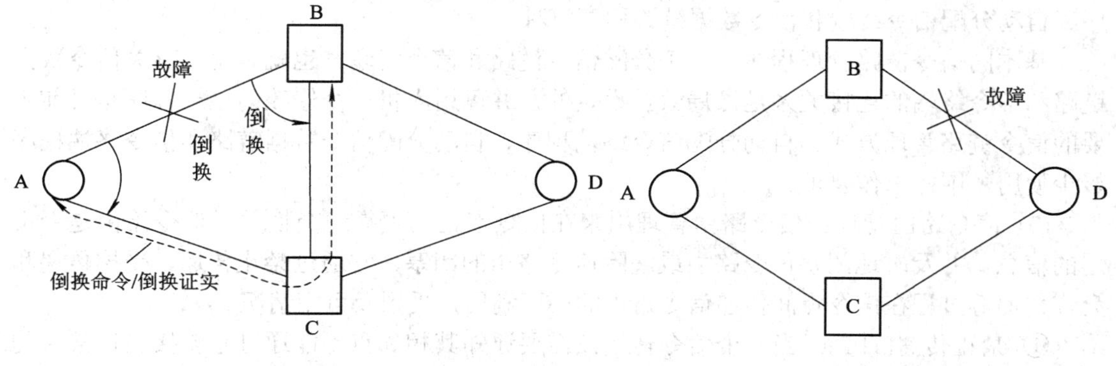

图 3-31　倒换过程　　图 3-32　强制重选路由

④ 受控重选路由。当达到某给定目的信令点的信令路由可用时，使用受控重选路由程序把到该目的信令点的信令业务从替换的信令路由转回到正常的信令路由，该程序完成的行动与强制重选路由程序相反。

⑤ 管理阻断。当信令链路在短时间内频繁地倒换或信令单元差错率过高时，需要用管理阻断程序向产生信令业务的用户部分标明该链路不可使用。管理阻断是管理信令业务的一种措施，在管理阻断程序中，信令链路标志为“已阻断”，可发送维护和测试消息，进行周期性测试。

⑥ 信令点再启动。如图 3-33 所示，当 AB、AC 链路均故障时，信令点 A 孤立于信令网，信令点 A 对于转接点 B、C 和信令点 D、E 均不可达，此时信令网的变化情况信令点 A 无法得知。

若 AB 或 AC 可用后，信令点 A 执行信令点再启动程序，转接点 B、C 执行邻接点再启动程序，使 A 的路由数据与信令网的状态同步，并使转接点 B、C 和信令点 D、E 修改到达信令点 A 的路由数据。

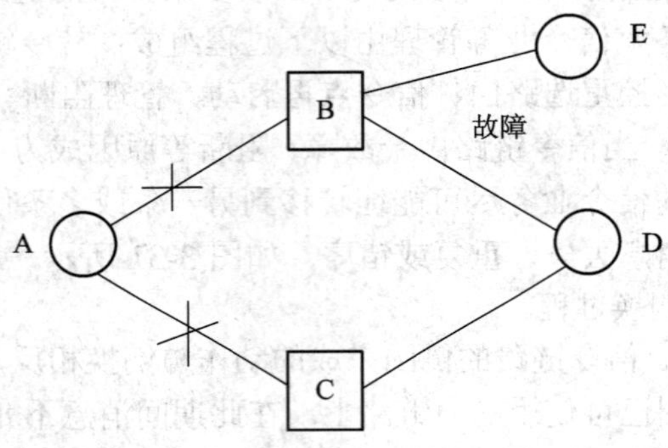

图 3-33 信令点再启动

⑦ 信令业务流量控制。当信令网因网络故障或拥塞而不能传送用户产生的信令业务时，使用信令流量控制程序来限制信令业务源点发出的信令业务。

(2) 信令链路管理。信令链路管理用来控制本端连接的所有信令链路，包括信令链路的接通、恢复、断开等功能，提供建立和维持信令链路组正常工作的方法。当信令链路发生故障时，信令链路管理功能就采取恢复信令链路组能力的行动。根据分配和重新组成信令设备的自动化程度，信令链路管理分为基本的信令链路管理程序、自动分配信令终端程序、自动分配信令终端和信令数据链路程序三种。

基本的信令链路管理程序由人工分配信令链路和信令终端，也就是说，有关信令数据链路和信令终端的连接关系是由局数据设定的，并可用人机命令修改。这一程序是目前主要的信令链路管理方式。自动分配信令终端程序、自动分配信令数据链路和信令终端程序极少使用，国标未作要求。

(3) 信令路由管理。信令路由管理用来在信令点之间可靠地交换关于信令路由是否可用的信息，并及时地闭塞信令路由或解除信令路由的闭塞，它通过禁止传递、受控传递和允许传递等过程在信令点间传递信令路由的不可利用，受限及可用情况。

① 禁止传递(TFP)。当一个信令转接点需要通知其相邻点不能通过它转接去往某目的信令点的信令业务时，将启动禁止传递程序，向邻近信令点发送禁止传递消息。收到禁止

传递消息的信令点，将启动强制重选路由程序。如图 3-34 所示，信令转接点 B 检测到 BD 间路由故障，执行禁止传递程序，发送有关信令点 D 的禁止传递消息(TFP)给相邻信令点 A。A 启动强制重选路由程序，将到 D 的业务全部倒换到经信令转接点 C 转发。

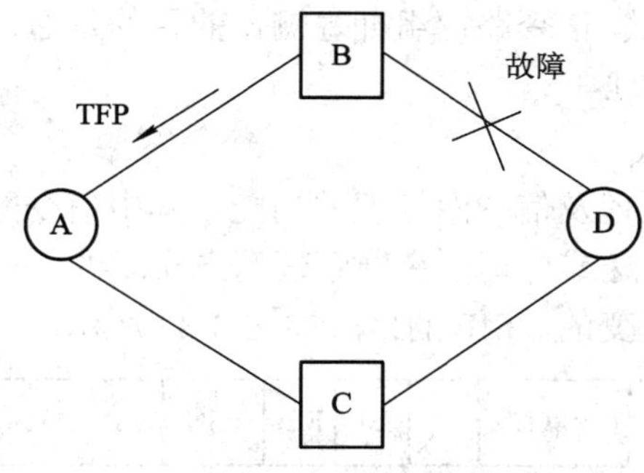

图 3-34　禁止传递

② 允许传递(TFA)。允许传递的目的是通知一个或多个相邻信令点，已恢复了由此信令转接点向目的信令点传递消息的能力。如图 3-35 所示，BD 链路恢复，信令转接点 B 执行允许传递过程，并向邻接点发有关 D 的 TFA 消息，A 启动受控重选路由程序。

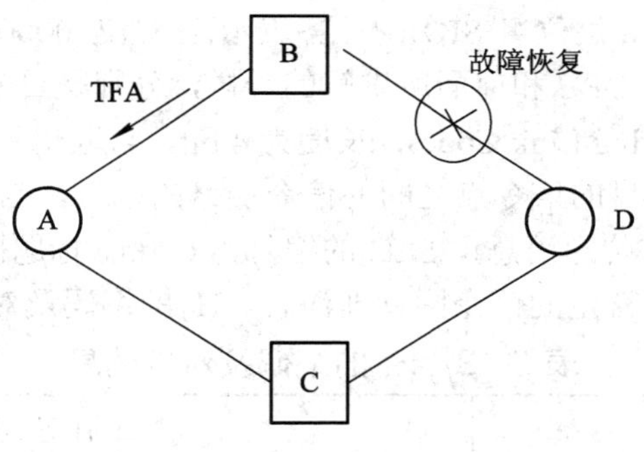

图 3-35　允许传递

③ 受控传递(TFC)。受控传递的目的是将拥塞状态从发生拥塞的信令点送到源信令点。图 3-36 所示是受控传递的过程。

信令转接点 B 检测到 BD 之间拥塞，执行受控传递程序，并向信令点 A 发关于信令点 D 的 TFC 消息，信令点 A 收到后通知用户部分减少向信令点 D 的业务流量。

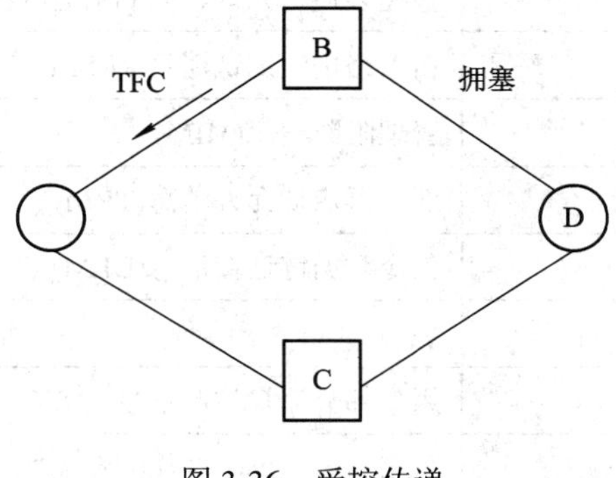

图 3-36　受控传递

④ 信令路由组测试。信令路由组测试的目的是测试去某目的信令点的信令业务能否经邻近的信令转接点转送。当信令点从邻近的信令转接点收到禁止传递消息 TFP 后，开始进行周期性的路由组测试。

⑤ 信令路由组拥塞测试。信令路由组拥塞测试的目的是通过测试了解是否能将某一拥塞的信令消息，发送到目的地。

3) 信令网管理消息格式

MTP3 具备信令消息处理及信令网管理的功能，其中信令网管理功能是通过不同的信令点或信令转接点间相互发送或处理信令网管理消息实现的。信令网管理消息由信令消息字段(SIF)构成，它是长度可变的。SIF 的格式如图 3-37 所示。

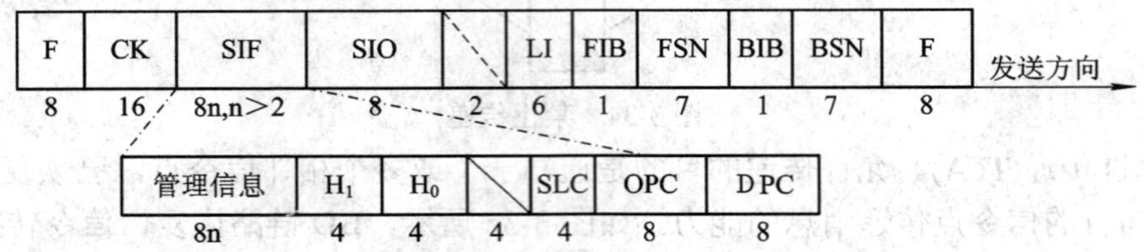

图 3-37　信令网管理消息中的 SIF 格式

图 3-38 中，业务信息 8 位位组(SIO)的业务表示语(SI)为 0000。路由标记由 DPC、OPC、SLC 三部分组成，DPC 和 OPC 和前面所讲解的一样，分别是目的信令点码和源信令点码，SLC 为信令链路码(Signalling Link Code)，长度为 4 bit，它取代了信令链路选择字段(SLS)。SLC 表示连接源信令点和目的信令点之间的信令链路的编号，当管理消息与信令链路无关时(如禁止传递消息和允许传递消息)，SLC 的编号为 0000。标题码包含 H_1，H_0，H_0 识别消息组，H_1 识别各消息组中特定的信令网管理消息。H_0 的编码及对应消息见表 3-13。

表 3-13　H_0 的编码及对应消息

H_0 编码	对应消息组
0000	备用
0001	倒换和倒回消息(CHM)
0010	紧急倒换消息(ECM)
0011	信令流量控制消息(FCM)
0100	传递禁止、允许、限制消息(TFM)
0101	信令路由组测试消息 (RSM)
0110	管理阻断消息(MIM)
0111	业务再启动允许消息(TRM)
1000	信令数据链连接消息(DLM)
1001	备用
1010	用户部分流量控制消息 (UFC)
1011 至 1111	备用

信令网管理消息共有 9 个消息组，共计 27 个消息，限于篇幅，在这里不对信令网管理消息做进一步的介绍，有兴趣的读者可以查阅相关的资料。

3.4.6 电话用户部分(TUP)

电话用户部分是 No.7 信令系统的第 4 级功能级，它定义了用于电话接续的各类局间信令信息和信令过程。与随路信令系统相比，No.7 信令系统提供了丰富的信令信息，不仅支持基本的电话业务，还可以支持部分用户补充业务，比如提供主叫识别号码、呼叫转移、三方通话等。

1. 电话信令消息的一般格式

在 No.7 信令系统中，所有电话用户消息的内容是在消息信令单元(MSU)中的信令信息字段(SIF)中传递的，如图 3-38 所示。

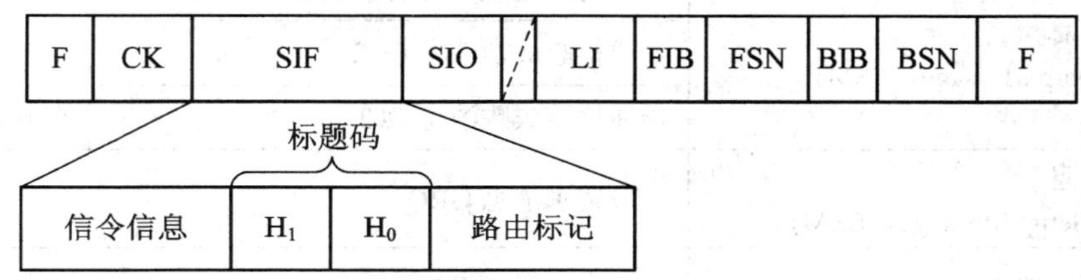

图 3-38 电话信令消息单元格式

SIF 由路由标记、标题码及信令信息三部分组成，它的长度是可变的。

1) 路由标记

图 3-39 为 TUP 的路由标记示意图。TUP 路由标记与 MTP 管理消息的区别在于 CIC 编码。在 MTP 管理消息中有的是 4 个比特的信令链路码，在 TUP 消息中，CIC(Circuit Identification Code)是电路识别码，分配给不同的电话话路，用来指明通话双方占用的电路。CIC 用 12 比特的二进制数编码，由双方协商和(或)预先确定的分配规则来决定，理论上一条信令链路可以指示 4096 个话路。

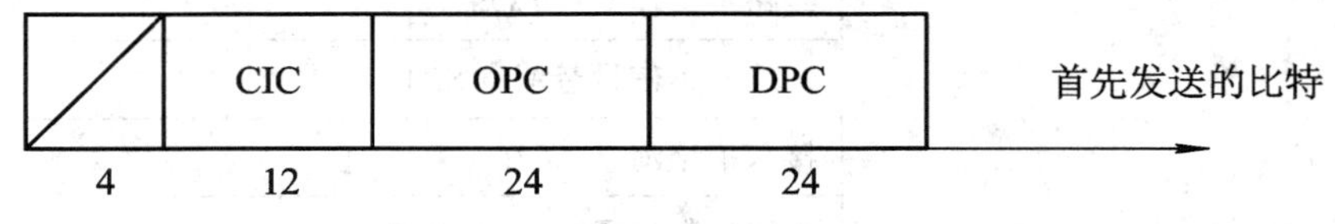

图 3-39 TUP 路由标记

对于局间一次群和二次群，编码分配如下：

(1) 对于 2048 Mb/s 的一次群数字通路，CIC 的低 5 位表示话路时隙编码，高 7 位表示源信令点和目的信令点之间 PCM 系统的编码。

(2) 对于 8448 Mb/s 的二次群数字通路，CIC 的低 7 位表示话路时隙编码，高 5 位表示源信令点和目的信令点之间 PCM 系统的编码。

2) 标题码

所有电话信令消息都有标题码，用来指明消息的类型。从图 3-38 可以看出标题码由两部分组成，H_0 代表消息组编码，H_1 是具体的消息编码。在这里不再给出具体的消息组和消息编码，有兴趣的读者可以参看相关七号信令手册。

2. TUP 消息内容和作用

国内 TUP 消息总数为 57 个(13 大类)，实际使用 46 个(11 大类)，如表 3-14 所示。

表 3-14　TUP 消息

消息类型	消息名称
前向地址消息 (Forward Address Message，FAM)	初始地址消息 IAM
	附加初始地址消息 IAI
	后续地址消息 SAM
	单个号码后续地址消息 SAO
前向建立消息 (Forward Setup Message，FSM)	一般前向建立信息消息 GSM
	导通检验成功消息 COT
	导通检验失败消息 CCF
后向建立消息 (Backward Setup Message，BSM)	一般请求消息 GRQ
后向建立成功消息 (Successful Backward Message，SBM)	地址全消息 ACM
	计费消息 CHG
后向建立不成功消息 (Unsuccessful Backward Message，UBM)	交换设备拥塞消息 SEC
	电路群拥塞消息 CGC
	地址不全消息 ADI
	呼叫失败消息 CFL
	空号消息 UUN
	线路不工作消息 LOS
	发送专用信号音消息 SST
	接入拒绝消息 ACB
	不提供数字通路消息 DPN
呼叫监视消息 (Call Supervision Message，CSM)	前后拆线消息 CLF
	后向折线消息 CBK
	应答、计费消息 ANC
	应答、不计费消息 ANN
	再应答消息 RAN
	前向转移消息 FOT
	主叫用户挂机消息 CCL

续表

消 息 类 型	消 息 名 称
电路监视消息 (Circuit Supervision Message，CCM)	释放监护消息 RLG
	闭塞消息 BLO
	闭塞证实消息 BLA
	闭塞解除消息 UBL
	闭塞解除证实消息 UBA
	复原消息 RSC
	导通检验请求消息 CCR
电路群监视消息 (Circuit Group Supervision Message，GRM)	维护群闭塞消息 MGB
	硬件群闭塞消息 HGB
	维护群闭塞解除消息 MGU
	硬件群闭塞解除消息 HGU
	维护群闭塞证实消息 MBA
	硬件群闭塞证实消息 HBA
	维护群闭塞解除证实消息 MUA
	硬件群闭塞解除证实消息 HUA
	电路群复原消息 GRS
	电路群复原证实消息 GRA
国内专用后向建立成功消息(NSB)	计次脉冲消息 MPM
国内专用呼叫监视消息(NCB)	话务员消息 OPR
国内专用后向建立不成功消息(NUB)	用户市话忙消息 SLB
	用户长话忙消息 STB
暂不用消息	应答、计费未说明消息 ANU 计费消息 CHG 国内网拥塞消息 NNC 用户忙消息 SSB 扩充的后向建立不成功消息 EUM 软件群闭塞/闭塞解除消息 SGB/SGU 软件群闭塞/闭塞解除证实消息 SBA/SUA 自动拥塞控制消息 ACC 恶意呼叫追查消息 MAL

下面对 TUP 的常用消息作简单的介绍。

1) 前向地址消息(FAM)

FAM 是前向发送的含有地址信息的消息，目前包括 4 种重要的消息。

(1) 初始地址消息(IAM)。IAM 是建立呼叫时前向发送的第一种消息，它包括地址消息和有关呼叫的选路与处理的消息。

(2) 附加初始地址消息(IAI)。IAI 也是建立呼叫时首次前向发送的一种消息，但比 IAM 多出一些附加信息，如用于补充业务的信息和计费信息。在建立呼叫时，可根据需要发送 IAM 或 IAI。

(3) 后续地址消息(SAM)。SAM 是在 IAM 或 IAI 之后发送的前向消息，包含进一步的地址消息。

(4) 单个号码后续地址消息(SAO)。SAO 与 SAM 的不同在于，SAO 只带有一个地址信号。

2) 前向建立消息(FSM)

FSM 是跟随在 FAM 之后发送的前向消息，包含建立呼叫所需的进一步的信息。

FSM 包括两种类型的消息：一般前向建立信息消息和导通检验消息，后者包括导通检验成功消息和导通检验失败消息。

(1) 一般前向建立信息消息(GSM)。GSM 是对后向的一般请求消息(GRQ)的响应，包含主叫用户线信息和其他有关信息。

(2) 导通检验消息(COT 或 CCF)。导通检验消息仅在话路需要导通检验时发送。是否需要导通检验，在前方局发送 IAM 中的导通检验指示码中指明。导通检验结果可能成功，也可能不成功，成功时发送导通消息 COT，不成功时则发送导通失败消息 CCF。

3) 后向建立消息(BSM)

目前规定了一种后向建立消息——一般请求消息(GRQ)。BSM 是为建立呼叫而请求所需的进一步信息的消息。GRQ 是用来请求获得与呼叫有关信息的消息，总是和 GSM 消息成对使用的。

4) 后向建立成功信息消息(SBM)

SBM 是发送呼叫建立成功的有关信息的后向消息，目前包括两种消息：地址全消息和计费消息。

(1) 地址全消息(ACM)。ACM 是一种指明地址信号已全部收到的后向信号，收全是指呼叫至某被叫用户所需的地址信号已齐备。地址全消息还包括相关的附加信息，如计费、用户空闲等信息。

(2) 计费消息(CHG)。CHG 主要用于国内消息。

5) 后向建立不成功消息(UBM)

UBM 包含各种呼叫建立不成功的消息。

(1) 地址不全消息(ADI)。收到地址信号的任一位数字后延时 15 s～20 s，所收到的位数仍不足而不能建立呼叫时，将发送 ADI 信号。

(2) 拥塞消息。拥塞消息包含交换设备拥塞消息(SEC)、电路群拥塞消息(CGC)以及国内网拥塞消息(NNC)。一旦检测出拥塞状态，不等待导通检验的完成就应发送拥塞信号。No.7 交换局收到拥塞信号后立即发出前向拆线信号，并向前方局发送适当的信号或向主叫

送拥塞音。

(3) 被叫用户状态消息。被叫用户状态消息是后向发送的表示接续不能到达被叫用户的消息，包括用户市话忙消息(SLB)、用户长话忙消息(STB)、线路不工作消息(LOS)、空号消息(UNN)和发送专用信息音消息(SST)。被叫用户状态消息不必等待导通检验完成即应发送。

(4) 接入拒绝消息(ACB)。ACB 用来指示相容性检验失败，从而呼叫被拒绝。

6) 呼叫监视消息(CSM)

(1) 应答消息。只有被叫用户摘机才发送应答消息，根据被叫号码可以确定计费与否，从而发送应答、计费消息(ANC)或应答、不计费消息(ANN)。

(2) 后向拆线消息(CBK)。CBK 表示被叫用户挂机。

(3) 前向拆线消息(CLF)。交换局判定应该拆除接续时，就前向发送 CLF。通常是在主叫用户挂机时产生 CLF。

(4) 再应答消息(RAN)。被叫用户挂机后又摘机产生的后向信号。

(5) 主叫用户挂机消息(CCL)。CCL 是前向发送的消息，表示主叫已挂机，但仍要保持接续。

(6) 前向转移消息(FOT)。FOT 用于国际半自动接续。

7) 电路监视消息(CCM)

(1) 释放监护消息(RLG)。RLG 是后向发送的消息，是对前向拆线消息 CLF 的响应。

(2) 复原消息(RSC)。在存储器发生故障时或信令故障发生时，发送复原消息使电路复原。

(3) 导通检验请求消息(CCR)。在 IAM 或 IAI 中含有导通检验指示码，用来说明是否需要导通检验，如果导通失败，就需要发送 CCR 消息来要求再次进行导通检验。

(4) 与闭塞或解除闭塞有关的消息。闭塞消息(BLO)是发到电路另一端的交换局的消息，使电路闭塞后就阻止该交换局经该电路呼出，但能接收来话呼叫，除非交换局也对该电路发生出闭塞消息。

解除闭塞消息(UBL)用来取消由于闭塞消息而引起的电路占用状态，解除闭塞证实消息(UBA)则是解除闭塞消息的响应，表明电路已不再闭塞。

8) 电路群监视消息(GRM)

(1) 与群闭塞或解除闭塞有关的消息。这些消息的基本作用与闭塞或解除闭塞消息相类似，但是对象变为一个电路群或电路群的部分电路，而不是一个电路。

(2) 电路群复原消息(GRS)及其证实消息(GRA)。GRS 的作用与 RSC(电路复原消息)相似，但涉及一群电路。

9) 自动拥塞控制消息(ACC)

当交换局处于过负荷状态时，应向邻接局发送 ACC。拥塞分为两级，第一级为轻度拥塞，第二级为严重拥塞，应在 ACC 中指明拥塞级别。

3. TUP 信令传送举例

下面以市话分局至分局/汇接局的直达接续为例来说明 TUP 信令传送过程。

图 3-40(a)为呼叫遇被叫用户空闲的接续，图 3-40(b)为呼叫用户遇被叫忙的接续，图 3-40(c)为呼叫至特服台(119、110 和 120)的接续，图 3-40(d)为追查恶意呼叫的接续。

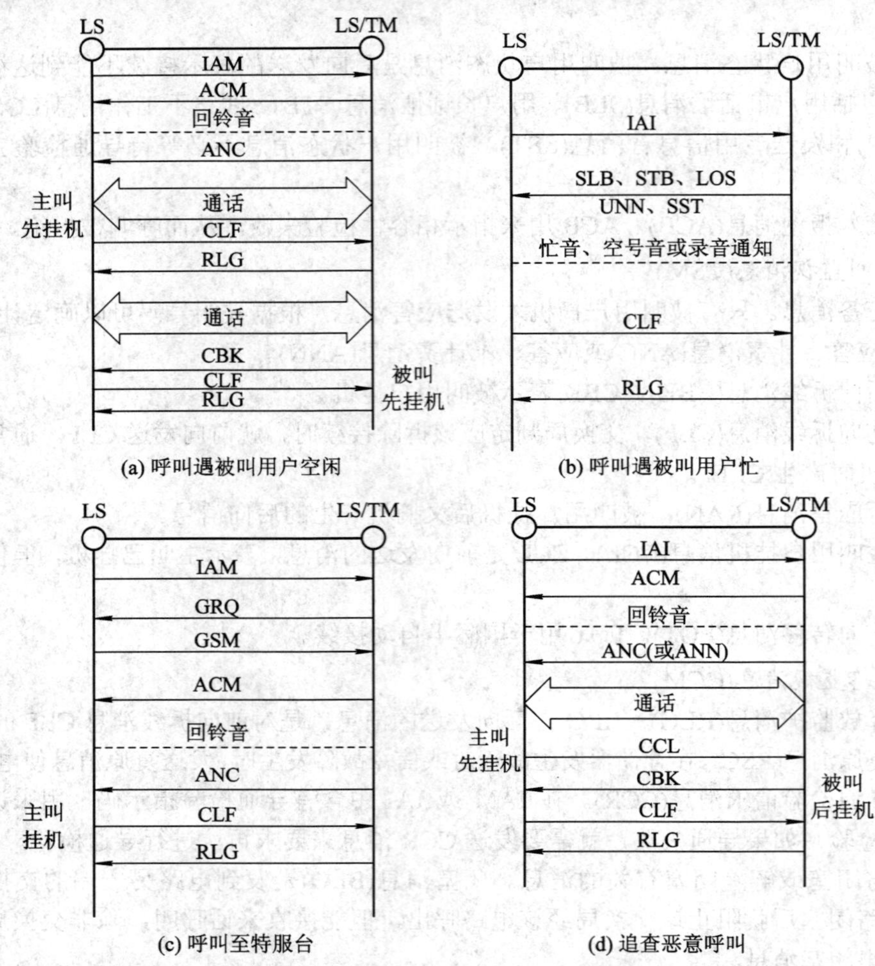

图 3-40 分局至分局/汇接局的直达接续

4. 几个相关问题

1) 各级交换局的地址信息发送方式

各级交换局的地址信息发送方式有两种：成组发送和重叠发送。

当采用成组发送时，所有地址一次发送。这种方式发送速度快，从而减小了信令链路的负荷。当采用重叠发送时，地址信息分批发送，例如号码一位一位发送。从速度快、信令链路负荷轻这个意义上讲，要尽可能采用成组发送方式，但是对于采用不等位编码制度来说，发端或转接交换局不易判断被叫号码是否收全，而采用重叠发送方式时可以由终端交换局判别被叫号码是否收全，这时起始地址消息(IAM 或 IAI)只需要包括选择路由的必要数字，而剩余的被叫号码由后续地址消息(SAO 或 SAM)发送。

我国长途网采用不等位编号制度，并且有些大城市的市话网也采用这种制度，因此有如下规定。

(1) 在以下交换局间采用重叠方式发送：

- 分局至长话局的自动接续；

- 分局至国际局的自动接续；
- 长话局间的自动接续；
- 部分分局至汇接局的汇接接续。

(2) 在以下交换局间采用成组方式发送：

- 分局至分局直达接续；
- 部分分局至汇接局的汇接接续；
- 分局至长途局的半自动接续；
- 长话局至市话局直达接续；
- 国际局至市话局的直达接续。

2) 请求主叫用户身份

No.7 信令系统可以根据呼叫程序的需要在局间发送包括主叫用户线身份的初始地址消息(IAI)。在以下情况下发送 IAI 而不是 IAM：

- 当发端长话局采用集中计费 CAMA 方式时，规定市话局到发端长话局间发送 IAI；
- 申请追查恶意呼叫性能的用户登记入交换局后，任何外局的主叫用户呼叫该登记用户时，可在局间发送 IAI。

若传送到终端局的初始地址消息不包括主叫用户线身份时，终端局可以发送 GRQ 到发端局，请求发送主叫用户身份，发端局收到 GRQ 后发一个包括主叫用户身份的一般前向建立信息消息(GSM)。

3) 双向同抢

同抢，也称为双重占用，就是双向中继电路两端的交换局几乎同时试图占用同一电路。由于 No.7 信令系统的中继电路具有双向工作能力，因此存在同抢的可能性。为了减少同抢，可以选用以下两种方法之一：

(1) 双向电路群两端的交换局采用不同的顺序来选择中继电路。

(2) 两个交换局优先选择主控电路，并且主控电路选择释放时间最长的，而对非主控电路则选择释放时间最短的(ITU－T 推荐)。

如果某交换局在发出初始地址消息的电路上又收到对端局发来的初始地址消息，说明同抢发生。这时，该电路的主控局继续处理它发出的呼叫，而不理会对方发来的初始地址消息；非主控局则放弃对该电路的占用，而在另一条电路上进行自动重复试呼。

4) 自动重复试呼

No.7 号信令遇到以下几种情况，将启动自动重复试呼过程。

(1) 呼叫处理启动的导通检验失败；

(2) 某电路的非主控局在该电路发生同抢；

(3) 发出初始地址消息后，收到任何后向消息前，收到电路闭塞消息；

(4) 发出初始地址消息后，收到任何后向消息前，收到电路复原消息；

(5) 发出初始地址消息后，收到建立呼叫所需的后向消息前，收到不合理的消息。

3.4.7 ISDN 用户部分(ISUP)

ISUP 位于 No.7 信令系统的第 4 功能级，是 No.7 信令系统面向综合业务数字网(ISDN)

应用的高层协议。ISUP是在电话用户部分(TUP)的基础上扩展而成的，除了可以完成TUP的全部功能外，还提供了非语音业务的控制协议和补充业务的控制协议，满足ISDN基本业务和补充业务所需的信令功能。ISUP还规定了许多增强功能，如支持端到端信令、实现ISDN用户之间的透明信息传送等。当ISUP协议用于电话基本业务，则与TUP一样需要MTP提供的服务支持；当在某些情况下，如传送端到端信令、开放智能网业务时，还需要SCCP提供支持。ISUP功能强大，且适应未来业务发展的需要，这些都得益于十分灵活的消息结构。

1. ISUP信令消息的格式

ISUP信令消息位于消息信令单元(MSU)中的信号信息字段(SIF)中。当信令链路上传递ISUP消息时，所对应的业务信息8位位组(SIO)的业务指示语编码为1010。ISUP消息可以携带多种参数，其长度可变，非常灵活，图3-41为ISUP消息的一般形式。

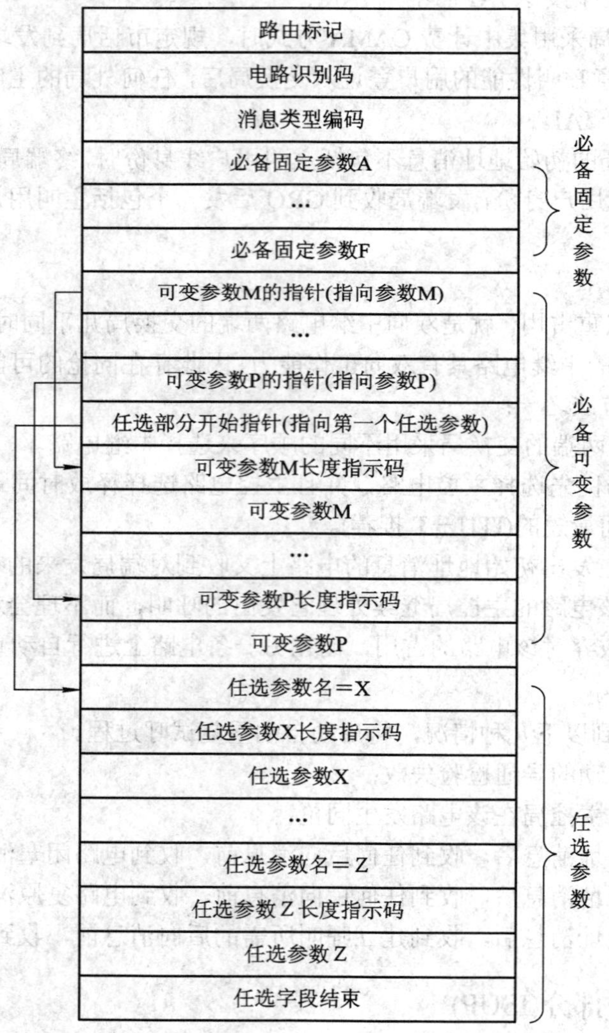

图3-41　ISUP消息一般形式

1) 路由标记

路由标记包括目的信令点编码(DPC)、源信令点编码(OPC)、链路选择字段(SLS)(8 位，目前只用 4 位)。

2) 电路识别码(CIC)

ISUP 的 CIC 为两个 8 位位组，但目前只用最低 12 位，编码方法同 TUP。注意：ISUP 的 SLS 不像 TUP 那样，而是由 CIC 的最低 4 位来兼作的。

3) 消息类型编码

消息类型编码的功能相当于 TUP 中的 H_0 和 H_1，它统一规定了 ISUP 消息的功能与格式。

4) 参数部分

ISUP 的参数部分分为必备固定参数部分、必备可变参数部分和任选参数部分。

(1) 必备固定参数部分对某一特定消息是必备的，而且参数的长度固定，该部分可以包括若干项参数，参数的位置、长度和发送次序都由消息类型来确定。由于这种固定和必备性，参数的名称和长度表示语就没有必要包括在消息中。

(2) 必备可变参数部分由若干个参数组成，这些参数对特定的消息是必备的，但参数的长度可变。因此，在该部分的开头须用指针指明，每个参数值给出了该指针与第一个 8 比特位位组之间的 8 比特位位组的数目。每个参数的名称与指针的发送顺序隐含在消息类型中，参数的数目和指针的数目统一由消息类型规定。

(3) 指针也用来表示任选参数部分的开始。如果消息类型表明不允许有任选参数部分，则这个指针将不存在。所有参数的指针集中在必备可变参数部分的开始连续发送，每个参数包括参数长度表示语和参数内容。任选参数部分也由若干个参数组成。对于某一特定消息，任选部分可能存在也可能不存在，如果存在，每个参数应该包括参数名称、长度表示语和参数内容。最后应在任选参数发送后，发送全“0”的 8 比特位位组，以表示任选参数部分结束。

ISUP 信令消息格式中的每一个字段都由 8 位位组的整数倍组成，并以一个 8 位位组的堆栈形式出现。

2. ISUP 信令消息及功能

表 3-15 列出了 ISUP 常用信令消息及其基本功能，还有一些其他 ISUP 信令消息为未包括在表中，读者可参阅我国邮电部规范。

表 3-15 ISUP 的消息及其基本功能

类 别	消 息 名 称	编码	基 本 功 能
前向建立消息	初始地址消息(IAM)	00000001	呼叫建立的请求
	后续地址消息(SAM)	00000010	通知后续地址信息
一般建立消息	导通消息(COT)	00000101	通知信息通路导通测试已结束
	信息请求消息(INR)	00000011	补充的呼叫建立信息的请求
	信息消息(INF)	00000100	补充的呼叫建立信息

续表

类 别	消 息 名 称	编码	基 本 功 能
后向建立消息	地址全消息(ACM)	00000110	地址消息接收完毕的通知
	呼叫进展消息(CPG)	00101100	呼叫建立过程中的通知
	连接消息(CON)	00000111	具有 ACM + ANM 的功能
呼叫监视消息	应答消息(ANM)	00001001	被叫用户应答的信息
	前向转移信息(FOT)	00001000	话务员的呼叫请求
	释放消息(REL)	00001100	呼叫释放的请求
呼叫中改变消息	性能接收消息(FAA)	00100000	允许补充业务的请求
	性能请求消息(FAR)	00011111	补充业务的请求
	性能拒绝消息(FRJ)	00100001	拒绝补充业务的请示
	呼叫修改请求消息(CMR)	00011100	呼叫中修改呼叫特征的请求
	呼叫修改完成消息(CMC)	00011101	呼叫中完成修改呼叫特征的信息
	呼叫修改拒绝消息(CMRJ)	00011110	呼叫中拒绝修改呼叫特征的信息
电路监视消息	释放完成消息(RLC)	00010000	呼叫释放完成的请求
	导通检验请求消息(CCR)	00010001	导通测试的请求
	电路复原消息(RSC)	00010010	电路初始化的请求
	闭塞消息(BLO)	00010011	电路闭塞的请求
	解除闭塞消息(UBL)	00010100	解除电路闭塞的请求
	闭塞证实消息(BLA)	00010101	电路闭塞的证实
	解除闭塞证实消息(UBA)	00010110	解除电路闭塞的证实
	暂停消息(SUS)	00001101	呼叫暂停的请求
	恢复消息(RES)	00001110	恢复已暂停的呼叫的请求
电路群监视消息	电路群闭塞消息(CGB)	00011000	电路组闭塞的请求
	电路群解除闭塞消息(CGU)	00011001	解除电路组闭塞的请求
	电路群闭塞证实消息(CGBA)	00011010	电路组闭塞的证实
	电路群解除闭塞证实消息(CGUA)	00110111	解除电路组闭塞的证实
	电路群复原消息(GRS)	00010111	电路组初始化的请求
	电路群复原证实消息(GRA)	00101001	电路组初始化的证实
	电路群询问消息(CQM)	00101010	询问电路群状态的消息
	电路群询问响应消息(CQR)	00101011	电路群状态的通知
端到端消息	传递消息(PAM)	00010100	沿信号路由传送信息
	用户—用户信息消息(USR)	00101101	用户—用户信令的传递

3. ISUP 信令消息格式举例

在所有的 ISUP 信令消息中，IAM 是结构最复杂的一个，最多可以包含 20 个参数，其中有必备固定参数、必备可变参数和任选参数。

IAM 包含的参数如表 3-16 所示，由表可知，IAM 不仅包含主被叫用户地址消息，而且可以包含与呼叫有关的其他控制信息，如呼叫类别、连接属性和传输承载能力的要求等。

表 3-16　IAM 的消息格式与参数

参　数	类 型	长 度	信 号 信 息
消息类型	F	1	IAM 的标识码
连接性质表示语	F	1	卫星、导通测试、回波控制的识别
前向呼叫表示语	F	2	国际/国内、端局—端局的识别
主叫用户类别	F	1	呼叫类别(话音、测试、数据等)
传输媒体请求	F	1	64 kb/s 透明链路、语音或 3.1 kHz 音频等
被叫用户号码	V	4～11	地址种类、地址信号
转接网选择	O	≥4	中转网络的标识
呼叫参考	O	7	呼叫号码，信号点信息
主叫用户号码	O	4～12	地址种类，地址信号
任选前向呼叫表示语	O	3	CUG、呼叫转送、CCBS、主叫线显示等
改发号码	O	4～12	更改的地址
改发信息	O	3～4	更改的信息
封闭用户群连锁编码	O	6	CUG 的有效性确认
连接请求	O	7～9	对 SCCP 要求端—端连接的信息
原被叫号码	O	4～12	原被叫地址
用户—用户信息	O	3～131	传送用户—用户信令
接入转送	O	≥3	传送 D 通路三层信息
用户业务信息	O	4～13	传送用户协议信息
用户—用户表示语	O	≥3	用户—用户信令业务的标识
任选参数的结束	O	1	表示任选参数的终结

注：F 为必备固定参数；V 为必备可变参数；O 为任选参数。

4. TUP 信令消息与 ISUP 信令消息的比较

对比 ISUP 信令消息和 TUP 信令消息，最大的区别在于 ISUP 信令消息比 TUP 信令消息内容丰富，消息类型少，支持更多的业务。表 3-17 列出一些常用的 ISUP 信令消息，并与 TUP 信令消息做个比较。

表 3-17 ISUP 与 TUP 常用信令消息比较

消 息 名	缩 写	TUP 对应消息
初始地址消息	IAM	IAM，IAI
后续地址消息	SAM	SAM，SAO
导通消息	COT	COT，CCF
地址全消息	ACM	ACM
信息请求消息	INR	GRQ
信息消息	INF	GSM
应答消息	ANM	ANU，ANC，ANN，EAM
释放消息	REL	CLF，CBK，UBM 消息组所有 13 个消息
释放完成消息	RLC	RLG
电路闭塞消息	BLO	BLO
闭塞证实消息	BLA	BLA
导通检验请求消息	CCR	CCR

5. ISUP 正常呼叫控制过程

图 3-42 为正常情况下的 ISUP 的呼叫控制过程。从用户到交换机和从交换机到用户的信令采用的是 ISDN 用户/网络接口的 D 信道协议第三层的规程，不是 ISUP 的一部分。ISUP 控制交换机和交换机之间的信令过程，即从发端局到收端局之间的信令是 ISUP 信令。

ISUP 正常呼叫控制过程：

(1) 当发端交换机收到主叫用户送来的 Setup 消息时，表示一个呼叫开始，经分析判定为出局呼叫，发出初始地址消息 IAM 给下一个交换机，IAM 中要包括主叫地址、被叫地址和业务类别等信息。

(2) 中间交换机收到 IAM 消息后，分析被叫地址及路由信息，选择通路，发送 IAM 到终端交换机。

(3) 终端交换机收到 IAM 消息后，分析被叫地址及路由信息，向被叫用户发送 Setup 消息，表示一个呼叫到来，同时，向上一个中间交换机回送地址全消息 ACM，表示地址接收完毕。

(4) ACM 消息被送到发端交换机。

(5) 当被叫用户向终端交换机回送 Alerting 消息，表示被叫处于振铃状态，终端交换机向上一个中间交换机回送呼叫进展消息 CPG。

(6) 发端交换机收到 CPG 消息后，向主叫用户送 Alerting 消息，表示被叫用户处于振铃状态。

(7) 被叫用户一旦摘机，向终端交换机送 Connect 消息，终端交换机收到 Connect 消息后，向上一个中间交换机回送应答消息 ANM。

(8) 发端交换机收到 ANM 消息后向主叫用户发 Connect 消息，至此，主叫用户至被叫用户的通路已接通，双方开始通信。

(9) 在通信结束时，当发端局收到主叫用户发来的 Disconnect 消息后，向上一个中间交换机发送释放消息 REL，向主叫用户回送 Release 消息，完成主叫用户到交换机之间的通路释放。

(10) 中间交换机在收到 REL 后，回送释放完成消息 RLC，并向上一个交换机发送释放消息 REL，完成局间通路的释放。

(11) 终端交换机收到 REL 后，回送 RLC，向被叫用户送 Disconnect，被叫用户收到 Disconnect 消息后，向交换机送 Release 消息。

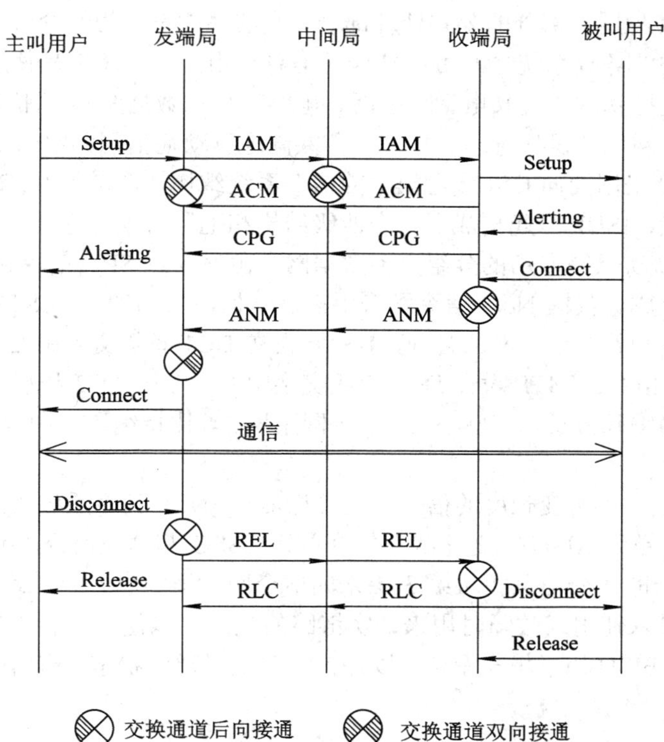

图 3-42　正常情况 ISUP 呼叫过程

3.5 小　　结

通信设备之间任何实际应用信息的传送总是伴随着一些控制信息的传送，它们按照既定的通信协议工作，将应用信息安全、可靠、高效地传送到目的地，这些信息在计算机网络中叫做协议控制信息，而在电信网中叫做信令(Signaling)。因此，信令实际上就是一种规范化的控制信号。

信令按其传送区域分为用户线信令和局间信令两类，前者作用于用户终端设备(如电话机)和电话局的交换机之间，后者作用于两个用中继线连接的交换机之间。

按照信令信道与语音信道的关系，信令分为随路信令和公共信道信令。随路信令在呼叫接续中，所需的信令(指记发器信令)通过该接续所占用的中继电路(即话路)来传输，同时传送的信令(指线路信令)通路与该话路之间有固定的关系。其传送速度慢，信令容量小，传递与呼叫无关的信令能力有限，不能适应电信新业务的发展。公共信道信令利用交换局的一条集中的信令链路为许多条话路传送信令，即传送信令的通道和传送语音的通道是完全分开的，其传送速度快，信令容量大，可传递大量与呼叫无关的信令，可以适应现代通信网新业务的发展。中国 No.1 信令是随路信令，No.7 信令是公共信道信令。

No.7 信令系统采用分级结构，共分为 4 级，即 MTP1、MTP2、MTP3 和 UP。消息传递部分(MTP) 是各种用户部分的公共处理部分，它的功能是作为一个公共传输系统，在信令网中的不同点的业务分系统之间可靠地传递消息。用户部分(UP)是使用消息传递部分的各功能部分，它支持基本的公共电话交换网、电路交换的数据网和窄带 ISDN 网的应用。为了支持智能网、网络的操作管理和维护、公共陆地移动通信网和窄带 ISDN 网的部分补充功能，No.7 信令采用面向 OSI 参考模型的信令系统结构，新增的 SCCP 和 TC 与原来的 MTP、TUP、DUP、ISUP 一起构成了一个四级结构和七层协议并存的信令系统结构。

No.7 信令系统实质是专用的分组交换数据网，由信令点 SP、信令转接点 STP 及连接它们的信号链路组成。我国 No.7 信令网采用三级结构，由 HSTP、LSTP、SP 组成。考虑我国信令区的划分和整个信令网的管理，HSTP 设在 DC1 省级交换中心，HSTP 汇接 DC1 间及所属 LSTP 的信令。LSTP 设在 DC2 市级交换中心，汇接 DC2 和端局信令。No.7 信令网的信令点有两种编码方式，国际 No.7 信令网采用 14 比特编码，国内 No.7 信令网采用 24 比特编码。

No.7 信令系统采用可变长度的信令单元传送信息。No.7 信令系统规定了三种信令单元格式，即消息信令单元(MSU)、链路状态信令单元(LSSU)和填充信令单元(FISU)。MSU 用于传送从第 4 层来的信令消息和从第 3 层来的信令网管理消息。LSSU 并不承载具体的信令消息，当链路投入使用或故障时用来证实链路的状态，以便建立和恢复信令链路。当链路空闲或拥塞时，FISU 用于填充空位，以保持链路处于通信状态，有时也用于确认对端发来的消息。

习　题

1. 简要说明信令的作用。
2. 信令有哪几种分类方法？
3. 什么是随路信令？什么是公共信道信令？与随路信令相比，公共信道信令有哪些优点？
4. 什么是信令方式？它包括哪三方面的内容？
5. 画出 30/32 路 PCM 系统帧结构示意图，并说明各时隙分配原则。
6. 简要叙述多频和互控的含义。
7. 以本地网两端局正常呼叫为例，假设主叫用户所拨被叫号码为 8882345，说明 MFC 信令的传送顺序及 MFC 信令的信令编码及其含义。
8. 试说明 No.7 信令系统的应用及特点。

9. 简述 No.7 信令系统的功能级结构和各级功能。

10. 画图说明 No.7 信令系统与 OSI 分层模型的对应关系。

11. No.7 信令网由哪三部分构成？各部分功能如何？

12. No.7 信令网的三种工作方式是什么？

13. 我国 No.7 信令网的结构如何？与电话网的对应关系如何？

14. No.7 信令网路由选择的基本原则是什么？

15. 国际和国内信令点编码计划分别是什么？

16. No.7 信令的基本信令单元有哪三种？简述三种信令的单元格式和含义。

17. 画出 TUP 电话消息信令单元格式，说明 SIF 字段含义。

18. 以本地网局间正常呼叫为例，采用互控方式，被叫用户先挂机，画出 TUP 呼叫流程。

19. 什么是同抢？为什么 No.7 信令存在同抢的可能性？

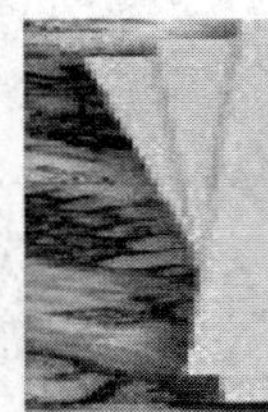

第四章　分组交换技术

分组交换技术是通过计算机和终端及其连接设备来实现计算机与计算机之间数据通信的技术，是在计算机网络中发展较早的一种交换技术，X.25分组交换网则是早期分组交换技术实现的例子。随着网络理论与应用技术的不断发展，分组交换技术也有了很大的改进，帧中继(Frame Relay)是20世纪80年代初发展起来的一种数据通信技术，它是从X.25分组通信技术演变而来的。随着多媒体业务的发展，以及IP技术的发展，作为数据通信基础网络技术的帧中继技术也越来越多地被应用。

本章重点

- 分组交换技术的概念和分类
- 路由选择与流量控制
- X.25分组交换技术
- 帧中继技术的原理与应用

本章难点

- 帧中继技术的原理与应用

4.1　概　　述

分组交换技术(见图4-1)是计算机技术与电话技术相结合的产物，由Donald Davies和保罗·巴兰(1926—2011)于20世纪60年代早期发明。

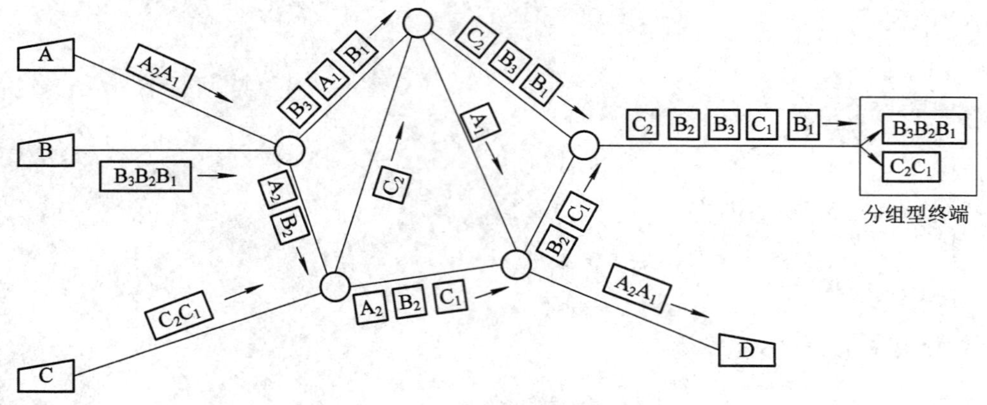

图4-1　分组交换技术示意图

随着计算机技术的发展，人们除了打电话进行直接沟通外，还希望进行其他信息的交换，因此出现了数据交换的需求。数据交换经历了电路交换、报文交换、分组交换和综合业务数字交换的发展历程。分组交换实质上是在“存储—转发”基础上发展起来的，它兼有电路交换和报文交换的优点。

1993 年建立的中国公用分组交换网(CHINAPAC)是向全社会开放的网络，是能提供多种业务的全国分组交换网。CHINAPAC 分为骨干网和省内网两级。骨干网以北京为国际出入口局、广州为港澳出入口局，以北京、上海、沈阳、武汉、成都、西安、广州及南京等 8 个城市为汇接中心，覆盖全国所有省、市、自治区。汇接中心采用完全网状结构，其他节点采用不完全网状结构。网内每个节点都有 2 个或 2 个以上不同方向的电路，从而保证网路的可靠性。网内中继电路主要采用数字电路，最高速率达 34 Mb/s。目前各地的本地分组交换网也已延伸到了地、市、县、村镇。CHINAPAC 以其庞大的网络规模，可满足各界客户的需求，并且与公用数字交换网(PSTN)、中国公众计算机互联网(CHINANET)、中国公用数字数据网(CHINADDN)、帧中继网(CHINAFRN)等网络互连，以达到资源共享和优势互补，为广大用户提供高质量的网络服务，同时与美国、日本、加拿大、韩国、我国香港等几十个国家和地区的分组网相连，以满足大中型企业、外商投资企业、外商在内地办事处等国际用户的需求。

CHINAPAC 向用户提供两种基本业务。

(1) 交换虚电路：在两个用户之间建立的临时逻辑连接，使用后释放逻辑连接；

(2) 永久虚电路：在两个用户之间建立的永久性的逻辑连接，用户开机后不用拨号，永久虚电路自动建立。

CHINAPAC 还向用户提供任选业务，主要有闭合用户群、反向计费、网络用户识别、呼叫转移、虚拟专用网(VPN)、广播服务、帧中继等业务。

分组交换在商业中的应用较为广泛，它利用率高，传输质量好，能同时进行多路通信，经济性能比较好。比如银行系统在线式信用卡(POS 机)的验证，由于分组交换提供差错控制的功能，保证了数据在网络中传输的可靠性，各大商场首先在内部形成局域网，网上的服务器提供卡的管理功能，用户刷卡后，通过服务器上的 X.25 分组端口或路由器设备连到商业增值网，与网络结算中心通过数字专线连接，结算中心又同各大银行的主机系统连接，实现对信用卡的验证和信用卡的消费。在中国的各大超市中，绝大部分超市利用分组网来改善经营管理手段，拓展市场，取得了良好的经济效益。

虚拟专用网(VPN)是大集团用户利用公用网络的传输条件、网络端口等网络资源组织的虚拟网络，以实现自己管理属于专用网络部分的端口的状态监视、数据查询、告警、计费、统计等网络管理操作。VPN 主要用于集团用户、各专业行业等。

4.2 分组交换

4.2.1 分组的传送方式

从交换技术的发展历程来看，数据交换经历了电路交换、报文交换、分组交换和综合业务数字交换的发展过程。电路交换、报文交换和分组交换的概念在第一章中已经介绍，这里不再赘述。

综合业务数字网是集语音、数据、图文传真、可视电话等各种业务为一体的网络，满足不同的带宽要求和多样化的业务要求。异步传输模式(Asynchronous Transfer Mode，ATM)就是用于宽带综合业务数字网的一种交换技术。ATM 是在分组交换基础上发展起来的，它使用固定长度数据块，53 个字节，叫信元，并使用空闲信元来填充信道，从而使信道被等长的时间分段，其原理类似于扶手电梯。ATM 传输方式由于传输速度与用户无关，只与传输网络有关，因此 ATM 采用光纤网络，提供了低误码率的传输通道，而流量控制和差错控制移到了用户端，网络只负责信息的交换和传送，从而使传输时延减小，所以 ATM 适用于高速数据交换业务。

分组交换的传送方式有两种：

1. 数据报方式

在数据报方式中，每个分组按一定格式附加源与目的地址、分组编号、分组起始、结束标志、差错校验等信息，以分组形式在网络中传输。网络只是尽力将分组传送给目的主机，但不保证所传送的分组不丢失，也不保证分组能够按发送的顺序到达接收端，所以提供的服务是不可靠的。如图 4-2 所示，主机 M 向主机 N 发送的分组报文，经过 A—B—E—F 和 A—C—E—F 等不同路径。采用数据报方式的优点是传输延时小，当某节点发生故障时不会影响后续分组的传输(不容易引起网络拥塞)，能够充分利用网络的优势，对平均网络负荷有很大优势；缺点是每个分组附加的控制信息多，增加了传输信息的长度和处理时间，增大了额外开销。

数据报方式的传输，又被称为面向无连接的不可靠传输，但随着网络技术的发展，网络传输环境得到极大的改善，网络带宽、传输速率、误码率等都得到了极大的改进，因此网络传输中数据报方式的使用越来越多。

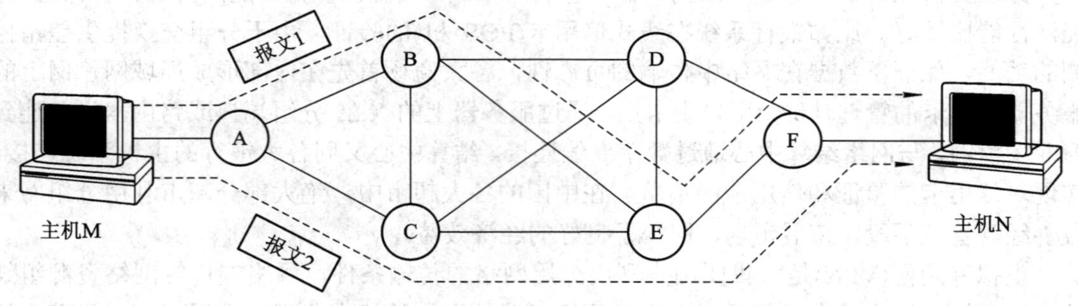

图 4-2　数据报方式分组交换示意图

2. 虚电路方式

虚电路方式与数据报方式的区别主要是在信息交换之前，虚电路方式需要在发送端和接收端之间先建立一个逻辑连接(虚电路)，然后才开始传送分组，所有分组沿相同的路径进行交换转发，通信结束后再拆除该逻辑连接。网络保证所传送的分组按发送的顺序到达接收端，提供的服务是可靠的，也保证服务质量。如图 4-3 所示，主机 M 向主机 N 发送的所有分组都经过相同的节点 A—B—C—D。这种方式对信息传输频率高、每次传输量小的用户不太适用，但由于每个分组头只需标出虚电路标识符和序号，所以分组头开销小，适

用长报文传送。其优点是传输之前先进行了寻找路径的过程，建立好了逻辑连接，能够保证传输线路的畅通，可以节省分组附加的控制信息，减少了网络传输过程中交换节点的处理，因此被称做面向连接的可靠传输。其缺点主要是建立了逻辑连接之后，本次传输的所有数据都会沿这条线路传输，不能充分利用网络四通八达的优势，容易引起网络负荷的不平衡，同时若某节点发生故障时会影响后续分组的传输，这时就要重新寻找路径，建立新的逻辑连接。

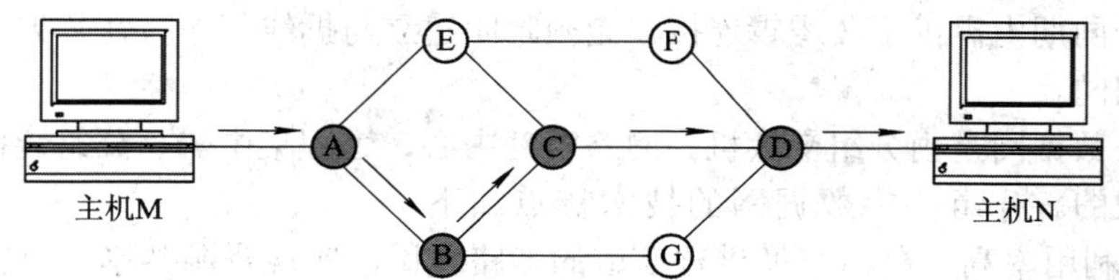

图 4-3　虚电路方式分组交换示意图

4.2.2　分组交换原理

分组交换是指在数据交换的过程中，先把数据分割成大小相同的若干个小数据块然后再进行交换，这样的数据块叫做分组(PACKET)或包。每个数据块的前面加上一个分组头，用以指明该分组的信息，如数据块格式、发往何地址、校验码、优先级等，然后由交换机根据每个分组的地址标志，将它们转发至目的地。分组交换的工作原理如图 4-4 所示。

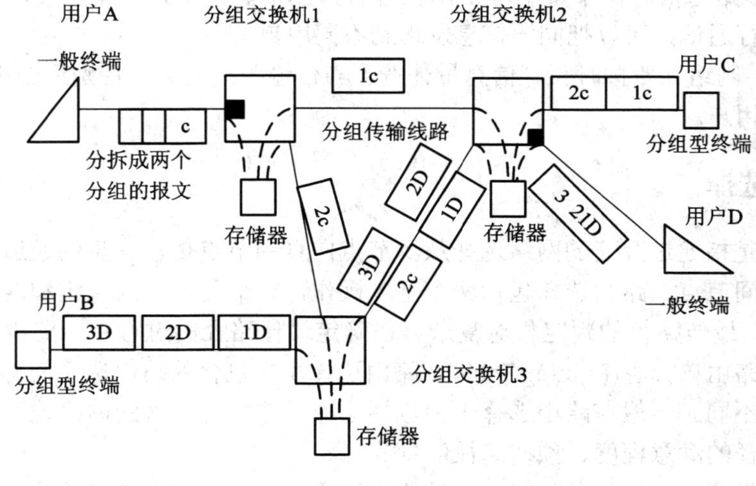

图 4-4　分组交换的工作原理

进行分组交换的通信网称为分组交换网，分组交换网是继电路交换网和报文交换网之后一种新型的交换网，主要用于数据通信。分组交换是一种存储转发的交换方式，将用户的报文划分成一定长度的分组，以分组为单位存储转发，因此，它比电路交换的利用率高，比报文交换的时延要小，具有实时通信的能力。

分组交换具有以下特点：

(1) 分组交换具有多逻辑信道的能力，故中继线的电路利用率高；

(2) 可以实现分组交换网上不同码型、速率和规程之间的终端互通；

(3) 分组交换具有差错检测和纠正的能力，电路传送的误码率极小；

(4) 分组交换的网络管理功能强。

分组交换的虚电路有交换虚电路(SVC)和永久虚电路(PVC)两种。交换虚电路如同电话电路一样，即两个数据终端要通信时先用呼叫程序建立连接(即虚电路)，然后发送数据，通信结束后用拆线程序拆除虚电路。永久虚电路如 DDN 专线，在分组交换网内两个终端之间在申请合同期内提供永久逻辑连接，无须呼叫建立与拆线程序，在数据传输阶段，与交换虚电路相同。

分组交换数据网是由分组交换机、网路管理中心、远程集中器、分组装拆设备以及传输设备等组成的。分组交换数据网的技术特点如下：

(1) 线路利用率高。分组交换进行信道的多路复用，实现资源共享，可在一条物理线路上提供多条逻辑信道，极大地提高线路的利用率，使传输费用明显下降。

(2) 不同种类的终端可以相互通信。分组交换以 X.25 协议向用户提供标准接口，数据以分组为单位在网络内存储转发，使不同速率终端、不同协议的设备经网络提供的协议变换功能后实现互相通信。

(3) 信息传输可靠性高。在网络中每个分组进行传输时，节点交换机之间采用差错校验与重发的功能，因而在网络中传送的误码率大大降低。在网络发生故障时，网络中的路由机制会使分组自动地选择一条新的路由避开故障点，不会造成通信中断。

(4) 分组多路通信。由于每个分组都包含有控制信息，所以分组型终端可以同时与多个用户终端进行通信，可以把同一信息发送到不同用户。

(5) 计费。网络计费按时长、信息量计费，与传输距离无关，特别适合那些非实时性、通信量不大的用户。

4.2.3 路由选择

路由选择是指通过互连的网络选择从源节点向目的节点传输信息的通道，而且信息至少通过一个中间节点。路由选择包括两个基本操作，即最佳路径的判定和网间信息包的传送(交换)，其中最佳路径的判定相对复杂。在确定最佳路径的过程中，路由选择算法需要初始化和维护路由选择表(Routing Table)，路由选择表中包含的路由选择信息根据路由选择算法的不同而不同。一般在路由选择表中包括这样一些信息：目的网络地址、相关网络节点、对某条路径的满意程度、预期路径信息等。

路由器之间通过传输多种信息来维护路由选择表，修正路由消息就是最常见的一种。修正路由消息通常由全部或部分路由选择表组成，而路由器通过分析来自所有其他路由器的最新消息构造一个完整的网络拓扑结构详图。链路状态广播便是一种路由修正消息。

所谓交换，是指当一台主机向另一台主机发送数据包时，源主机通过某种方式获取路由器地址后，通过目的主机的协议地址(网络层)将数据包发送到指定的路由器物理地址(介质访问控制层)的过程。

通过使用交换算法检查数据包的目的协议地址，路由器可以确定其是否知道如何转发数据包。如果路由器不知道如何将数据包转发到下一个节点，将丢弃该数据包；如果路由

器知道如何转发，就把物理目的地址变换成下一个节点的地址，然后转发该数据包。在传输过程中，其物理地址发生变化，但协议地址总是保持不变。

路由选择算法不尽相同。首先，算法设计者的设计目标会影响路由选择协议的运行结果；其次，现有的各种路由选择算法对网络和路由器资源的影响不同；最后，不同的计量标准也会影响最佳路径的计算结果。

常见的路由选择算法有：

(1) 静态和动态路由选择算法。

静态路由选择算法严格来说并不是一种算法，而是由网络管理员在路由选择前就已手工建立的路由表。20 世纪 90 年代以来，大多数路由选择算法都是动态的，通过分析接收的路由修正消息来适应网络环境的变化，但静态路由选择算法也可以弥补动态路由选择算法的某些不足，如可以指定一些无法选择路由的数据包转发到某个指定的路由器，以保证所有数据包都得到处理。

(2) 单路径和多路径路由选择算法。

所谓单路径路由选择算法，是指数据只能在一条路径上传输。而一些复杂的路由协议支持到同一目的地的多条路径的数据传输，这时需要使用多路径路由选择算法。与单路径路由选择算法不同，多路径路由选择算法允许数据在多条路径上复用，从而提高了数据吞吐率和可靠性，如 OSPF、EIGRP 协议。

(3) 平面和分层路由选择算法。

在平面路由选择算法中，所有路由器是对等的，而在分层路由选择算法中，路由器被划分成主干路由器和非主干路由器。分层路由类似于公司的组织结构，它将路由系统划分为自治系统、区域等逻辑节点，处于系统顶层的是主干路由器。区域内的路由器只需了解本域的路由器。区域之间来自非主干路由器的数据包先被传送到主干路由器中，再由主干路由器传送至目的节点，这样有效地减少了区域之间路由修正信息的广播次数。

(4) 主机智能和路由器智能路由选择算法。

在主机智能路由选择算法中，源节点决定整个发送路由，路由器仅是一个存储和转发设备，这种方式又叫源路由选择(source routing)。路由器智能路由选择算法由路由器根据自己计算的结果来确定互连网络上的路径，现在我们所使用的路由器大多采用该算法。

(5) 内部网关和外部网关路由协议。

这是根据路由选择协议运行的区域加以划分，内部网关路由协议包括 RIP、OSPF、IGRP、E-IGRP、IS-IS 等，外部网关路由协议包括 BGP 等。

(6) 链路状态路由选择算法和距离向量路由选择算法。

链路状态(Link State)路由选择算法将路由选择信息发送至互连网络的所有节点上，每个路由器只能传递描述其自身链接状态的那部分路由选择表。而距离向量(Distance Vector)路由选择算法(也称作 Bell-Man 算法)要求每个路由器将路由选择表的全部或部分传送到与其向邻的路由器中。实际上，链路状态路由选择算法只传送小部分的更新信息，而距离向量路由选择算法将大部分或全部的更新信息传送到与其相邻的路由器中。由于链路状态路由选择算法收敛速度较快，因此，它比距离向量路由选择算法更易避免路由循环，但因链路状态路由选择算法需要占用更多的 CPU 和内存资源，所以比距离向量路由选择算法难以支持和实现。

路由传输协议(Routed Protocol)指互连网络上进行路由传输的协议，如 IP、DECnet、AppleTalk、Novell NetWare、OSI、Xerox NS 等。路由选择协议(Routing Protocol)指那些执行路由选择算法的协议，即控制数据包选路的协议，如 RIP、OSPF、IGRP、E-IGRP、BGP、IS-IS 等。本文将重点讨论此类协议的特点及应用策略。需要注意的是，在 IP 路由选择中，每个节点只将数据包向前传送，而不管它是否能到达目的地，也就是说，在路由选择时，路由选择协议不向源节点提供差错报告，这项工作由网间控制信息协议(ICMP)来完成。

下面介绍三种比较常用和重要的协议。

(1) 路由信息协议(RIP)。

RIP 的基础就是基于本地网的距离向量路由选择算法，将通信的节点分为主动的(active)和被动的(passive/silent)。主动路由器向其他相邻路由器通告其路由，发送全部或部分路由表信息，而被动路由器接收通告并在此基础上更新其路由，并不通告本身路由。只有路由器能以主动方式使用 RIP，而主机只能以被动方式使用。

当路由器以主动方式运行 RIP 协议时，它将每隔 30 秒广播一次报文，该报文包含了路由器当前的选择路由数据库中的信息。每个报文由序偶构成，每个序偶包括一个 IP 网络地址和一个代表到达该网络的距离的整数构成。运行 RIP 协议的主动机器和被动机器都要监听所有的广播报文，并根据距离向量路由选择算法来更新其路由表。

(2) 开放最短路径优先协议(OSPF)。

OSPF 是基于链路状态路由选择算法的协议，它要求每个路由器将链路状态通告(Link Status Advertisement，LEA)发送到相同层次区域内的所有其他路由器，有关连接接口、所用连接标准及其他变量信息都包含在 LEA 中。采用 OSPF 协议的路由器首先必须接收有关的链路状态信息，并通过累加链路状态信息，利用 SPF 算法计算到达每个节点的最短路径。与 RIP 协议相比，后者是基于距离向量的路由选择协议，其执行距离矢量路由选择算法的路由器将全部路由选择表放在路由选择更新消息中发送给其他相邻的路由器。

SPF 路由算法是 OSPF 的基础。当某个 SPF 路由器通电后，它首先初始化其路由协议的数据结构，然后就等待驱动其接口的低层协议。一旦路由器判定其接口已被驱动，它就用 OSPF 的问候协议来查询其邻接路由器(与公共网络有接口的路由器)，路由器向其邻接路由器发送问候报文，并接收其邻接路由器的问候报文。除了用于查询其邻接路由器外，问候报文还可用于让路由器知道其他的路由器目前是否在多路访问网络中，问候报文将选定一个指定路由器(Designated Router，DR)或一个备份路由器(Backup Designated Router，BDR)。指定路由器负责整个多路访问网络的 LSA 的产生，在网络中，拥有最高的优先级。指定路由器的建立降低了网络的通信流量，缩小了拓扑数据库的容量。

当两个相邻路由器的链路状态同步时，这两个路由器被称为是“毗连的”(Adjacent)路由器。在多路访问网络中，由指定路由器来决定哪两个路由器是毗连的。拓扑数据库在每对相毗连的路由器间同步，毗连的路由器控制路由协议报文的发布，这些报文仅在毗连的路由器间发送接收。

每个路由器周期性地发送一个 LSA，在路由器状态发生变化时也发送 LSA。LSA 包括毗连路由器的信息，通过将毗连路由器信息与链路状态信息相比较，可以迅速发现出故障的路由器，并及时改变网络的拓扑。利用 LSA 产生的拓扑数据库，每个路由器都可以以本

身为根节点，计算出一个最短路径树，利用最短路径树，就可以产生路由选择表。

(3) 多协议标签交换(MPLS)。

MPLS 是 IP 通信领域中的一项新技术，它采用集成模式，将 IP 技术与 ATM 技术良好地结合在一起，兼顾了 ATM 的高速性能、QoS 性能、流量控制特性和 IP 的灵活性、可扩充性，是一种理想的骨干 IP 网路由交换技术。

多协议标签交换通过简化核心设备的实际转发功能，在内部引入面向连接的机制，而不是无连接的 IP 技术，为每个路由建立一个标签交换路径(Label Switch Path，LSP)。边缘标签交换路由器(LER)收到 IP 数据包后，加上一个多协议标签交换字头，沿事先脱机计算设置的标签交换路径向标签交换路由器(LSR)转发数据包，后续节点只需沿着由标记确定的路径转发数据包即可，大大简化了转发过程。当数据包转发到出口的边缘标签交换路由器(LER)时，LER 将除去多协议标签交换字头，仍按 IP 终点地址向外转发数据包。

分组交换网中的路由选择就是交换机使用硬件、软件或编码方法，选择传输延迟时间最短的路径，把数据分组传送到最终目的地，从而使业务量尽可能在网内分散，提高网络处理能力，并尽可能为每个分组提供最高的保密性和可靠性。路由选择方式由网络结构、业务流向及节点机处理能力共同决定，一般采用固定路由选择算法和自适应路由选择算法两种方式。

4.2.4 流量控制

由于收发双方使用的设备的性能、缓冲区大小和所处的网络情况不尽相同，会出现发送方发送数据的能力大于接收方接收数据的能力的现象，使接收方来不及接收某些分组而被后面不断发送来的分组“淹没”，这会造成数据的丢失。

流量控制包括端—端控制与网—端控制，目前最常用的方法是 X.25 建议中规定的窗口控制，它根据接收方缓冲器的大小，用能连续接收帧的数目来控制发送数。当发送方发送了窗口值规定的帧数后，若未收到接收方发来的“允许发送”(确认接收成功)帧，则不能继续发送帧。

另一种常用的解决办法是引入速率控制，即对发送方发送数据的速率进行限制，保证发送与接收的速度相匹配，防止出现发送速率超过接收速率的现象。

常用的流量控制方式有如下两种：

(1) 停止等待机制，也叫做简单停等协议，这是流量控制最简单的形式。其工作过程为：信源主机传输一个数据帧，信宿主机在接收到该帧后返回一个对刚刚接收到帧的确认，以表明自己愿意接收另一个帧；信源主机在发送下一个帧之前必须等待，直至接收到这个确认。信宿主机可以不发送确认从而简单地中止数据流，信源主机不可以没收到确认就发送新的数据帧。

(2) 滑动窗口机制，其基本思想是将待发送的帧编号，并将窗口定义为连续帧的一个子集。若窗口包含从 N 开始编号的 i 帧(M 和 N 分别是发送窗口的上标和下标，且有 $N \leqslant M$，$i = M - N$ 为窗口大小，M、N 和 i 均为整数)，则编号小于 N 的各帧均已发送并确认，编号大于或等于 $N + i$ 的帧均没有被发送；窗口中的任意帧都已发送或可发送，但已发送的帧未确认。

滑动窗口控制通常有两种实现方法，一是后退 n 个帧法(Go Back n)，二是选择重传法。

后退 n 个帧法要求分组以发送的顺序接收，这样一旦出错，就可以从发错的那一个帧开始后面的 n 个帧都要重发；选择重传法则不必 n 个帧都要重发，只要记录下出错的那一个帧，重发那一个帧就可以了。后退 n 帧法简单，但在网络中可能会产生多个重复帧；选择重传法则效率高，网络中的重复帧少，但是算法和实现难度大。

发送方：窗口 S(M，N)(M 和 N 分别是发送窗口的上标和下标，$N \leqslant M$)。

接收方：窗口 R(K，L)(K 和 L 分别是接收窗口的上标和下标，$L \leqslant K$)。

发送时：每发送一个数据，窗口下标加 1 即 $N=N+1$；每收到一个确认，窗口上标加 1 即 $M=M+1$，窗口大小为 $M-N$。当 $N=M$ 时，发送停止。

接收时：每收到一个数据，窗口下标加 1 即 $L=L+1$，每向上提交一个数据确认，窗口上标加 1 即 $K=K+1$，窗口大小为 $K-L$。当 $L=K$ 时，接收停止。

4.3 分组交换协议(X.25 协议)

X.25 协议的全称为“在公用数据网上以分组方式进行操作的数据终端设备(DTE)和数据电路终端设备(DCE)之间的接口”，它是为了适应国家和国际公用分组交换数据网的发展需要，由原国际电报电话咨询委员会(CCITT)于 1976 年开发并提出的，在 1980 年、1984 年和 1988 年又经过了补充和修正，为公用分组交换数据网的接口和协议的标准化奠定了基础。协议主要内容包括终端连接方法，链路控制规程，数据传输及属于租用电话、线路交换和报文分组交换等各项服务方面的标准，它是分组数据交换网中最重要的协议之一，有人把分组数据交换网简称为 X.25 网。

4.3.1 X.25 协议的特点

X.25 协议允许不同网络中的计算机通过一台工作在网络层的中间设备(计算机或交换机)相互通信，X.25 协议标准实际上实现了 OSI 七层协议中的数据链路层和物理层的功能。早期的 X.25 网络工作在电话线上，电话线可靠性不高，因此 X.25 有一套复杂的差错处理及重发机制，运行速度不怎么快。现在的 X.25 网络定义了同步分组模式主机或其他设备和公共数据网络之间的接口，这个接口实际上是 DTE 和 DCE 接口。

X.25 协议的特点如下：

(1) 可靠性高。X.25 是面向连接的，能够提供可靠的虚电路服务，保证服务质量；X.25 具有点到点的差错控制，可以逐段独立地进行差错控制和流量控制，全程的误码率在 10^{-11} 以下； X.25 每个节点交换机至少与另外两个交换机相连，当一个中间交换机出现故障时，能通过迂回路由维持通信。X.25 利用统计时分复用及虚电路技术大大提高了信道利用率。

(2) 具有复用功能。当用户设备以点对点方式接入 X.25 网时，能在单一物理链路上同时复用多条虚电路，使每个用户设备能同时与多个用户设备进行通信。

(3) X.25 具有流量控制和拥塞控制功能。X.25 采用滑动窗口技术来实现流量控制，并用拥塞控制机制防止信息丢失。

(4) 便于不同类型用户设备接入。X.25 网内各节点向用户设备提供了统一的接口，使

得不同速率、码型和传输控制规程的用户设备都能接入 X.25 网，并能相互通信。

(5) X.25 协议规定的丰富的控制功能增加了分组交换机处理的负担，使分组交换机的吞吐量和中继线速率的进一步提高受到了限制，而且分组的传输时延比较大。

涉及分组交换的规程有许多，ITU-T 制定了一系列标准，表 4-1 给出了与 X.25 相关的一些建议。

表 4-1　与 X.25 相关的建议

编　号	主 要 内 容
X.3	公用数据通信网分组拆/装(APD)功能
X.20	公用数据通信起止式传输业务 DTE 和 DCE 之间的接口
X.20bis	公用数据网与 V.21 建议兼容的、起止式 DTE 和 DCE 之间的接口
X.21	公用数据网内同步式 DTE 和 DCE 之间的接口
X.21bis	为同步式 V 系列调制解调器接口设计的 DTE 在公用数据网的应用
X.24	公用数据网上 DTE 和 DCE 之间的接口
X.25	公用数据网络中通过专用电路连接的分组式 DTE 和 DCE 之间的接口
X.26	在数据通信领域内通常与集成电路设备一起使用的不平衡双流交换电路的电特性
X.27	在数据通信领域内通常与集成电路设备一起使用的平衡双流交换电路的电特性
X.28	公用数据网中存取报文分组装/拆设备的起止式 DTE 和 DCE 之间的接口
X.29	公用数据网中分组式终端与分组装/拆功能之间的控制信息及用户数据的交换规程
X.32	通过 PSTN 或 ISDN 或 CSPDN 以分组模式终端操作并接入分组交换网的 DTE 和 DCE 之间的接口
X.75	在分组交换的公用数据网内的国际电路上用于传递数据的终端和转换呼叫的控制规程

X.25 协议的优点是经济实惠，安装容易，速率可高达 56 kb/s，缺点是反复的错误检查过程颇为费时并加长了传输时间。

4.3.2　X.25 协议的结构

X.25 协议分三层，与 OSI 协议的低三层相对应。

1．物理层

物理层描述物理环境接口，包括三种协议：

(1) X.21 接口运行于 8 个交换电路上；

(2) X.21bis 定义模拟接口，允许模拟电路访问数字电路交换网络；

(3) V.24 使得 DTE 能在租用的模拟电路上运行，连接到包交换节点或集中器。

第一层 ITU-T 的 X.21 协议规定了在公用数据网外采用同步工作方式的 DTE 与 DCE 之间的通用接口，它是以数字传输链路作为基础而制定的。DCE 装设在用户处，DTE 与 DCE 的接口如图 4-5 所示。

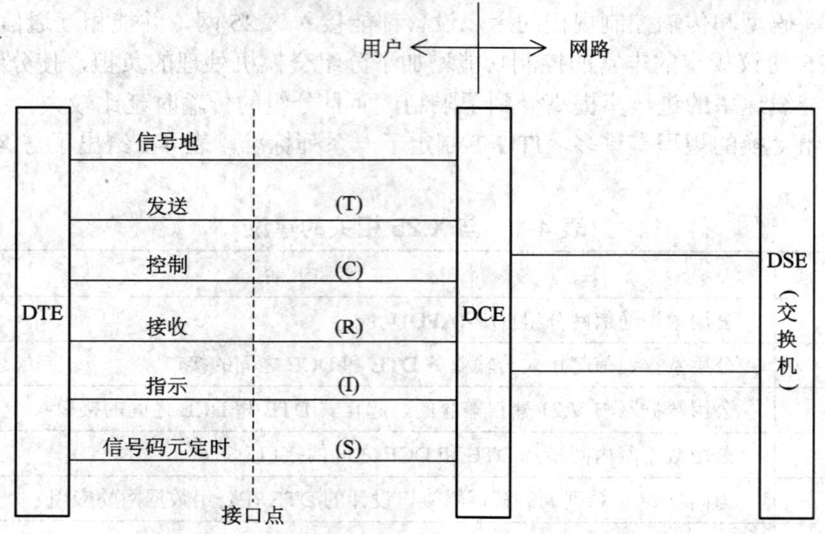

图 4-5　X.21 规定的 DTE 与 DCE 主要接口

DTE 与 DCE 之间的主要接口有 6 个：发送接口 T 用于发送数据；接收接口 R 用于接收数据；控制接口 C 用于显示传统的摘挂机状态；指示接口 I 用于显示数据传送阶段的开始与结束；信号码元定时接口 S 用于 DCE 向 DTE 提供码元定时，以便使 DTE 与 DCE 实现码元同步；还有一个是信号地接口。

DTE 与 DCE 之间的数据通信分为三个阶段，即空闲阶段(DTE 待用)、控制阶段(呼叫的建立和拆除)和数据传送阶段。这三个阶段在 C 接口和 I 接口加以指示。在数据传送阶段，X.21 接口可提供比特序列的数字传送。

在采用调制解调器的模拟传输线路或使用具有 V 系列接口的 DTE 情况下，可采用 X.21 bis 建议，这时 DTE 与 DCE 的接口实际采用 V.24 建议。

2．链路层

链路层负责 DTE 和 DCE 之间的可靠通信传输，包括四种协议：

(1) LAPB，源自 HDLC，具有 HDLC 的所有特征，使用较为普遍，能够形成逻辑链路连接；

(2) 链路访问协议(LAP)，是 LAPB 协议的前身，如今几乎不被使用；

(3) LAPD，源自 LAPB，用于 ISDN，在 D 信道上完成 DTE 之间，特别是 DTE 和 ISDN 节点之间的数据传输；

(4) 逻辑链路控制(LLC)，一种 IEEE 802 LAN 协议，使得 X.25 数据包能在 LAN 信道上传输。

需要特别说明的是，X.25 中的 LAPB 就采用 HDLC(高级数据链路控制协议)中的异步平衡方式。

多链路规程(MLP)是 ITU-T(原 CCITT)于 1984 年在 X.25 中新加的内容。原本一条链路最多可以存在 4096 条逻辑信道，实际上当链路传输速率较低时根本达不到这个上限，要增加实际的逻辑信道数和通过链路的业务量，可以提高链路的传输速率。但有时受到链路传输能力的限制，必须更换更高容量的传输链路，这会使得扩容不方便。为了提高 DTE 和

DCE 之间的传输能力，增加传输的可靠性，并使扩容简单，因此便产生了 MLP。

多链路是指多条链路平行工作，一般用多条物理链路，所以一条链路出故障只会影响局部工作。MLP 的基本原理是把传送的分组分散通过多个 LAPB 的单链路，为了能在接收端正确排序，必须要在原 LAPB 的单链路分组上加上多链路控制字段 MLC，如图 4-6 所示。

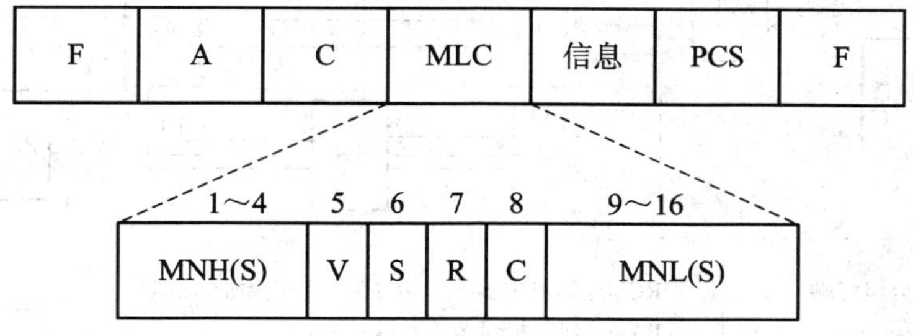

图 4-6　多链路分组格式

MLC 中的 V、S 用以控制是否排序，而 R、C 用作多链路复位联络，MNH(S)及 MNL(S)用作多链路帧序列的编号，其中 MNH(S)表示高位，共 4 位，MNL(S)表示低位，共 8 位。由于多链路的分组分散通过多个单链路，所以必须对每个多链路的分组进行编号，以便对方能正确识别并进行排序，MNH(S)和 MNL(S)就是用于各分组编号以及排序的。

3．分组层(PLP)协议

PLP 协议是描述网络层(第三层)中分组交换网络的数据传输协议。PLP 负责虚电路上 DTE 设备之间的分组交换，它能在 LAN 和正在运行 LAPD 的 ISDN 接口上运行逻辑链路控制(LLC)。PLP 实现五种不同的操作。

(1) 呼叫建立(call setup)：用于在 DTE 设备间建立 SVC；

(2) 数据传送(data transfer)：用于在虚电路上的两个 DTE 设备间传送数据；

(3) 闲置(idle)：用于虚电路已经建立但没有进行数据传输的情况；

(4) 呼叫清除(call clearing)：用于结束 DCE 设备间的通信会话并终止 SVC；

(5) 重启(restarting)：用于在 DCE 设备与本地连接的 DCE 设备之间同步传输。

X.25 的第三层规定了分组层 DTE/DCE 的接口、虚电路的业务规程、分组格式、任选的用户补充业务规程及其相应的格式等。

4.3.3　X.25 网络的组成和功能

X.25 分组交换网一般由分组交换机、分组终端/非分组终端、远程集中器、分组装拆设备、网络管理中心和传输线路等基本设备组成，如图 4-7 所示。

分组交换机 PS(Packet Switch)是分组交换网络的核心设备，主要功能有：

(1) 在端到端用户之间通信时，进行路由选择和流量控制；

(2) 提供网络的基本业务，即交换虚电路和永久虚电路；

(3) 提供补充业务，如闭合用户群、网路用户识别等；

(4) 提供多种通信规程，进行数据转发、维护运行、故障诊断、计费与一些网络的统计等。

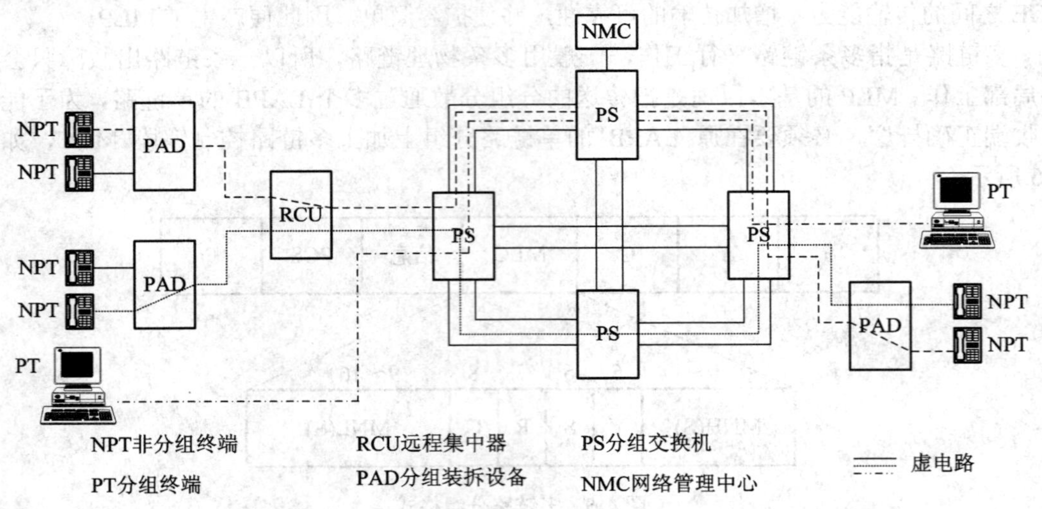

图 4-7　X.25 分组网

分组终端/非分组终端(Packet Terminal/Not Packet Terminal，PT/NPT)都属于用户终端设备。

PT 符合 X.25 协议，具有分组形成能力，能直接接入分组交换数据网的数据通信终端设备，如计算机、智能终端等。PT 可通过一条物理线路与网络连接，并可建立多条虚电路，同时与网上的多个用户进行对话。PT 通过 PSTN 拨号接入分组交换网时应遵循 X.32 建议。

那些执行非 X.25 协议的终端和无规程的终端称为非分组终端(NPT)，如异步字符终端、G3 传真机和电话机等。NPT 需经过分组装拆设备，才能连到交换机端口，NPT 通过 PSTN 拨号接入分组交换网时应遵循 X.28 建议。

通过分组交换网络，分组终端之间、非分组终端之间、分组终端与非分组终端之间都能互相通信。

分组装拆设备(Packet Assembler/Disassembler，PAD)将来自非分组终端(异步终端)的字符信息去掉起止比特后组装成分组，送入分组交换网；在接收端再还原分组信息为字符，发送给用户终端。一个 PAD 可以同时连接多个终端，来自不同终端的数据可以通过同一条线路发送到网络，这些数据可以通过包含在分组头中的逻辑信道号严格地区分开来，相当于形成了许多逻辑子信道，每个终端就独自占有一条子信道。PAD 可以随时向网络发送数据，或接收来自网络的数据。

远程集中器(Remote Centralization Unit，RCU)允许分组终端和非分组终端接入，有规程变换功能，可以把每个终端集中起来接入至分组交换机的中高速线路上交织复用。

网络管理中心(Network Management Center，NMC)负责分组交换网的管理工作，主要功能有：

(1) 网络配置管理与用户管理，日常运行数据的收集与统计；

(2) 路由选择管理，线路监测，故障告警与线路状态显示；

(3) 根据交换机提供的计费信息完成计费管理。

4.4 帧　中　继

帧中继(Frame Relay)是一种用于连接计算机系统的面向分组的通信方法。它主要用于公共或专用网上的局域网互联以及广域网连接。大多数公共电信局都提供帧中继服务，把帧中继作为建立高性能的虚拟广域连接的一种途径。帧中继是进入带宽范围从 56 kb/s 到 1.544 Mb/s 的广域分组交换网的用户接口。

帧中继源于分组交换技术，它是将分组交换网中分组交换机之间的恢复差错、防止阻塞的处理过程进行简化和改进后形成的一种快速分组交换技术，因此也被称做快速分组交换技术。

4.4.1　帧中继概述

帧中继是从综合业务数字网(ISDN)中发展起来的，并在 1984 年被推荐为国际电话电报咨询委员会(CCITT)的一项标准。另外，由美国国家标准协会授权的美国 TIS 标准委员会也对帧中继做了一些初步工作。由于光纤网比早期的电话网误码率低得多，因此可以减少 X.25 的某些差错控制过程，从而可以减少节点的处理时间，提高网络的吞吐量。帧中继就是在这种环境下产生的。帧中继提供的是数据链路层和物理层的协议规范，任何高层协议都独立于帧中继协议，因此大大地简化了帧中继的实现。目前帧中继的主要应用是局域网互联，特别是在局域网通过广域网进行互联时，使用帧中继更能体现它的低网络时延、低设备费用、高带宽利用率等优点。

帧中继的主要特点如下：

(1) 因为帧中继网络不执行纠错功能，所以它的数据传输速率和传输时延比 X.25 网络的要分别高和低至少一个数量级；

(2) 因为采用了基于变长帧的异步多路复用技术，帧中继主要用于数据传输，而不适合语音、视频或其他对时延敏感的信息传输；

(3) 仅提供面向连接的虚电路服务；

(4) 仅能检测到传输错误，而不纠正错误，而只是简单地将错误帧丢弃；

(5) 帧长度可变，允许最大帧长度在 1600B 以上。

帧中继是一种宽带分组交换，使用复用技术时，其传输速率可高达 44.6 Mb/s，但是帧中继不适合于传输诸如语音、视频等实时信息，它仅限于传输数据。

4.4.2　帧中继的链接方法

帧中继的链接方法一般有专用网方法和帧中继方法两种。

专用网方法：在这种方法中，每个场点将需要三条专用(租用)线路和相连的路由器，以便与其他每一个场点相连，这样总共需要 6 条专线和 12 个路由器。

帧中继方法：在这种公共网方法中，每个场点仅需要一条专用(租用)线路和相连的路由器直至帧中继网，这时，在其他网间的交换是在帧中继网内处理的。来自多个用户的分组被多路复用到一条连到帧中继网上的线路，通过帧中继网它们被送到一个或多个目的地。

大多数主要的电信公司像 AT&T、MCI、US Sprint 和地方贝尔运营公司都提供了帧中继服务。与帧中继网相连，需要一个路由器和一条从用户场点到交换局帧中继入口的线路，这种线路一般是像 T_1 那样的租用数字线路，但取决于通信量。

永久虚电路(PVC)是通过帧中继网连接两个端节点而预先确定的通路。帧中继服务的提供者根据客户的要求，在两个指定的节点间分配 PVC。交换式虚电路在 1993 年后期被加到帧中继标准，这样，帧中继就成为了真正的“快速分组”交换网。

4.4.3 帧中继的帧结构

图 4-8 所示为帧中继分组的帧结构。

图 4-8 帧中继结构

帧首末两端的 F 标志域用特殊的位序列用于帧定界，统一为 7E(十六进制数，对应二进制数为 01111110)。开始标志域后面是帧中继头部 Address，它包含地址和拥塞控制信息。Information 是信息(载体)内容，后面是帧检验序列(FCS)。在接收方，帧将重新计算，得到一个新的 FCS 值并与 FCS 域的值比较，FCS 域的值是由发送方计算并填写的。如果它们不匹配，帧就被丢弃，而端站必须解决帧丢失的问题。这种简单的检错就是帧中继交换机所做的全部工作。帧中继头部包含下列信息：

(1) 数据链路连接标识符(DLCI)，包含标识号，标识多路复用到通道的逻辑连接。

(2) 可以丢弃(DE)，为帧设置了一个级别指示，指示当拥塞发生时一个帧能否被丢弃。

(3) 前行显示拥塞通告(FECN)，告诉路由器接收的帧在所经通路上发生过拥塞。

(4) 倒行显示拥塞通告(BECN)，设置在遇到拥塞的帧上，而这些帧将沿着与拥塞帧相反的方向传送，用于帮助高层协议在提供流量控制时采取适当的操作。

大多数交换局现在都提供帧中继服务，每个交换局有特殊的地点号，称为存在点(points of presence)。通过这个存在点，用户能够连接到网上，通过本地交换电信局(LEC)或其他的提供者，客户能够访问存在点。

4.4.4 帧中继交换原理

帧中继交换原理如图 4-9 所示。

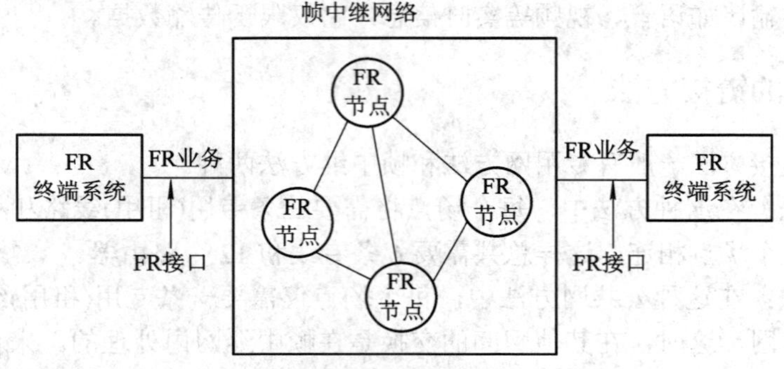

图 4-9 帧中继交换原理

帧中继与 X.25 都同属于分组交换，与 X.25 协议的主要差别有：

(1) 帧中继带宽较宽。

(2) 帧中继的层次结构中只有物理层和链路层，舍去了 X.25 的分组层。

(3) 帧中继采用 D 通道链路接入规程 LAPD，X.25 采用 HDLC 的平衡链路接入规程 LAPB。

(4) 帧中继可以不用网络层而只使用链路层来实现复用和转接。

(5) 与 X.25 相比，帧中继在操作处理上做了大量的简化。不需要考虑传输差错问题，其中间节点只做帧的转发操作，不需要执行接收确认和请求重发等操作，差错控制和流量控制均交由高层终端系统完成，大大缩短了节点的时延，提高了网内数据的传输速率。

帧中继的技术特点主要有两点：

(1) 复用与寻址。帧中继在数据链路层采用统计复用方式，采用虚电路机制为每一个帧提供地址信息。通过不同编号的数据链路连接识别符(Data Link Connection Identifier，DLCI)建立逻辑电路。一般来讲，同一条物理链路可以承载多条逻辑虚电路，而且网络可以根据实际流量动态调整虚电路的可用带宽，帧中继的每一个帧沿着各自的虚电路在网络内传送，如图 4-10 所示。

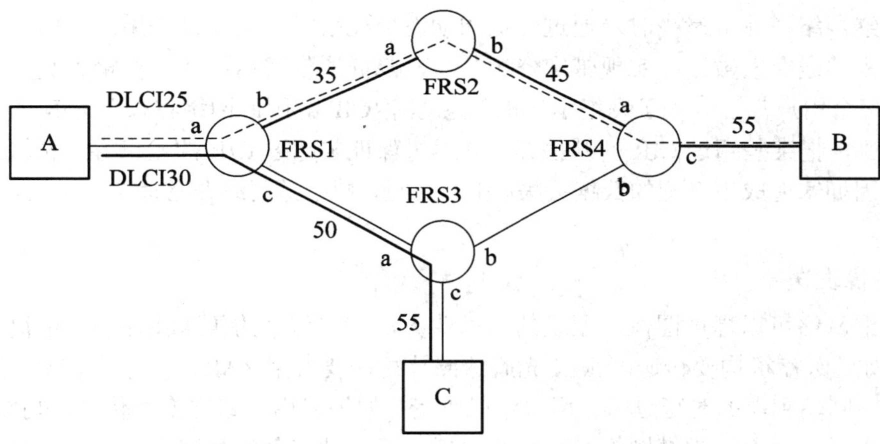

图 4-10　帧中继的复用与寻址

(2) 带宽控制技术。帧中继的带宽控制技术是帧中继技术的特点，更是帧中继技术的优点。帧中继的带宽控制通过 CIR(承诺的信息速率)、Bc(承诺的突发大小)和 Be(超过的突发大小)三个参数来决定。Tc(承诺的时间间隔)和 EIR(超过的信息速率)与上述三个参数的关系是：Tc = Bc/CIR；EIR = Be/Tc。在传统的数据通信业务中，用户申请了一条 64 K 的电路，那么电路只能以 64 kb/s 的速率来传送数据；而在帧中继技术中，用户向帧中继业务运营商申请的是承诺的信息速率(CIR)，而实际使用过程中用户电路可以以高于 CIR 的速率发送数据，却不必承担额外的费用。例如，某用户申请了 CIR 为 64 kb/s 的帧中继电路，并且与电信运营商签订了另外两个指标，即 Bc(承诺的突发量)和 Be(超过的突发量)。当用户以等于或低于 64 kb/s 的速率传送数据时，网络将确保以此速率传送；当用户以大于 64 kb/s 的速率传送数据时，只要网络不拥塞，且用户在承诺的时间间隔(Tc)内传送的突发量小于 Bc +

Be，网络还会传送，当突发量大于 Bc+Be 时，网络将丢弃帧。所以帧中继用户虽然支付了 64 kb/s 的信息速率费(收费依 CIR 来定)，却可以传送速率高于 64 kb/s 的数据，这是帧中继吸引用户的主要原因之一。

随着帧中继技术、信元中继和 ATM 技术的发展，帧中继交换机的内部结构也在逐步改变，业务性能进一步完善，并向 ATM 过渡。目前市场上的帧中继交换机大致有三类：改装型 X25 分组交换机，以全新的帧中继结构设计为基础的新型交换机，以及采用信元中继、ATM 技术，支持帧中继接口的 ATM 交换机。目前中国帧中继网所采用的帧中继交换机一般都采用了 ATM 技术，即用户终端设备采用帧中继接口来接入帧中继节点机，帧中继节点机的中继口为 ATM 接口，交换机将把以帧为单位的用户数据转换为 ATM 信元在网上传送，在终端侧再将 ATM 信元变换为以帧为单位的用户数据传送给用户。

帧中继业务应用十分广泛，以下是几个永久虚电路业务在实际中应用的例子。

1. LAN 互连

利用帧中继网络进行 LAN 互连是帧中继业务中最典型的一种业务。在已建成的帧中继网络中，进行 LAN 互连的用户数量占 90%以上，因为帧中继很适合为 LAN 用户传送大量突发性数据。

帧中继网络在业务量少时，通过带宽的动态分配技术，允许某些用户利用其他用户的空闲带宽来传送突发数据，实现带宽资源共享，降低通信费用；在业务量大甚至发生拥塞时，由于每个用户都已分配了网络承诺的信息速率(CIR)，因此网络将按照 CIR 的优先级及公平性原则，把某些超过 CIR 的帧丢弃，并尽量保证未超过 CIR 的帧可靠地传输，从而使用户不会因拥塞造成不合理的数据丢失。由此可见，帧中继网络非常适合为 LAN 用户提供互连服务。

2. 图像发送

帧中继网络可以提供图像、图表的传送业务，这些信息的传送往往要占用很大的网络带宽。例如，医疗机构要传送一张 X 光胸透照片往往要占用 8 Mb/s 的带宽，如果用分组交换网传送，则端到端的时延过长，用户难以承受；如果采用电路交换网传送，则费用太高，用户也难以承受；而帧中继网络具有高速、低时延、动态分配带宽、成本低的特点，很适合传输这类图像信息。因而，诸如远程医疗诊断等方面的应用也就可以采用帧中继网络来实现了。

3. 虚拟专用网

帧中继网络可以将网络中的若干个节点划分为一个区，设置相对独立的管理机构，并对分区内的数据流量及各种资源进行管理。分区内各节点共享该分区的网络资源，分区之间相对独立，这种分区结构就是虚拟专用网，采用虚拟专用网比建立一个实际的专用网要经济划算，尤其适合于大企业用户。

综上所述，帧中继是简化的分组交换技术，其设计目标是传送面向协议的用户数据。经过简化的技术在保留了传统分组交换技术的优点的同时，大幅度提高了网络的吞吐量，具有如下优点：减少了传输设备与设施费用；提供了更高的性能与可靠性；缩短了响应时间。

4.5 小　　结

本章主要介绍了分组交换技术，重点介绍了两种重要的分组交换技术：X.25 和帧中继。

交换技术从其发展来看，分为电路交换、报文交换和分组交换，分组交换又可分为虚电路分组交换和数据报分组交换，如图 4-11 给出了四种方式的比较。

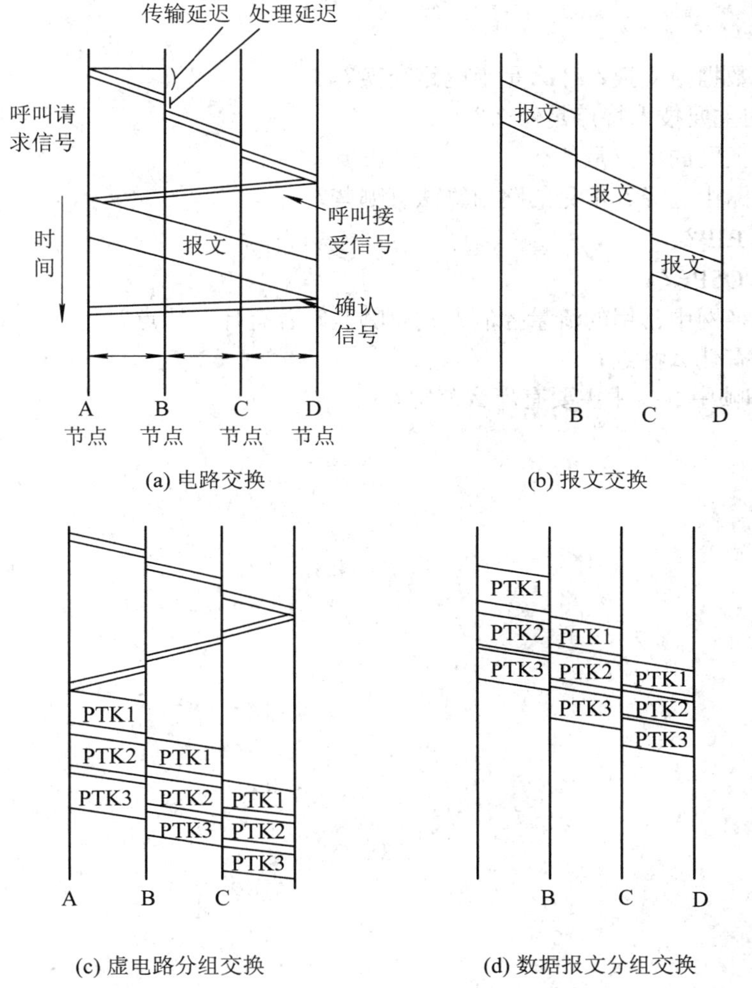

图 4-11　四种交换技术的图示比较

X.25 协议是一个广泛使用的协议，它由 ITU-T 提出，面向计算机的数据通信网。X.25 网由传输线路、分组交换机、远程集中器和分组终端等基本设备组成，允许不同网络中的计算机通过一台工作在网络层的中间计算机相互通信。X.25 协议标准和 OSI 的数据链路层和物理层相对应。X.25 的优点是经济实惠、安装容易、传输可靠性高、适用于误码率较高的通路；缺点是反复的错误检查过程颇为费时并加长了传输时间，协议复杂、时延大，分组长度可变，存储管理复杂。

帧中继协议是在X.25分组交换技术的基础上发展起来的一种快速分组交换技术，它是在数据链路层用简化的方法转发和交换数据单元的快速分组交换技术，是在通信线路质量不断提高，用户终端智能化不断提高的基础上发展起来的，是改进了的X.25协议。相对于X.25协议，帧中继协议只完成链路层核心的功能，简单而高效。目前在许多国家，帧中继正在替代传统的复杂低速的报文交换分组交换服务。

习　题

1. 什么是数据报交换？什么是虚电路交换？
2. ATM的主要技术特点是什么？
3. 分组交换网的特点是什么？
4. 什么是路由选择？常见的路由算法有哪些？
5. 什么是RIP？
6. 什么是OSPF？
7. 分组交换网中常用的流量控制方式有哪些？各有什么特点？
8. 帧中继有什么特点？
9. X.25和帧中继技术主要有什么差别？

第五章 ATM 与 IP 交换技术

ATM(Asynchronous Transfer Mode，异步传输模式)技术，是国际电信联盟 ITU-T 制定的标准，于 1988 年正式命名，推荐其为宽带综合业务数据网 B-ISDN 的信息传输模式。TCP/IP 协议是 Transmission Control Protocol/Internet Protocol 的简写，中文译名为传输控制协议/因特网互联协议，是 Internet 最基本的协议，也是 Internet 国际互联网络的基础。IP 技术是一种多层交换技术，在网络模型中的第三层(IP 层)实现数据包的高速转发。简单地说，多层交换技术就是第二层交换技术加上第三层转发技术。多层交换技术的出现，解决了局域网中网段划分之后，网段中子网必须依赖路由器进行管理的问题，也解决了传统路由器因低速、复杂所造成的网络瓶颈问题。多协议标签交换(Multi-Protocol Label Switching，MPLS)属于第三代网络架构，是新一代的 IP 高速骨干网络交换标准，是集成式的 IP Over ATM 技术，它整合了 IP 选径与第二层标签交换为单一的系统，因此可以解决 Internet 路由的问题，使数据包传送的延迟时间减短，提高网络传输的速度，更适合多媒体讯息的传送。

本章重点

- ATM 的交换原理、体系结构和 ATM 交换机
- TCP/IP 基本原理与应用，IP 地址和 TCP/IP 各层协议
- 目前常用的 IP 交换技术
- MPLS 技术的原理与应用

本章难点

- ATM 的交换原理、信元结构
- IP 地址和 TCP/IP 各层协议
- IP 交换技术与应用
- MPLS 技术的原理与现代网络技术的结合

5.1 ATM 交换概述

随着社会需求和计算机及通信技术的发展，人们需要传递和处理的信息量越来越大，信息的种类也越来越多，其中对音频、视频、高速数据传输、远程教学、VOD 等宽带新业务的需求迅速增长。早期各种网络都只能传输一种业务，如电话网只能提供电话业务，数据通信网只能提供数据通信业务，这对于用户和网络运营者来说都是不方便和不经济的，因此人们提出了综合业务数字网(Integrated Services Digital Network，ISDN)的概念，希望能够用一种网络来传送多种业务。

ISDN 的概念于 1972 年提出，由于当时的技术和业务需求的限制，首先提出窄带 ISDN(N-ISDN)，目前 N-ISDN 技术已经非常成熟。在中国早期的 N-ISDN 业务被称做“一线通”，它可以提供两个或多个通道，可以实现电话和上网信道分离，很受欢迎，目前全世界已经有许多比较成熟的 N-ISDN 网。但是由于 N-ISDN 存在着带宽有限、业务综合能力有限、中继网种类繁多、对新业务的适应性差等不足，因此用户希望能够使用灵活性更大、带宽更宽、业务综合能力更强的新网络。自 80 年代以来，一些与通信相关的基础技术，如微电子技术、光电子技术等的发展和光纤传输距离和传输容量的提高，为新网络的实现提供了基础，在这种环境下，出现了宽带 ISDN(B-ISDN)网络。

B-ISDN 网络能够满足：① 提供高速的数据传输业务；② 网络设备与业务特性无关；③ 信息的转移方式与业务种类无关。

为了研究开发适应 B-ISDN 的传输模式，学者和科研人员们提出了很多种解决方案，如多速率电路交换、帧中继、快速分组交换等，最后得到了一个最适合 B-ISDN 的传输模式——ATM。ATM 技术作为 B-ISDN 的核心技术，已经由 ITU-T 于 1992 年规定为 B-ISDN 统一的信息传输模式。ATM 技术克服了电路模式和分组模式的技术局限性，采用光通信技术，提高了传输质量，同时，在网络节点上简化操作，使网络时延减小，而且还采取了一系列其他技术，从而达到了 B-ISDN 的要求。ATM 是一种传输模式，在这一模式中，信息被组织成信元，由于包含来自某用户信息的各个信元不需要周期性出现，所以这种传输模式是异步的。

促进 ATM 技术发展的因素主要有：用户对网络带宽与对带宽高效、动态分配需求的不断增长，用户对网络实时应用需求的提高，网络的设计与组建进一步走向标准化的需要，其中关键还是在于 ATM 技术能满足用户对数据传输服务质量(Quality of Service，QoS)的要求。目前的网络应用已不限于传统的语言通信与基于文本的数据传输，在多媒体网络应用中需要同时传输语音、数字、文字、图形与视频信息等多种类型的数据，并且不同类型的数据对传输的服务要求不同，对数据传输的实时性要求也越来越高，这必然会增加网络突发性的通信量。而不同类型的数据混合使用时，各类数据的服务质量 QoS 也不相同，多媒体网络应用及实时通信要求网络传输的高速率与低延迟，目前存在的传统线路交换与分组交换都很难满足这种综合数据业务的需要，而 ATM 技术正好能满足此类应用的要求。

5.2 ATM 体系结构

ATM 包含了 OSI 低三层(网络层、数据链路层、物理层)的功能，例如：VC(虚通道)的建立隐含了网络层路由选择的功能，ATM 信元的组织属于数据链路层的任务。类似于帧中继的实现，ATM 交换也融合和简化了 OSI 下三层的功能。由于网络层的流量控制功能被简化(也可以认为是忽略)，而路由选择又隐含在 ATM 交换的过程中，因此，从数据流的角度出发，ATM 网络主要包含物理层和数据链路层，再进一步，数据链路层又被划分为两个子层：ATM 适配层(AAL)和 ATM 层。

5.2.1 ATM 信元结构

ATM 信元是 ATM 传送信息的基本载体，采用固定长度的信元格式，长度为 53 字节，

其中5个字节为信头，其余48个字节为信元净荷。信元的主要功能为确定虚通道和虚通路，并完成相应的路由控制。

ATM信元的信头格式如图5-1所示。

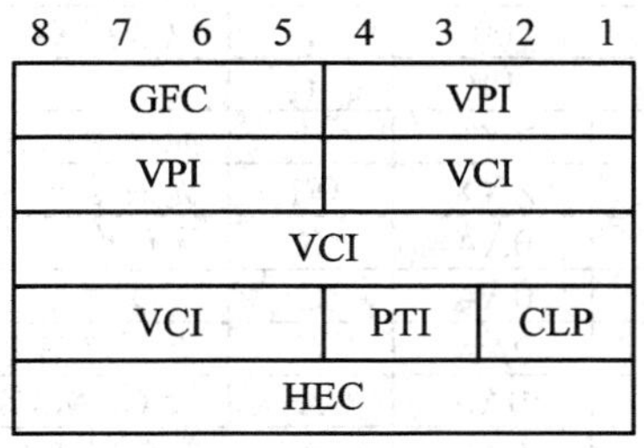

(a) UNI信头格式

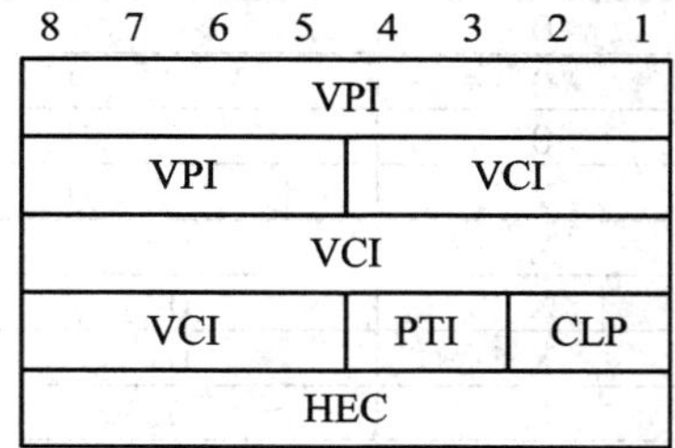

(b) NNI信头格式

图5-1 ATM信头格式

信头内容在UNI(用户网络接口)和NNI(网络节点接口)略有区别，主要由以下六部分构成。

GFC：一般流量控制，4比特。只用于UNI接口，目前置为“0000”，将来可能用于流量控制。

VPI：虚通道标识，其中NNI为12比特，UNI为8比特。

VCI：虚通路标识，16比特，标识虚通道内的虚通路，VCI与VPI组合起来标识一个虚连接。

PTI：净荷类型指示，3比特，用来指示信元类型，如表5-1所示。

表5-1 净负荷类型

编码	意　　义
000	用户数据信元无拥塞 SDU类型=0
001	用户数据信元无拥塞 SDU类型=1
010	用户数据信元 拥塞 SDU类型=0
011	用户数据信元 拥塞 SDU类型=1
100	分段OAM信息流相关信元
101	端到端OAM信息流相关信元
110	RM信元 资源管理用
111	保留

CLP：信元丢失优先级，1比特。用于信元丢失级别的区别，CLP为1，表示该信元为低优先级；为0则表示高优先级，当传输超限时，首先丢弃的是低优先级信元。

HEC：信头差错控制，8比特，监测出有错误的信头，可以纠正信头中1比特的错误。HEC还被用于信元定界。

下面分别附上ATM信元UNI信头预赋值(表5-2)和ATM信元NNI信头预赋值(表5-3)，信元信头预赋值用于区别ATM层使用的信元和物理层使用的信元。

表 5-2 ATM 信元 UNI 信头预赋值

八位组 1	八位组 2	八位组 3		八位组 4		用 法
GFC	VPI	VCI		PTI	CLP	
0	0	0		0	1	空闲信元
0	0	0		00	1	物理层 OAM 信元
P	0	0		PP	1	预留给物理层
GFC	0	0		XXX	0	无赋值信元
	Y	0		XXX	0/1	无效信元
	X	0	0001	0AA	C	无信令
	X	0	0010	0AA	C	广播信令
	X	0	0101	0AA	C	点到点信令
	X	0	0011	0A0	A	段 OAM F4
	X	0	0100	0A0	A	端到端 OAM F4
	X	0	0110	110	A	VP 资源管理
	X	0	0111	0AA	A	保留 VP 未来功能
	X	0	1SSS	0AA	A	保留未来功能
	X	000000000001	SSSS	0AA	A	保留未来功能
	X	Z		100	A	段 OAM F5
	X	Z		101	A	端到端 OAM F5
	X	Z		110	A	VC 资源管理
	X	Z		111	A	保留 VC 未来功能

注：P—留给物理层使用；X—任意值，X＝0 时为本地；A—由 ATM 层使用；Y—除 0 外的任意值；C—始端为 0，可由网络改变；S(SSS):0(000)～1(111)之间的任意值；Z—除 0，011，0100，0110，0111 外的任意值。

表 5-3 ATM 信元 NNI 信头预赋值

八位组 1	八位组 2	八位组 3	八位组 4		用 法
VPI	VCI		PTI	CLP	
0	0		0	1	空闲信元
0	0		100	1	物理层 OAM 信元
0	0		PPP	1	预留给物理层
0	0		X	0	无赋值信元
Y	0		X	0/1	无效信元
X	0	0101	0AA	C	NNI 信令
X	0	0011	0A0	C	段 OAM F4 信元
X	0	0100	0A0	C	端到端 OAM F4
X	0	0110	110	A	VP 资源管理
X	0	0111	0AA	A	保留 VP 未来功能
X	0	1SSS	0AA	A	保留未来功能
X	000000000001	SSSS	0AA	A	保留未来功能
X	Y		100	A	段 OAM F5 信元
X	Y		101	A	端到端 OAM F5
X	Z		110	A	VC 资源管理
X	Y		111	A	保留 VC 未来功能

注：P—留给物理层使用；X—任意值，X＝0 时为本地；A—由 ATM 层使用；Y—除 0 外的任意值；C—始端为 0，由网络改变；Z—除 0，0110 外的任意值；S(SSS)—0(000)～1(111)之间的任意值。

ATM 信元中信头的功能比分组交换中分组头的功能大大简化，不需要进行逐链路的差错控制，只要进行端到端的差错控制，HEC 只负责信头的差错控制，另外只用 VPI、VCI 标识一个连接，不需要源地址、目的地址和信元序号，信元顺序由网络保证。

5.2.2　ATM 分层体系结构

B-ISDN 的协议参考模型包括一个用户平面、一个控制平面和一个管理平面，如图 5-2 所示。

用户平面主要提供用户信息流的传输，以及相应的控制(如流量控制、差错控制)。

控制平面主要是完成呼叫控制和连接控制的功能，通过处理信令来建立、管理和释放呼叫与连接。

管理平面提供两种功能，即层管理和面管理功能。面管理完成与整个系统相关的管理功能，并提供所有平面间的协调功能。层管理完成与协议实体内的资源和参数相关的管理功能，处理与特定的层相关的操作和管理信息流。

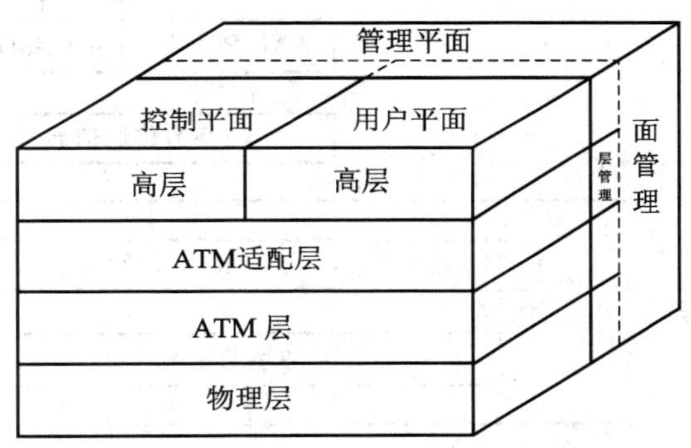

图 5-2　B-ISDN 协议参考模型

用户平面又分为物理层、ATM 层、ATM 适配层(AAL)及高层。

1. 物理层

物理层是承运信息流的载体，物理层有传输会聚(TC)和物理媒体连接两个子层。

1) 传输会聚(TC)层

TC 层负责将 ATM 信元嵌入正在使用的传输媒体的传输帧中，或相反从传输媒体的传输帧中提取有效的 ATM 层信元。

ATM 层信元嵌入传输帧的过程为：ATM 信元解调(缓存)→信头差错控制 HEC 产生→信元定界→传输帧适配→传输帧生成。

从传输帧中提取有效 ATM 层信元的过程为：传输帧接收→传输帧适配→信元定界→信头差错控制 HEC 检验→ATM 信元排队。

传输会聚 TC 层的主要功能是信元定界和信头差错控制 HEC 检验。

2) 物理媒体连接层(PM)

物理媒体连接层主要按照 ITU-T 和 ATM F 建议的规范执行，共有以下六种类型的连接：

(1) 基于直接信元传输的连接；

(2) 基于 PDH 网传输的连接；

(3) 基于 SDH 网传输的连接；

(4) 直接信元光纤传输；

(5) UTOPIA 接口(通用测试和运行物理接口)；

(6) 管理和监控信息流 OAM 传输接口。

2. ATM 层

ATM 层是 ATM 数据链路层的下子层，主要定义信元头的结构，以及使用物理链路的方法。ATM 层利用物理层提供的信元(53 字节)传送功能，向外部提供传送 ATM 业务数据单元(48 字节)的功能。ATM 业务数据部分(ATM-SDU)是任意的 48 字节长的数据段，它在 ATM 层中成为 ATM 信元的负载区部分。

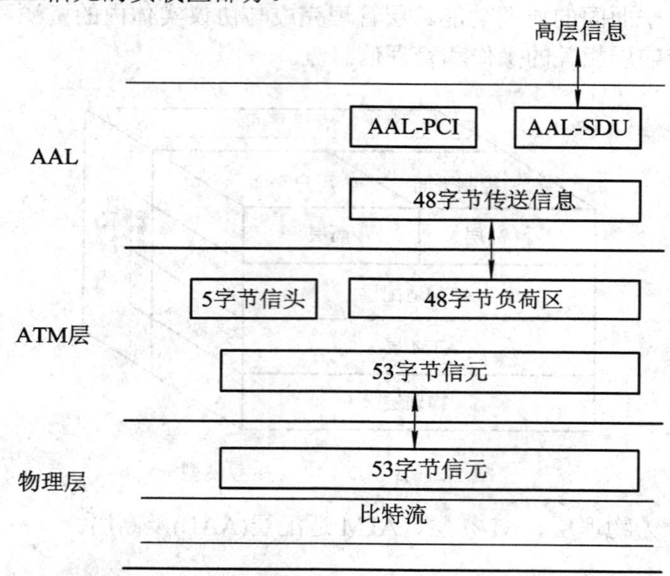

图 5-3 ATM 网络协议分层之间的数据传输

ATM 层的功能有：

- 信元的汇集和分检：负责将多个输入端口的信元分检到不同的输出端口；
- VPI/VCI 的管理：根据 VPI/VCI 映射表，将输入端口来的信元中的 VPI/VCI 映射成输出端口对应的 VPI/VCI，并填充进信头；
- 信头的增删：ATM 层实体接收来自于 AAL 的信元体，并增加信头，形成信元；接收方 ATM 层实体执行相反的动作，完成删除信头的任务；
- 信元速率调整：不同的链路需要不同的信元速率，例如，SDH STM-1 链路(线路速率为 155.520 Mb/s，数据速率为 150.336 Mb/s)每秒应传输 35 000 多个信元；如果输入的实际信元不够时，ATM 层必须生成空信元填充信道。

3. ATM 适配层(AAL)

AAL 的主要作用是将高层的用户信息分段装配成信元，吸收信元延时抖动和防止信元丢失，并进行流量控制和差错控制。AAL 的功能由用户本身提供，或由网络与外部的接口

提供。网络只提供到 ATM 层为止的功能。

AAL 用于增强 ATM 层的能力，以适合各种特定业务的需要，这些业务可能是用户业务，也可能是控制平面和管理平面所需的功能业务。在 AAL 上传送的业务有很多种，CCITT 将 AAL 可以支持的业务，根据源和目的之间的定时要求、比特率要求和连接方式，三个基本参数划分为 A、B、C、D 四类。

- A 类：固定比特率(CBR)业务，对应 ATM 适配层 1(AAL1)。支持面向连接的业务，其比特率固定，常见业务有 64 kb/s 语音业务，固定码率非压缩的视频通信及专用数据网的租用电路。
- B 类：可变比特率(VBR)业务，对应 ATM 适配层 2(AAL2)。支持面向连接的业务，其比特率是可变的，常见业务有压缩的分组语音通信和压缩的视频传输。这两种业务具有传递介面延迟，其原因是接收器需要重新组装原来的非压缩语音和视频信息。
- C 类：面向连接的数据服务，对应 AAL3/4。支持面向连接的业务，适用于文件传递和数据网业务，其连接是在数据被传送以前建立的，所支持的业务是可变比特率的，但是没有介面传递延迟。
- D 类：面向无连接数据业务，常见业务有数据报业务和数据网业务，在传递数据前，其连接不会建立。AAL3/4 或 AAL5 均支持此类业务。

业务参数、业务类别和相应的 AAL 类型见表 5-4。

表 5-4 业务分类、AAL 类型和服务质量

<table>
<tr><th>业务类别
业务参数</th><th>A 类</th><th>B 类</th><th>C 类</th><th>D 类</th></tr>
<tr><td>源和目的定时</td><td colspan="2">需要</td><td colspan="2">不需要</td></tr>
<tr><td>比特率</td><td>固定</td><td colspan="3">可变</td></tr>
<tr><td>连接方式</td><td colspan="3">面向连接</td><td>无连接</td></tr>
<tr><td rowspan="2">AAL 类型</td><td rowspan="2">AAL 1</td><td rowspan="2">AAL 2</td><td>AAL 3</td><td>AAL 4</td></tr>
<tr><td colspan="2">AAL 5</td></tr>
<tr><td>用户业务举例</td><td>64 kb/s
话音</td><td>运动图像、
视频、声频</td><td>面向连接
数据传输</td><td>无连接数据传输</td></tr>
<tr><td>服务质量</td><td>QoS1</td><td>QoS2</td><td>QoS3</td><td>QoS4</td></tr>
</table>

为了支持上述 4 种类别的业务，CCITT 定义了 4 种类型的 AAL 协议。

表 5-5 AAL 协议类型

	AAL1	AAL2	AAL3/4	AAL5
连接模式	面向连接	面向连接	面向连接	无连接
端到端定时	要求	要求	不要求	不要求
位速率	恒定	可变	可变	可变
业务类型	A	B	C/D	C/D

图 5-4 为基于 AAL5 的 ATM 各层实体工作过程。

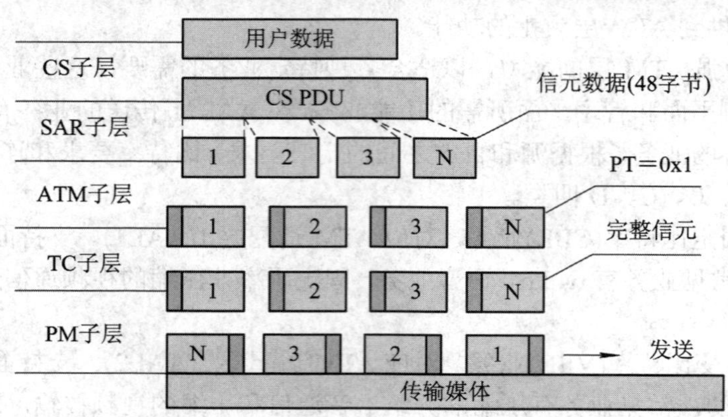

图 5-4　基于 AAL5 的 ATM 各层实体的工作过程

AAL 层又可进一步划分为两个子层：汇聚层(CS)和分段/组装层(SAR)。CS 面向不同应用要求，为高层的信息分段进行准备工作；SAR 将高层数据分段成信元负载域的格式，或者将多个信元负载域中的信息组装成高层数据。

发送方 SAR 实体接到 CS-PDU(格式见图 5-5)，执行拆卸工作，将 CS-PDU 拆卸成若干信元数据(长度为 48 字节)，并依次提交物理层增加信元头、传输(由于 PAD 字段的增加，使得这种拆卸可以完整地进行)；为了保证接收方 SAR 实体可以正确地组装 CS-PDU，AAL5 利用信元头中的 PTI(信元负载类型)中的第 2 位来指明本信元在整个 CS-PDU 对应的信元流中的位置(为 1 时表示本信元为整个 CS-PDU 信元流中的最后一个信元)；接收方 SAR 实体接到 PTI＝0x1 的信元时，组装 CS-PDU，并上交给接收方 CS 实体；接收方 CS 实体计算 CRC，并与 CS-PDU 中的 CRC 比较：如果一致(正确)，根据 CS-PDU 尾部的 LF，截取用户数据并投递给用户；如果错误，并且无法恢复，根据用户需要，确定是否将有错的用户数据投递给用户。

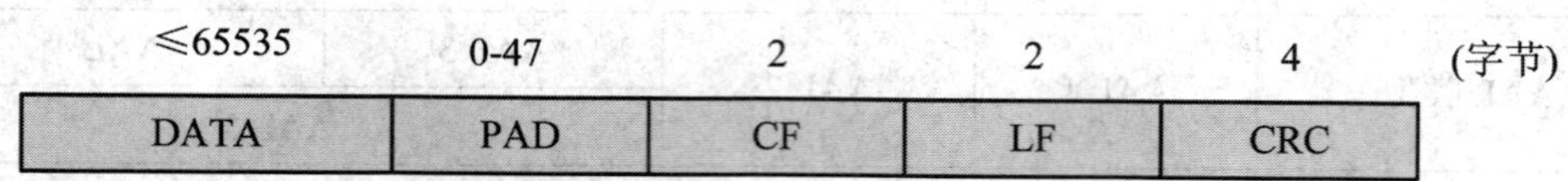

图 5-5　CS-PDU 的格式

用户平面各层的功能与协议参考模型的关系如表 5-6 所示。

表 5-6　用户平面各层的功能与协议参考模型的关系

高　层		高 层 功 能
AAL	CS	会聚功能，即将业务数据变换成 CS 数据单元
	SAR	分段与重组，在此层以信元为单位对 CS 数据分段或重组
ATM 层		通用流量控制；信头的产生/提取；信元 VP/VC 变换；信元复用与分解
物理层	TC	信元速率解耦；HEC 信头序列产生/检验；信元定界；传输帧适配；传输帧产生/恢复
	PM	比特定时；物理媒体

5.3　ATM交换原理

5.3.1　ATM交换机组成

ATM交换机由硬件和软件两大部分组成。

1. 硬件结构

ATM交换机硬件如图5-6所示，分为三部分：交换单元、接口单元和控制单元。

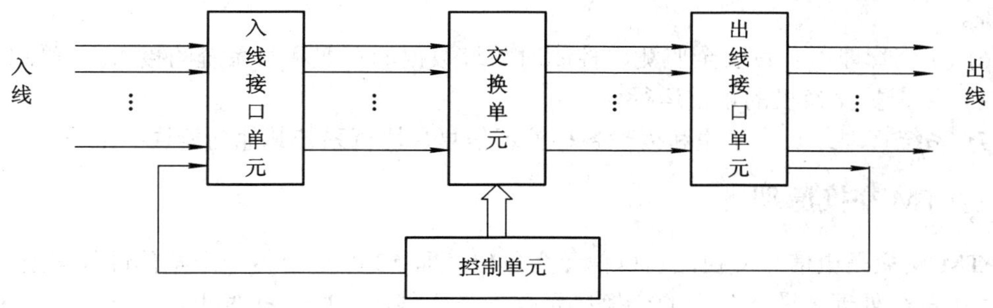

图5-6　ATM交换机硬件结构

(1) 交换单元：ATM交换机的核心，用于完成交换的实际操作，即将输入信元交换到所需的出线上去。交换单元根据路由标签选择交换路径，由硬件自选路由完成交换过程。交换单元的核心是交换结构(Switch Fabric)，小型交换机的交换单元一般由单个交换结构构成，而大型交换机的交换单元则由多个交换结构互连而成。

(2) 接口单元：用于连接各种终端设备和其他网络设备，分为入线接口单元和出线接口单元。入线接口单元对各入线上的ATM信元进行处理，使它们成为适合ATM交换单元处理的形式，即为物理层向ATM层提交的过程，将比特流转换成信元流；出线接口单元则对ATM交换单元送出的ATM信元进行处理，使它们成为适合在线路上传输的形式，即为ATM层向物理层提交过程，将信元流转换成比特流。

(3) 控制单元：根据信令控制交换并完成运行、维护管理功能。

2. 软件结构

ATM交换机由软件进行控制和管理。软件主要指指挥交换机运行的各种规约，包括各种信令协议和标准。交换机必须能够按照预先规定的各种规约工作，自动产生、发送和接收、识别工作中所需要的各种指令，使交换机受到正确控制并合理地运行，从而完成交换机的任务。

ATM交换机的软件通过三大功能块进行流量管理控制：

(1) 在UNI处采用基本流量控制GFC对用户流量进行管理；

(2) 操作与维护控制：采用操作与维护信元对物理层和ATM层进行管理；

(3) 系统管理控制：负责采集和处理各种管理信息，协调系统其他功能块的工作，大多数系统管理控制涉及告警、测量、统计和其他类型信息。

将软件的三大功能块分为以下七个功能区。

(1) 连接控制：在呼叫建立阶段所执行的一组操作，根据用户的业务特性和服务要求，确定用户所需的网络资源，用以接收或拒绝一个 ATM 连接。

(2) 配置管理：对 ATM 交换机资源进行配置管理。

(3) 故障管理：对 ATM 交换机运行故障进行管理，包括故障检测、故障定位、故障报告、连通检查和连接核对等。

(4) 性能管理：对 ATM 交换机的各种性能指标进行管理，通过连续性能监测和报告，评价系统运行功能指标，包括信息流速率、误码率等。

(5) 计费管理：负责采集用户占用网络资源信息，进行计费管理，计费可以在线或脱机处理。

(6) 安全管理：负责安全监测，控制对系统数据的存取和对系统的接入，确保数据的完整性，以保护交换机的正常运行。

(7) 系统管理：负责采集和处理各种管理信息，协调系统其他功能块的工作。

5.3.2 ATM 交换原理

ATM 交换是电信号交换，它以信元为单位，即 53 个字节为一个整体进行交换，但它仅对信头进行处理。图 5-7 中的交换单元有 n 条入线(I_1～I_n)，m 条出线(O_1～O_m)，每条入线和出线上传送的都是 ATM 信元流，而每个信元的信头值则表明该信元所在的逻辑信道(由 VPI/VCI 值确定)，不同的入线(或出线)可以采用相同的逻辑信道值。ATM 交换的基本任务就是将任意入线上的任意逻辑信道中的信元交换到所需的任意出线上的任意逻辑信道上，例如图 5-7 中入线 I_1 的逻辑信道 a 被交换到出线 O_1 的逻辑信道 x 上，入线 I_1 的逻辑信道 b 被交换到出线 O_m 的逻辑信道 s 上等等。这里交换包含了两个方面的功能：一是空间交换，即将信元从一条传输线(I_1)传送到另一条传输线(O_m)上去，这个功能又叫做路由选择；另一个功能是时隙交换，即将信元从一个逻辑信道(如 I_1 的 b)改换到另一个逻辑信道(如 O_m 的 s)，这个功能又叫信头变换。

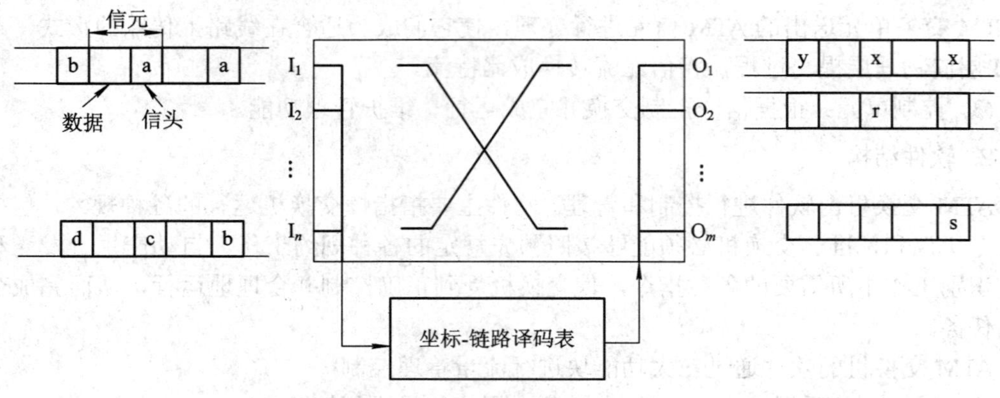

图 5-7 ATM 交换原理

以上空间交换和时间交换的功能可以用一张翻译表来实现，图 5-8 的坐标链路译码表列出了该交换单元当前的交换状态。

输入链路	信头	输出链路	信头
I_1	a b	O_1 O_m	x s
…	…	…	…
I_2	b c d	O_1 O_2 O_m	y r s

图 5-8 ATM交换的坐标链路译码表

5.3.3 ATM交换功能及其实质

由ATM交换原理可知，ATM交换机主要有三个基本功能：空分交换(路由选择)、时隙交换(信头变换)和排队。实现上述三个功能的方式和这些功能在交换机中所处位置的不同就构成了不同类型的ATM交换机。

1. 空分交换(路由选择)功能

空分交换功能类似于程控交换机的空分交换功能(S功能)，如图5-8所示，信元从入线 I_1 传送到出线 O_m 上，信元从入线 I_n 传送到出线 O_1 上。空分交换的核心问题就是路由选择，即信元如何在交换机内部从入线选路至出线。

2. 时隙交换(信头变换)功能

时隙交换功能类似于程控交换机的时分交换功能(T功能)，如图5-8中信元从入线 I_1 的逻辑信道b变换到出线 O_m 的逻辑信道s，从入线 I_n 的逻辑信道c变换到出线 O_2 的逻辑信道r等，这里的逻辑信道就相当于时隙。应该注意的是，在程控交换机中，逻辑信道和时隙是一一对应的，它的逻辑信道就用时隙来标志，它的时隙交换就是将语音信息从一个时隙搬至另一个时隙。而ATM交换机的逻辑信道和时隙并没有固定的对应关系，它的逻辑信道是靠信头值来标识的，因此它的时隙交换是靠信头翻译来完成的，例如 I_1 的信头值a被翻译成 O_1 上的x值。ATM的信头变换是ATM交换最重要的功能，也是ATM交换的实质，即VPI/VCI的转换。

3. 排队功能

由于ATM的逻辑信道和时隙并没有固定的对应关系，因此可能会有两个或多个不同入线上的信元同时到达ATM交换机并竞争同一出线，如图5-8中信元要从入线 I_1 的b到出线 O_m 的s，而入线 I_n 的d也要到出线 O_m 的s，但它们却不能同一时刻在同一出线上输出。为了避免多个信元在竞争同一出线时发生丢弃，ATM交换机设置了一些缓冲器来存储那些暂时未被服务的信元，这些信元需要在缓冲器中排队等待服务，这就是ATM交换机的排队功能。

5.3.4 ATM交换结构

ATM交换结构的分类如图5-9所示。

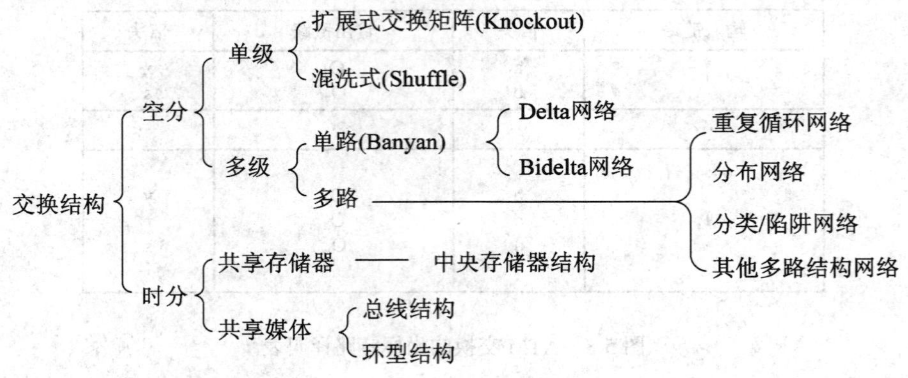

图 5-9　ATM 交换结构的分类

1. 空分交换结构(矩阵交换)

ATM 交换的最简单方法是将每一条入线和每一条出线相连接，在每条连接线上装上相应的开关，根据信头 VPI/VCI 决定相应的开关是否闭合来接通特定输入和输出线路，将某入线上的信元交换到指定出线上。最简单的实现方法就是空分交换方式，也称矩阵交换，它的基本原理来源于纵横制交换机。矩阵交换的基本原理如图 5-10 所示。

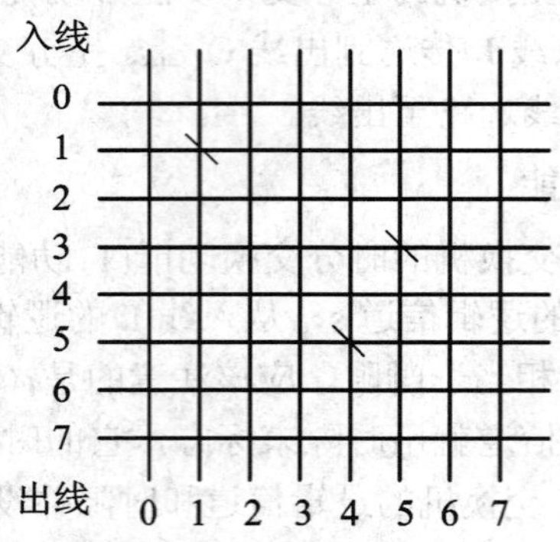

图 5-10　矩阵交换的基本原理

矩阵交换的优点是输入输出端口间一组通路可以同时工作，即信元可以并行传送，吞吐率和时延特性较好。缺点是交叉节点的复杂程度随入线数和出线数的平方增长，导致硬件复杂，因此其规模不宜过大。空分交换矩阵分为单级交换矩阵和多级交换矩阵两种。

1) 单级交换矩阵

单级交换矩阵只有一个交换元素与输入/输出端口相连。混洗式(shuffle)交换如图 5-11 所示，它的主要原理是利用反馈机制将发生冲突的信元返回输入端，重新寻找合适的输出端，图中的虚线为反馈线，利用这种反馈可使某一输入端的信元能在任意一个输出端输出。很明显，一个信元要达到合适的输出端可能需要重复几次，因此又叫循环网络，如从输入端口 2 到输出端口 8 的信元先从输入端口 2 到输出端口 4，然后反馈到输入端口 4，再从输入端口 4 到输出端口 8。构成这种网络只需少量的交换元素，但其性能并不太好，关键是内部延迟较长。

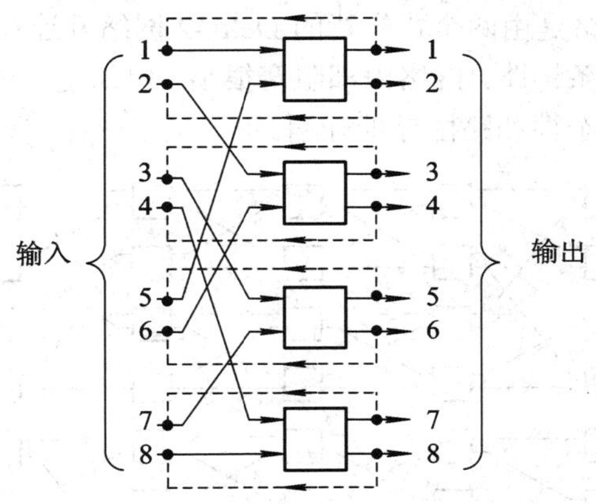

图 5-11　混洗式单级交换

2) 多级交换矩阵

多级交换矩阵由多个交换元素互连组成，它可以克服单级交换矩阵交叉节点数过多的缺点。多级交换矩阵又可分为单通路网络和多通路网络两种。

(1) 单通路网络(Banyan)。单通路网络指的是从一个给定的输入到达输出端只有一条通路，最常见的就是“榕树”——Banyan 网络(如图 5-12 所示)，它是因其布线像印度一种榕树的根而得名。Banyan 网络的每个交换元素都是 2×2(两个输入和两个输出)，具有唯一路径特性和自选路由功能。唯一路径特性指任何一条入线与任何一条出线之间存在并仅存在一条通路；自选路由功能指不论信元从哪条入线进入网络，它总能到达指定出线。由于到达指定的输出端仅有唯一一条通路，因此路由选择十分简单，即可由输出地址确定输入和输出之间的唯一路由。缺点是会发生内部阻塞，这是由于一条内部链路可以被多个不同的输入端同时使用。Banyan 网络的优点是结构简单，模块化、可扩展性好，信元交换时延小。

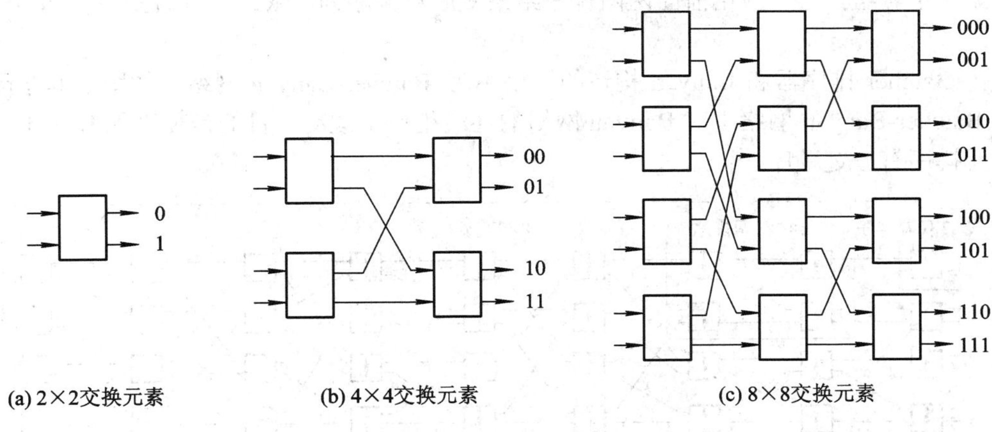

图 5-12　榕树—Banyan 网络

(2) 多通路网络。在多通路网络中，从一个输入端到一个输出端存在着多条可选的通路，优点是可以减少或避免内部拥塞。多通路网络类型较多，本节仅介绍 Benes 网络和 Batcher-Banyan 分布式网络。

① Benes 网络如图 5-13 所示，网络中输入与输出线的数目 N 为 16，共有 7 级。从图

5-13 可以看出，Benes 网络是由两个背靠背的 Delta-2 网络互连构成的。Benes 网络的特点是入线和出线对之间有多条链路，网络内部阻塞很小，但却使其网络路由算法随机性很大，增加了交换路由计算的复杂性和路由寻址开销。

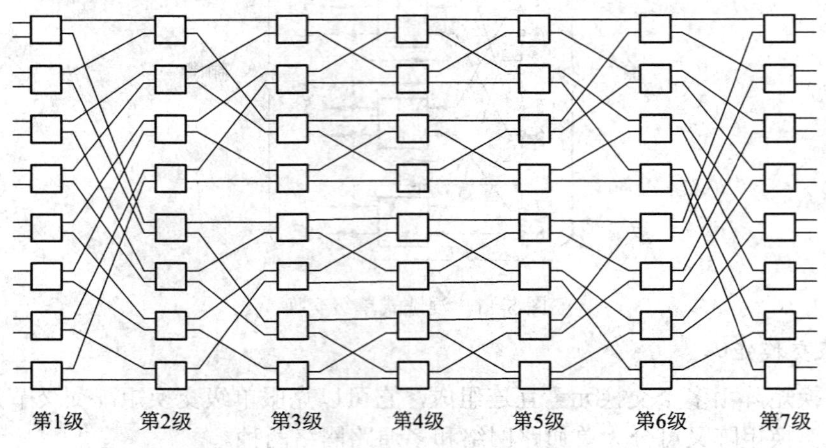

图 5-13　Benes 网络

② Batcher-Banyan 分布式网络。在 Banyan 网络前增加 Batcher 网络构成 Batcher-Banyan 分布式网络，这里 Batcher 网络的作用是将信元尽可能均匀地分配到 Banyan 网络的各个输入端，并对进入 Banyan 网络的信元重新排列，以减少内部阻塞的发生。Batcher 网络就是一个由一些排序器构成的排序 Banyan 网络，其基本元素是 2×2 双调排序器。双调排序器的输入是双调序列，输出是有序数列，比较输出端口的整个地址，大值向箭头指示的输出端输出。不论输入信元的逻辑信道地址在输入端怎样紊乱，它们在排序网的输出端总能以一定顺序(升序或降序)排好。用硬件实现 N 个数据排序时，必须先将数据两两排序，然后将数据 4 个一组排序，应用前面两两排序结果变成双调序列，依此进行直到获得 N 个数据序列。

由 Batcher 排序器和 Banyan 构造的网络称为 Batcher-Banyan 网络，如图 5-14 所示。在此 Batcher-Banyan 网络中对 Banyan 网络的连线稍作了改动，目的是使进入 Banyan 网络的信元排序有一定顺序。

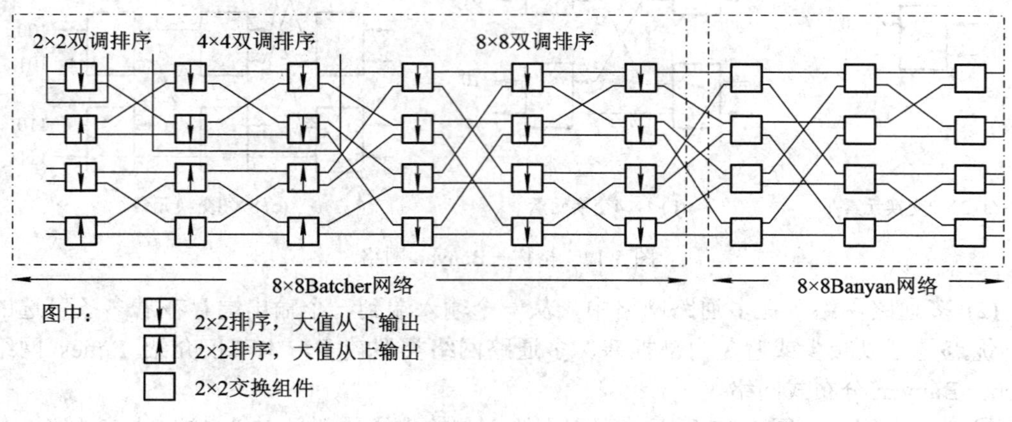

图 5-14　Batcher- Banyan 网络

2. 时分交换结构

时分交换结构的设计基础基于程控交换机中的时分复用和局域网中的共享媒体的思想。时分交换结构分为共享存储器和共享媒体两类，共享媒体又分为共享总线和共享环型两种，下面分别介绍这几种交换结构的工作原理。

1) 共享存储器交换结构(中央存储器结构)

共享存储器式的ATM交换的本质是异步时分复用(Asynchronous Time Division，ATD)，如图5-15所示，它借鉴同步时分复用(Synchronous Time-division Multiplexing，STM)中的时分交换的概念，也将信道分成等长的时隙。STM中一个时隙为固定处理一个话路所需要的时间，而ATD中一个时隙为处理一个信元所需要的时间(不同的端口速率，其时隙不同)。假定ATM交换机具有N个输入端口、N个输出端口，端口速率为每秒V信元，则ATM交换机中一个时隙定义为以端口速率传输或接收一个信元的时间，即$1/V$，如155.520 Mb/s的端口速率为$155.520\times10^6/8/53=366\ 792$信元/s，此时一个时隙为$1/366\ 792=2.7\ \mu s$，这也是ATM交换机的工作周期。共享存储器交换结构的工作原理类似于程控交换机中的T型接线器，它由数据存储器(共享存储器)、控制存储器、复用器和分用器组成。

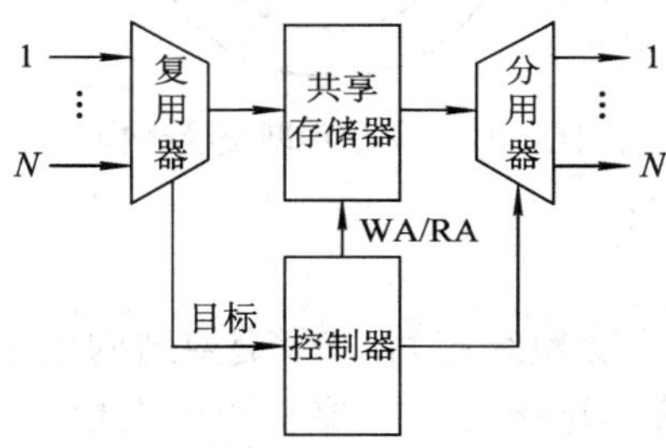

图5-15 共享存储器交换结构的交换机

2) 共享总线交换结构

共享总线交换结构的交换机利用高速时分复用总线，它由时分复用(TDM)总线、串/并(S/P)转换、并/串(P/S)转换、地址筛选A/F及输出缓冲器组成，如图5-16所示。

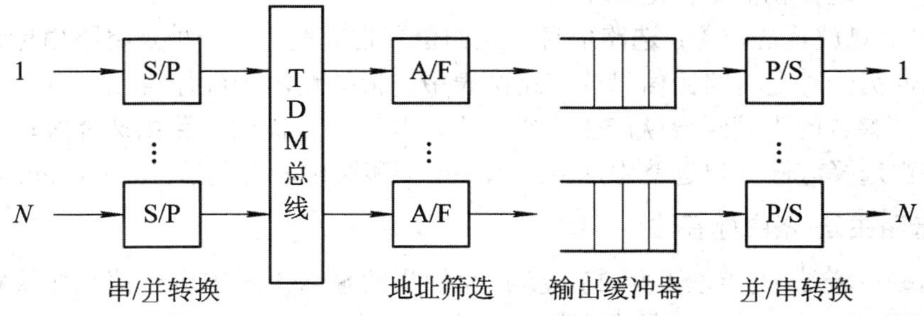

图5-16 共享总线交换结构的交换机

总线技术最早用于计算机系统的设计，后来又应用于局域网，S1240程控交换机的数字交换网络采用的就是总线结构。但ATM交换机共享总线交换结构的工作方式既不同于计算机系统的仲裁机制，也不同于局域网的载波监听多路访问/冲突检测(Carrier Sense Multiple Access/Collision Detection，CSMA/CD)方式。在ATM交换机中，共享总线交换结构采用的是时分复用方式，它将一个信元时隙分为若干时间片，对N条入线的信元分时进

行处理。为了降低交换结构内部处理速度，信元进入交换结构时，首先要进行串/并转换。目前一般采用 32 位或 64 位以上的总线来提供尽可能高的传输能力，共享总线交换结构采用输出缓冲器以获得较佳的吞吐量。

3) 共享环型交换结构

共享环型交换结构如图 5-17 所示，它是借鉴高速局域网令牌环工作原理设计的，所有入线、出线都通过环形网相连，环形网与总线一样采用时间片操作。环被分成许多等长的时间片，这些时间片绕环旋转，入线可将信息送入“空”时间片中，当该时间片到达目的出线时，信息被相应出线读出。环型结构比总线结构的优越之处在于如果入线和出线位置安排合理，那么一个时间片在一个时隙内可使用多次，使环型结构的实际传输效率超过 100%，当然这需要增加许多额外设计和开销。

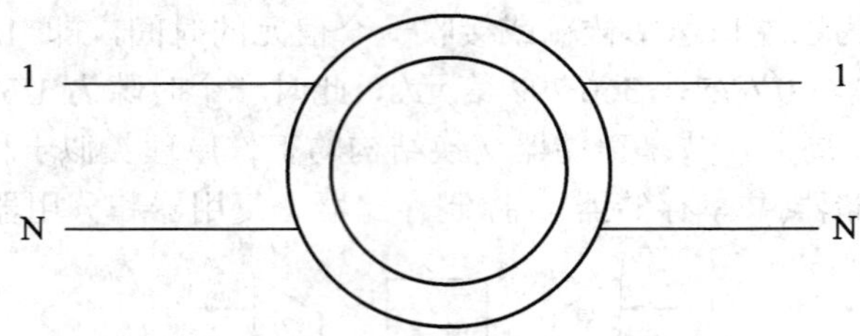

图 5-17 共享环型交换结构

5.3.5 ATM 交换网络

在 ATM 交换网络中，多个交换结构间(空分交换结构还包括交换元素间)有多条通路，这就需要有路由选择功能。路由选择方法主要有四种类型(类型Ⅰ、Ⅱ、Ⅲ、Ⅳ)，涉及两个参数：确定路由的时间和选路信息放置的位置。

- 确定路由的时间：对确定路由的时间，可以在整个连接期间只作一次选择，即交换网络内部是面向连接的，同一连接的所有信元沿着相同的路由顺序到达出口；也可以为每个信元单独选择，即交换网络内部是无连接的，同一连接的信元可以沿不同的路由不按原顺序到达出口，这样就需要在出口重新排序。
- 选路信息放置的位置：选路信息放置的位置也有两种，一种是将路由标记在信元前面一起传送，另一种是将路由信息放在路由表中，根据路由表进行信元交换。

以上两种参数的不同组合就产生了类型Ⅰ、Ⅱ、Ⅲ、Ⅳ四种路由选择策略，下面介绍常使用的路由选择方法：自选路由法(Self-Routing)和路由表控制法(Table-Controlled)。

1. 自选路由法(路由标签法)

在自选路由方法中(类型Ⅰ和Ⅱ)，要在交换机的输入单元中进行信头变换和扩展。信头变换指 VPI/VCI 的转换，它只在交换机的输入端进行一次；扩展指为每个输入信元添加一个路由标签，因此也被称作路由标签法。路由标签基于对输入信元的 VPI/VCI 值的分析，用来进行路由选择。大多数基于空分交换结构的交换机设计都采用自选路由法。路由标签必须包含交换网络的每一级路由信息，如果一个交换网是由 L 级组成的，那么该路由标签将有 L 个字段，字段中含有相应级交换单元的输出端口号，例如，由 16×16 基本交换元素组成的 5 级交换网络，需要 5×4＝20 bit 的路由标签。注意这里的路由标签和信头 VPI/VCI

标记不同，路由标签仅用于交换机网络内部作为路由选择，VPI/VCI 则标识于整个通信网络中的连接过程。采用自选路由法的 ATM 网络中，信元的处理过程如图 5-18 所示。

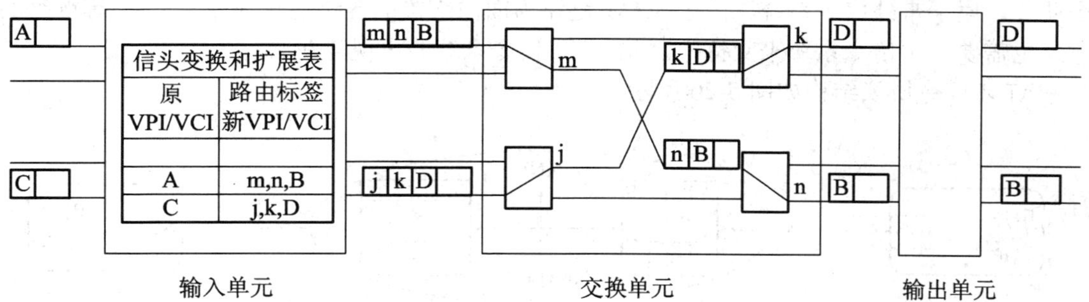

图 5-18　采用自选路由法的 ATM 交换网络中信元的处理过程

2. 路由表控制法(标记选路法)

在路由表控制法中(类型III和IV)，交换单元中每级交换元素都有一张信头变换表，每级都要进行信头变换。它利用信头中的 VPI/VCI(标记)标识交换结构中的路由表，当信元到达每级交换结构时，通过相应的路由表确定交换路由，因此又叫标记选路法。在路由表控制法中，不用添加任何标签，因此信元本身的长度不会改变。采用路由表控制法的 ATM 网络中，信元的处理过程如图 5-19 所示。

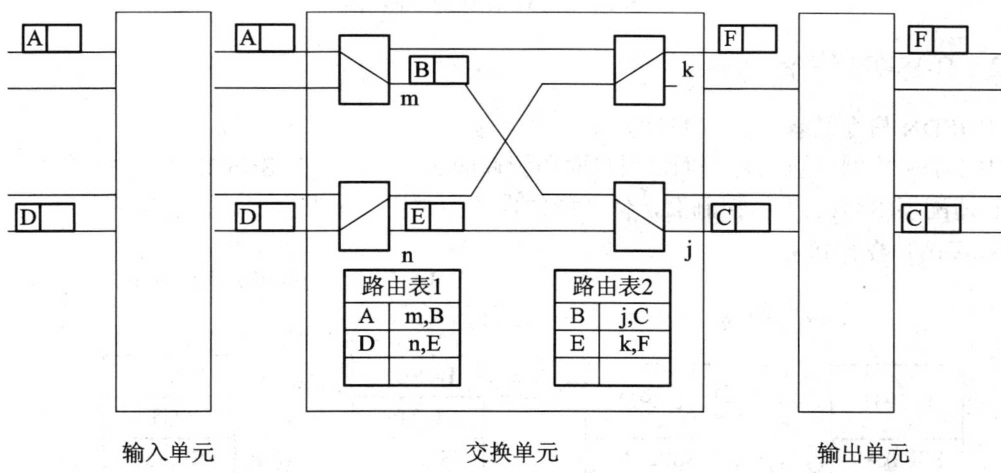

图 5-19　采用路由表控制法的 ATM 交换网络中的信元处理过程

自选路由法和路由表控制法各有优点，就目前来看，自选路由法在寻路效率方面要高些，较适合构造大型交换网络。

5.4　ATM 网络信令

5.4.1　ATM 信令系统简介

信令系统的目的是在网络元素之间传输控制信息。最初信令系统的设计是为电话局和用户设备建立连接。随着分组交换技术的发展ITU-T公布了X.25规范，后来CCITT公布了SS7系统，该系统为一个纯粹的信令系统，依赖于T1和SONET等传输系统来支持其信令业务，属于带外信令系统。由于ATM链路为面向连接的异步通讯线路，SVC等链路的建立也需要一个信令系统来支持，因此ATM信令系统的出现势在必行。

ATM信令协议结构如图5-20所示。

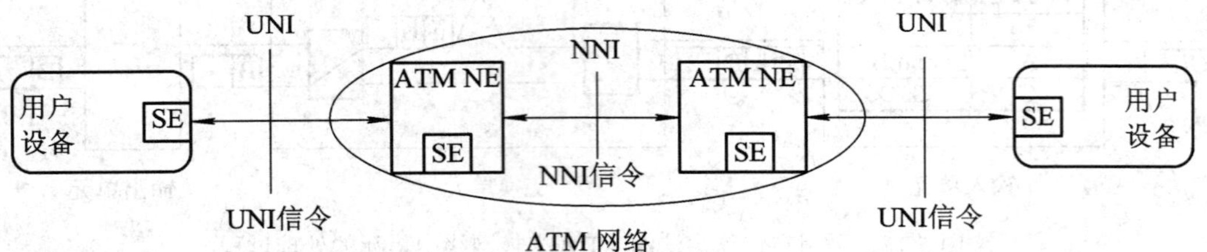

B-ISDN信令包括：

公共信道信令CCS(Common Channel Signalling)

基于消息的协议

在UNI和NNI处以采用不同的信令协议

支持多种业务和特性

图5-20　ATM信令协议结构图

5.4.2　B-ISDN信令

B-ISDN信令是基于与N-ISDN 相同的原理。

B-ISDN模型中包括控制面，用户面和管理面3个层面。在B-ISDN信令模型中，信令ATM 适配层(SAAL)支持控制面，信令操作也是在这个面上发生的，控制层面包括Q.2931和B-ISDN信令协议。

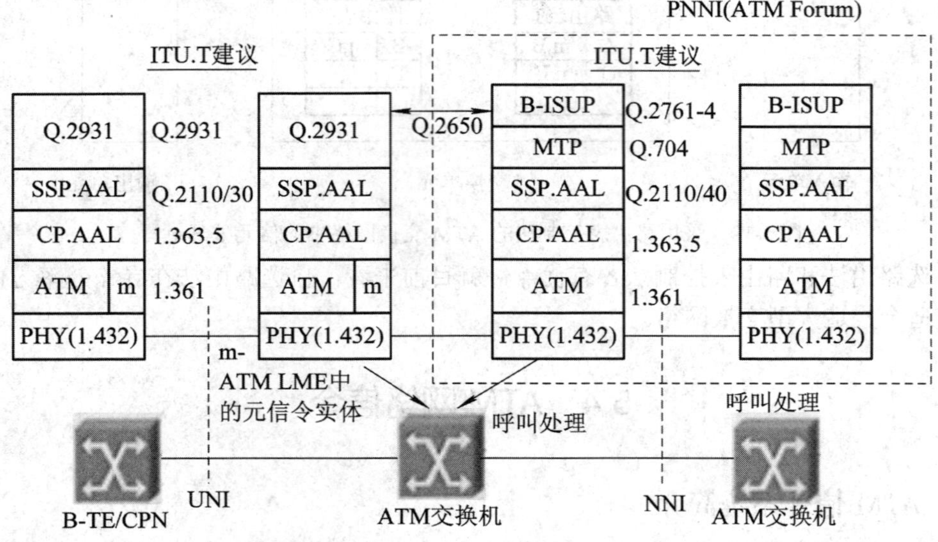

图5-21　B-ISDN信令协议结构示意图

B-ISDN 信令使用了基本窄带 ISDN 信令和路由协议的扩展，它的呼叫控制协议用来建立、保持和清除用户和网络元素之间的 ATM 连接。由于 ATM 不仅是一个基于虚通路概念的、面向分组的传输方式，而且是用来满足许多不同种类的业务和多媒体应用的需求，因此，ATM 信令比 64 kbit/s ISDN 复杂得多。图 5-22(a)描述了 ATM 信令执行的过程，而图 5-22(b)描述了 ATM 信令消息的结构。

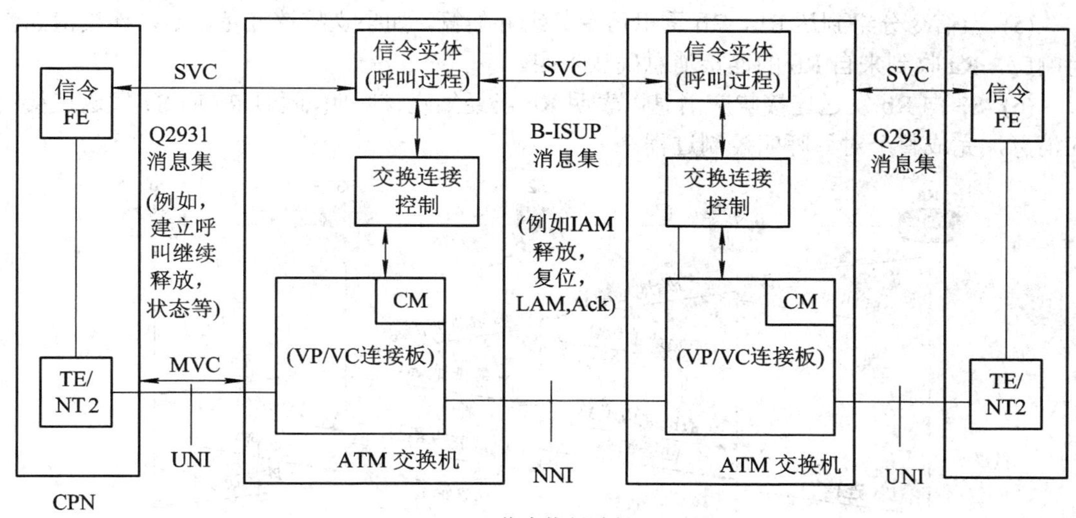

(a) ATM信令执行过程

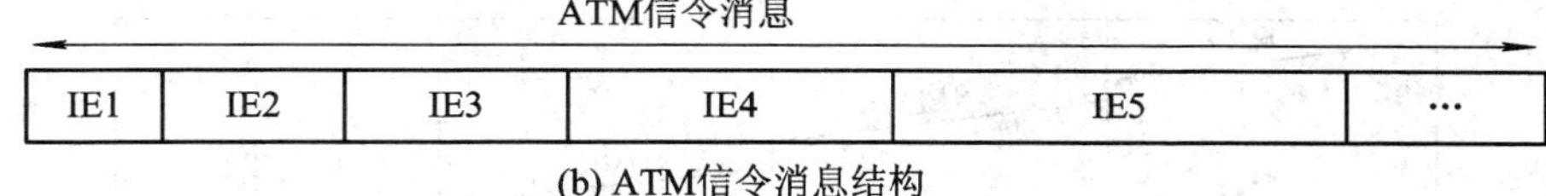

(b) ATM信令消息结构

图 5-22　ATM 信令

B-ISDN 信令协议使用的信令消息用于：建立连接、连接和拆线。信令消息包含“信息元素”(Information　Elements，IE)或“参数”，承载特定的信息，如被叫方和呼叫方的地址、带宽需求/业务描述符及 QOS 需求等。

5.4.3　虚链路建立

对于一条 PVC 的建立，需要在整条路径上手工设置 VPI/VCI 值，而对于 SVC，可以通过 UNI 信令进行连接，但连接的时候，还需要一条 PVC，该 PVC 使用相同 VPI 值，但 VCI 值为 5，用于信令传输。SVC 建立和释放过程如图 5-23 所示。

SVC 连接建立的过程如下：

(1) Ra 向直连交换机 S1 发出“建立消息”信令请求建立 SVC。消息中包括 Ra 和 Rb 的 ATM 地址以及该请求的基本业务合约。Ra 把信令请求转换为信令分组，然后将信令分组转换为信元，按定义好的 RaS1 的 PVC 传输。

(2) S1 把信令信元重新组合到信令分组中，并检查。

(3) 如果 S1 在其路由表中存在 Rb 的 ATM 全局地址的入口，并且能够调节该连接请求的服务质量，那么 S1 为该连接需要保留的资源，并为该连接创建动态 VPI/VCI，并把请求发送到下一台交换机 S2。同时，S1 把连接消息传回给呼叫方。

(4) 去往 Rb 通路的每一台交换机都重新组装和检查信令分组，如果业务流参数支持入口和出口的接口，则把信令分组转发到下一个交换机。如果沿途任何一台交换机不支持该业务，则向 Ra 反馈拒绝消息。

(5) 当信令分组到达 Rb，Rb 重组信令分组并估算，如果支持该业务，则以连接消息作为响应，Ra 收到来自 Rb 的连接消息确认呼叫。

(6) S3 向 Rb 发送连接响应消息以表明 Rb 已经知晓该呼叫，同时 Ra 向 S1 发送连接响应消息，完成整个对称呼叫控制过程。

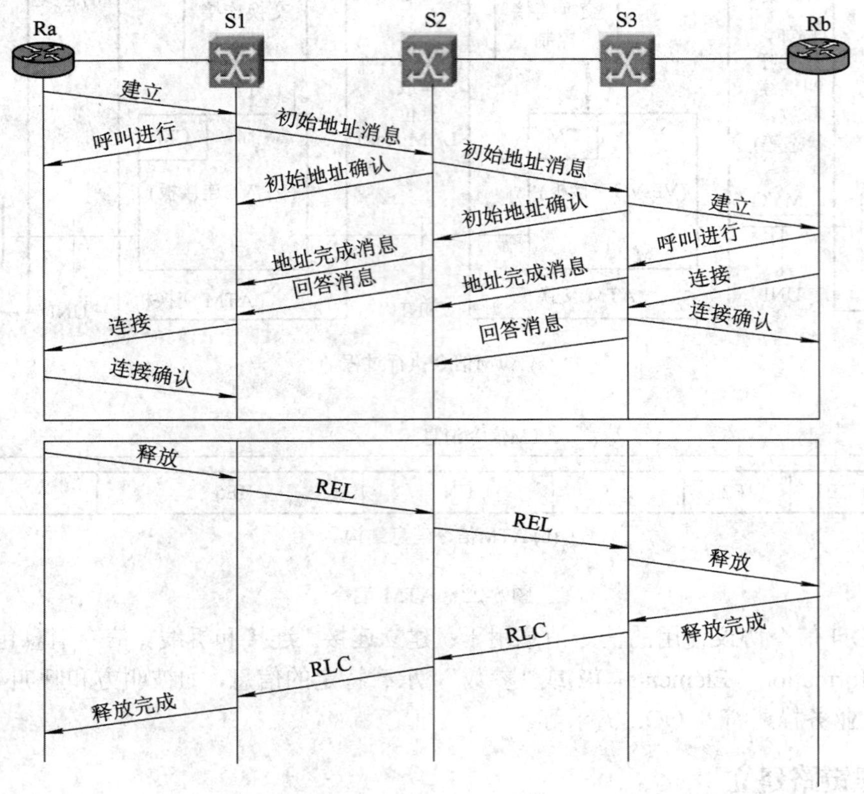

图 5-23　SVC 建立和释放过程

SVC 连接释放的过程如下：

(1) Ra 向 S1 发送连接释放请求。

(2) S1 逐级向下发送释放消息。

(3) 目的端收到释放消息后发送释放完成的消息，并逐级返回到 Ra。

5.4.4　ATM 地址格式

对于 B-ISDN 信令而言，地址需求是建立在协议 E.164 的基础之上的。ATM 端点系统地址(ATM End System Address，AESA)是建立在网络业务接入点(Network Service Access Point，NSAP)格式的基础之上。ATM Forum 已经规定了用于 UNI 选项的 NSAP 格式，做为

补充或替代 E.164 的地址，AESA 可以做为子地址由网络承载。

ATM 地址结构如图 5-24 所示。

AFI (39)	DCC	HO-DSP (routing fields)	End System ID(ESI)	Sel
IDP		DSP		

(a) 数据国家码(DCC)ATM地址格式

AFI (47)	ICD	HO-DSP (routing fields)	End System ID(ESI)	Sel
IDP		DSP		

(b) 国标编码设计指定者(ICD)ATM地址格式

AFI (45)		E.164 number	End System ID(ESI)	Sel
IDP			DSP	

(c) E.164专用地址格式

图 5-24　ATM 地址格式

AFI：Authority and Format Identifier(权限和格式识别符)

IDP：Initial Domain Part(初始域部分)

DSP：Domain Specific Part(域特定部分)

HO-DSP：Higher Order Domain Specific Part(高阶域特定部分)

Sel：Selector(选择器)

5.4.5　UNI 信令结构

在链路建立的过程中，N-ISDN 使用 Q.931 协议，ATM 则使用了该协议派生出的 Q.2931 协议(由于篇幅所限，这里不做详细介绍)。

UNI 信令消息分为以下几种：

1. 呼叫建立消息

ALERTING(告警)：由被叫用户发给网络，再由网络回送给主叫用户，指示被叫用户告警已经被启动。

CALL PROCEEDING(呼叫持续)：由被叫用户发送至网络或由网络回送给主叫用户，指示所申请的呼叫建立已经被启动且不再接收其他的呼叫信息。

CONNECT(连接)：由被叫用户发送至网络，再由网络回送给主叫用户，指示呼叫被接收。

CONNECT ACKNOWLEDGE(连接证实)：由网络发送给被叫用户，指示呼叫被认可，也可以由主叫用户发送给网络，以保持呼叫过程的对称性。

SETUP(建立)：由主叫用户发送给网络，或由网络发送给被叫用户，启动 B-ISDN 呼叫。

2. 呼叫清除消息

RELEASE (释放)：由用户发送，用来请求网络拆除连接，或由网络发送以指示连接被清除。

RELEASE COMPLETE(释放完成)：由用户或网络发送，用来指示设备已经释放了它的呼叫参考值和连接标识符。

3. 其他消息

NOTIFY(通知)：由用户或网络发送，用来指示与呼叫/连接相关的信息。

STATUS(状态)：由用户或网络发送，用来响应 STATUSENQUIRY(状态询问)消息，报告某些错误状态/维护信息。

STATUSENQUIRY(状态询问)：由用户或网络发送，用来请求一个 STATUS 消息，监视信令链路上的错误状态(用于维护的目的)。

用户网络接口处体系结构与 B-ISDN 协议参考模型相对应，不管是信令还是用户信息，都按信元格式在物理层传输。SAAL 是信令 ATM 适配层，主要是对各种信令消息进行适配，处理成信元格式。位于 SAAL 上面的高层协议正是 Q.293 协议，它说明了用户网络接口上建立、维持和释放网络连接的过程。Q.2931 协议与对等层间的通信是通过消息来实现的，而它与本地的上、下层之间的通信通过原语来完成。由于 Q.2931 仅仅支持点对点信令方式，因此点对多点的信令方式要使用 Q.2971 协议。

5.4.6 U-SSCF 协议

U-SSCF 协议起着协调高层信令(Q.2931、P-NNI)所需服务与 SSCOP 协议所提供的服务的作用，它完成 AAL 原语与 AA 信号之间的映射，在收到或发出不同的 AAL 原语后将转移到不同的状态，而在不同状态的 U-SSCF 也只能接收或发送特定的原语，即上述原语是按一定顺序出现的。

从高层到 U-SSCF 有四个状态：AAL 连接释放，等待建立连接，等待释放连接，AAL 连接建立。

5.4.7 SSCOP 协议

由于 AAL 协议不支持简单可靠的点到点的传输连接，需要这种服务的应用程序可以使用另外一种协议——特定服务的面向连接协议(Service Specific Connection Oriented Protocol，SSCOP)。但是，SSCOP 只是用于控制，不能用于数据传输。

SSCOP 用户发送的报文，每个报文都被赋予一个 24 位的顺序号，报文最大可达 64 kB，而且不能分开，它们必须按顺序传送。丢失报文时总是有选择性地进行重传而不是回到序号 n，重传 n 以后的所有的报文，不像某些可靠的传输协议。

SSCOP 从根本上说是一种动态滑动窗口协议，对于每个连接，接收方保留准备接收报文序号的窗口，及标明该报文是否已经存在位图(bitmap)，这个窗口在协议操作期间可以改变大小。SSCOP 的不寻常之处是对确认的处理方法：它没有捎带机制，取而代之的是发送方定期地查询接收方，要求它发送回表明窗口状态的位图，根据这个位图，发送方丢弃已

被对方成功接收的报文并更新其窗口。

5.5　TCP/IP 协议

5.5.1　TCP/IP 协议结构

TCP/IP 定义了电子设备如何接入因特网，以及数据如何在它们之间传输的标准。TCP 负责数据传输业务，属于资源子网，是高层，主要作用是负责传输，一旦有问题就发出信号，要求重新传输，直到所有数据安全正确地传输到目的地，类似于数据组织者的作用；而 IP 层主要负责传输的具体实施，属于通信子网，是低层，其中最重要的一个功能就是给因特网的每一台电脑规定一个地址，类似于数据传送者的作用。

从协议分层模型方面来讲，TCP/IP 协议共分 4 层：网络接口层、网络层、传输层、应用层。TCP/IP 协议并不完全符合 OSI 的七层参考模型，如图 5-25 所示。OSI 模型是传统的开放式系统互连参考模型，是一种通信协议的 7 层抽象参考模型，其中每一层执行某一特定任务，该模型的目的是使各种硬件在相同的层次上相互通信。而 TCP/IP 协议采用了 4 层结构，每一层都呼叫下一层来完成自己的功能。由于 ARPNET 的设计者注重的是网络互联，允许通信子网(网络接口层)采用现有的或将有的各种协议，所以网络接口层中没有提供专门的协议。实际上，TCP/IP 协议可以通过网络接口层连接到任何网络上，例如 X.25 交换网或 IEEE802 局域网。

<table>
<tr><td>应用层</td><td rowspan="3">应用层</td><td colspan="3" rowspan="3">高层(用户进程)</td></tr>
<tr><td>表示层</td></tr>
<tr><td>对话层</td></tr>
<tr><td>传送层</td><td>传输层</td><td>TCP</td><td colspan="2">UDP</td></tr>
<tr><td>网络层</td><td>网络层</td><td colspan="3">IP(ICMP)(ARP)</td></tr>
<tr><td>数据链路层</td><td rowspan="2">网络接口层</td><td>以太网</td><td>X.25</td><td>其他</td></tr>
<tr><td>物理层</td><td>同轴</td><td>电话线</td><td>其他</td></tr>
</table>

图 5-25　TCP/IP 协议四层结构与 OSI 七层结构

(1) 网络接口层，包含 OSI 模型中物理层和数据链路层两层的部分功能。物理层定义了物理介质的四种特性：机械特性、电子特性、功能特性和规程特性；数据链路层负责接收 IP 数据报并通过网络发送之，或者从网络上接收物理帧，抽出 IP 数据报，交给网络层。本层常见的接口层协议有：Ethernet 802.3、Token Ring 802.5、X.25、FR、HDLC、PPP、ATM 等。

网络接口层中的数据传输以帧为单位，其形式为：帧头+IP 数据报+帧层(帧头包括源和目标主机 MAC 地址及类型，帧尾是校验字)。

(2) 网络层，负责相邻计算机之间的通信，其功能包括以下三方面。

① 处理来自传输层的分组发送请求，收到请求后，将分组装入 IP 数据报，填充报头，选择去往信宿机的路径，然后将数据报发往适当的网络接口。

② 处理输入数据报：首先检查其合法性，然后进行路径寻找——假如该数据报已到达信宿机，则去掉报头，将剩下部分交给适当的传输协议；假如该数据报尚未到达信宿机，则转发该数据报。

③ 处理路径、流量控制、拥塞控制等问题。

网络层协议包括：互联网协议(Internet Protocol，IP)、互联网控制报文协议(Internet Control Message Protocol，ICMP)、地址转换协议(Address Resolution Protocol，ARP)、反向地址转换协议(Reverse ARP，RARP)等。

网络层中的数据以 IP 数据报为单位传输，其形式为：IP 头 + TCP 数据信息(IP 头包括源和目标主机 IP 地址、类型、生存期等)。

(3) 传输层，提供应用程序间的通信。其功能包括：格式化信息流；提供可靠传输。为实现可靠传输的功能，传输层协议规定接收端必须发回确认，并且假如分组丢失，必须重新发送。

传输层协议包括：传输控制协议(Transmission Control Protocol，TCP)和用户数据报协议(User Datagram protocol，UDP)。

传输层中的 TCP 数据信息形式为：TCP 头 + 实际数据(TCP 头包括源和目地主机 IP 地址、类型、生存期等)。

(4) 应用层，向用户提供常用的应用程序，我们比较熟悉的有 HTTP、DNS、电子邮件、文件传输访问 FTP、远程登录 Telnet 等。

表 5-7 给出了 TCP/IP 四层协议对应层的功能与 OSI 七层协议功能的对比。

表 5-7 OSI 协议与 TCP/IP 协议

<table>
<tr><th>OSI 中的层</th><th>功　能</th><th>TCP/IP 协议族</th></tr>
<tr><td>应用层</td><td>文件传输，电子邮件，远程服务，虚拟终端等</td><td rowspan="3">应用层：TFTP，HTTP，SNMP，FTP，SMTP，DNS，RIP，Telnet</td></tr>
<tr><td>表示层</td><td>数据格式化，代码转换，数据加密</td></tr>
<tr><td>会话层</td><td>解除或建立与别的接点的连接</td></tr>
<tr><td>传输层</td><td>提供端对端的接口</td><td>传输层：TCP，UDP</td></tr>
<tr><td>网络层</td><td>为数据包选择路由</td><td>网络层：IP，ICMP，OSPF，BGP，IGMP，ARP，RARP</td></tr>
<tr><td>数据链路层</td><td>传输有地址的帧以及错误检测</td><td rowspan="2">网络接口层：SLIP，CSLIP，PPP，MTU，ARP，RARP ，ISO2110，IEEE802，IEEE802.2</td></tr>
<tr><td>物理层</td><td>以二进制数据形式在物理媒体上传输数据</td></tr>
</table>

在网络层中，IP 模块完成大部分功能。ICMP 和 IGMP 以及其他支持 IP 模块的协议帮助 IP 模块完成特定的任务，如传输差错控制信息以及主机/路由器之间的控制信息等。网络层管理网络中主机间的信息传输。

传输层上的主要协议是 TCP 和 UDP。正如网络层控制着主机之间的数据传输，传输层控制着那些将要进入网络层的数据。两个协议就是管理这些数据的方式：TCP 是基于连接的协议；UDP 则是面向无连接服务的协议。

TCP/IP 模型的主要缺点有：首先，该模型没有清楚地区分哪些是规范、哪些是实现；其次，TCP/IP 模型的主机—网络层定义了网络层与网络接口层之间的接口，并不是常规意义上的一层，和网络接口层的区别非常明显，TCP/IP 模型没有将它们区分开来。

5.5.2　传输层协议

TCP 是面向连接的通信协议，通过三次握手建立连接，通信完成时要拆除连接，只能用于点对点的通信。TCP 提供的是一种可靠的数据流服务，采用“带重传的肯定确认”技术来实现传输的可靠性。TCP 还采用一种称为“滑动窗口”的方式进行流量控制，所谓窗口实际表示接收能力，用以限制发送方的发送速度。如果 IP 数据包中有已经封好的 TCP 数据包，那么 IP 将把它们向“上”传送到传输层，传输层将包排序并进行错误检查，同时实现虚电路间的连接。TCP 数据包中包括序号和确认，所以未按照顺序收到的包可以被排序，而损坏的包可以被重传。TCP 将它的信息送到更高层的应用程序，例如 Telnet 的服务程序和客户程序，应用程序轮流将信息送回传输层，传输层便将它们向下传送到网络层，设备驱动程序和物理介质，最后到接收方。

面向连接的服务(例如 Telnet、FTP、rlogin、X Windows 和 SMTP 等)需要高度的可靠性，所以它们使用了 TCP。DNS 在某些情况下使用 TCP(发送和接收域名数据库)，但使用 UDP 传送有关单个主机的信息。

UDP 是面向无连接的通信协议，UDP 数据包括目的端口号和源端口号信息，由于通信不需要连接，所以可以广播发送。UDP 通信时不需要接收方确认，属于不可靠的传输，可能会出现丢包现象，实际应用中要求在程序员编程验证。

UDP 与 TCP 位于同一层，但 UDP 不管数据包的顺序、错误或重发，因此，它不被应用于那些使用虚电路的面向连接的服务，而主要用于那些面向查询—应答的服务，例如 NFS(相对于 FTP 或 Telnet，查询—应答服务需要交换的信息量较小。使用 UDP 的服务包括 NTP(网络时间协议)和 DNS(DNS 也使用 TCP)。

欺骗 UDP 包比欺骗 TCP 包更容易，因为 UDP 没有建立初始化连接(也可以称为握手)因为在两个系统间没有虚电路，也就是说，与 UDP 相关的服务面临着很大的危险。

ICMP 与 IP 位于同一层，它被用来传送 IP 的控制信息。它主要是用来提供有关通向目的地址的路径信息。ICMP 的“Redirect”信息通知主机通向其他系统更准确的路径，而“Unreachable”信息则指出路径有问题。另外，如果路径不可用了，ICMP 可以使 TCP 连接“体面地”终止。PING 是最常用的基于 ICMP 的服务。

TCP 和 UDP 服务通常有一个客户/服务器的关系，例如，一个 Telnet 服务进程开始在系统上处于空闲状态，等待着连接。用户使用 Telnet 客户程序与服务进程建立一个连接。客户程序向服务进程写入信息，服务进程读出信息并发出响应，客户程序读出响应并向用户报告，因而，这个连接是双工的，可以用来进行读写。两个系统间的多重 Telnet 连接是如何相互确认并协调一致呢？TCP 或 UDP 连接唯一地使用每个信息中的以下四项进行确认：

源 IP 地址(发送包的 IP 地址)，目的 IP 地址(接收包的 IP 地址)，源端口(源系统上的连接端口)，目的端口(目的系统上的连接端口)。端口是一个软件结构，被客户程序或服务进程用来发送和接收信息。一个端口对应一个 16 比特的二进制数。服务进程通常使用一个固定的端口，例如，HTTP 使用 80，SMTP 使用 25，FTP 使用 21，在建立与特定主机或服务

的连接时，需要这些端口和目的地址进行通信。

5.5.3 网络层协议

网络层接收由更低层(网络接口层，例如以太网设备驱动程序)发来的数据包，并把该数据包发送到更高层——TCP 或 UDP 层；同样，IP 层也把从 TCP 或 UDP 层接收来的数据包传送到更低层。IP 数据包是不可靠的，因为 IP 并没有做任何事情来确认数据包是按顺序发送的或者没有被破坏。IP 数据包中含有发送主机地址(源地址)和接收主机地址(目的地址)。

高层的 TCP 和 UDP 服务在接收数据包时，通常假设包中的源地址是有效的，也可以这样说，IP 地址形成了许多服务的认证基础，这些服务相信数据包是从一个有效的主机发送来的。IP 确认包含一个选项，叫作 IP source routing，可以用来指定一条源地址和目的地址之间的直接路径。对于一些 TCP 和 UDP 的服务来说，使用了该选项的 IP 包好像是从路径上的最后一个系统传递过来的，而不是来自于它的真实发送节点。这个选项是为了测试而存在的，说明了它可以被用来欺骗系统来建立平常被禁止的连接。那么，许多依靠 IP 源地址做确认的服务将产生问题并且会被非法入侵。

如表 5-7 所示，网络层协议包括 IP，ICMP，OSPF，BGP，IGMP，ARP，RARP。

1. IP 数据报

IP 数据报由两部分组成：首部(IP 报头)和数据，首部固定长度为 20 个字节，是数据报所必须的，首部后面有一些可选项，其长度是可变的。数据部分则是要发送的数据，格式来源于传输层，即是 TCP 或 UDP 数据包。图 5-26 所示为 IP 数据报的格式，其中详细列出了 IP 数据报报头各字段的名称。

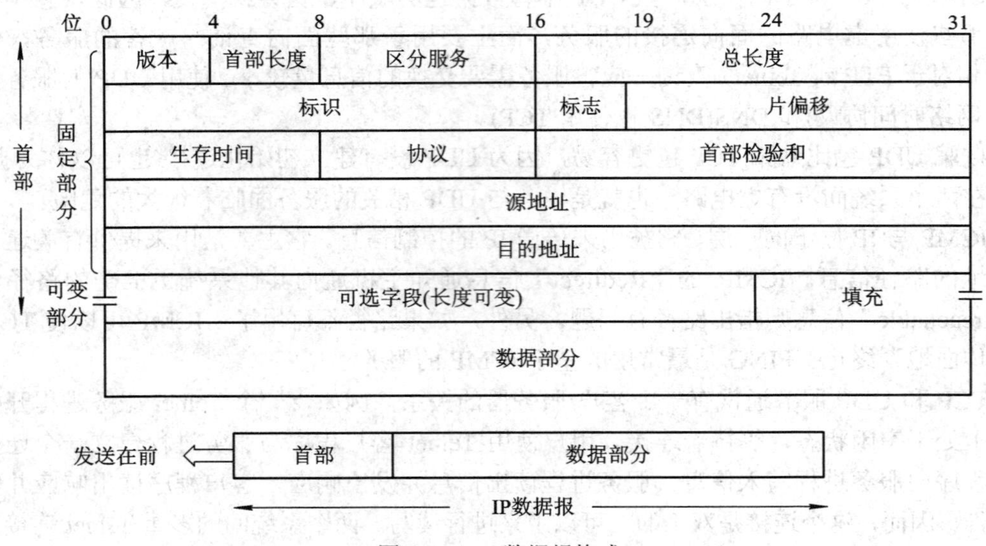

图 5-26 IP 数据报格式

(1) 版本：占 4 位，指 IP 协议的版本，目前的 IP 协议版本号为 4(即 IPv4)。

(2) 首部长度：占 4 位，可表示的最大数值是 15 个单位(一个单位为 4 字节)，因此 IP 的首部长度的最大值是 60 字节。

(3) 区分服务：占 8 位，用来获得更好的服务，一般的情况下都不使用该字段。

(4) 总长度：占 16 位，单位为字节。指首部和数据之和的长度。数据报的最大长度为 $2^{16}=65\,535$ 字节。

(5) 标识(identification)：占 16 位，它是一个计数器，用来产生数据报的标识。

(6) 标志(flag)：占 3 位，目前只有前两位有意义。标志字段的最低位是 MF(More Fragment)，MF = 1 表示后面还有分片，MF = 0 表示最后一个分片。标志字段中间的一位是 DF(Don't Fragment)，只有当 DF = 0 时才允许分片。

(7) 片偏移：占 12 位，指出较长的分组在分片后某片在原分组中的相对位置。片偏移以 8 个字节为偏移单位。

(8) 生存时间：占 8 位，记为 TTL(Time To Live)，数据报在网络中可通过的路由器数的最大值。

(9) 协议：占 8 位，指出应将数据部分交给运输层哪一个协议处理。

(10) 首部检验和：占 16 位，只检验数据报的首部不检验数据部分(这里不采用 CRC 检验码而采用简单的计算方法)。

(11) 源地址和目的地址：各占 4 字节。

2. 地址解析协议(ARP)

网络层以上使用的是 IP 地址，但在实际网络的链路上传送数据帧时最终还是使用该网络的 MAC 地址。IP 地址和下面的 MAC 地址间不存在简单映射关系，此外，在一个网络上可能经常会有新的主机加入或退出。如何使 IP 与 MAC 对应？地址解析协议 ARP 解决这个问题的方法是：在主机 ARP 高速缓存中存放一个从 IP 地址到 MAC 地址的映射表，而且这个映射表还经常动态更新(新增或超时删除)。图 5-27 所示为 ARP 的工作过程。

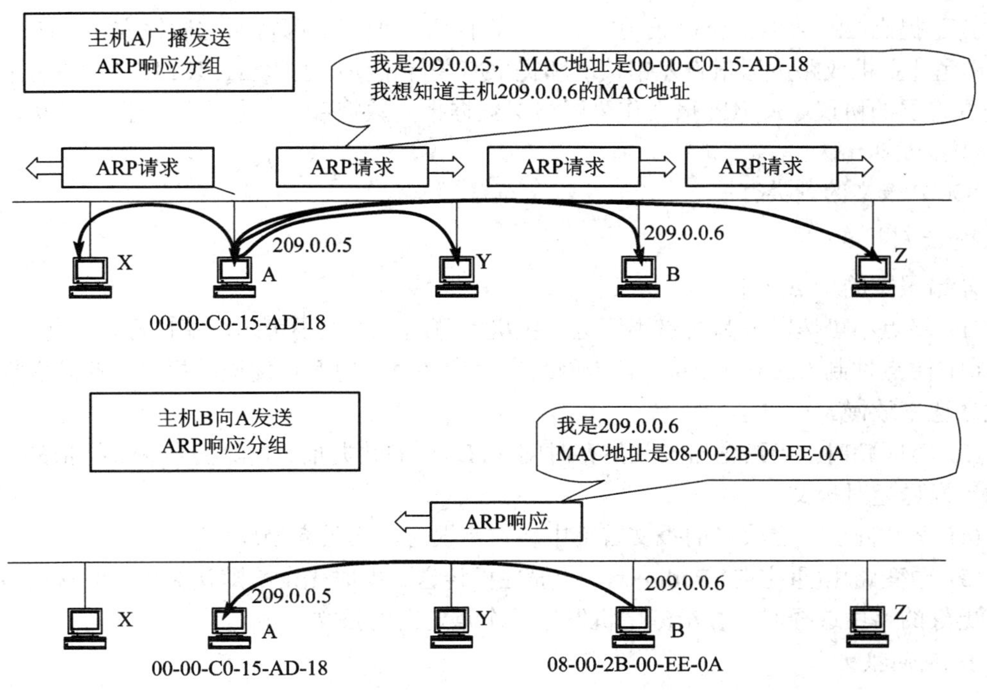

图 5-27　ARP 工作过程

为了减少网络上的通信量，主机 A 在发送其 ARP 请求分组时，就将自己的 IP 地址到 MAC 地址的映射写入 ARP 请求分组。当主机 B 收到 A 的 ARP 请求分组时，就将主机 A 的 MAC 地址映射写入主机 B 自己的 ARP 高速缓存中。

应该注意的问题：

(1) 虽然 ARP 请求分组是广播发送的，但 ARP 响应分组是普通单播。

(2) ARP 把保存在高速缓存中的每一个映射地址都设置生存时间(10～20 分钟)，凡超时的项目都将删除。

(3) ARP 用来解决同一个局域网上的主机或路由器的 IP 地址和 MAC 地址映射问题。

(4) 从 IP 地址到 MAC 地址的解析是自动进行的，主机的用户对这种地址解析过程是不知道的。

使用 ARP 的四种典型情况：

(1) 当发送方是主机，要把 IP 数据报发送到本网络上的另一个主机时，用 ARP 找到目的主机的硬件地址。

(2) 当发送方是主机，要把 IP 数据报发送到另一个网络上的一个主机时，用 ARP 找到本网络上的一个路由器的 MAC 地址(剩下的工作由这个路由器来完成)。

(3) 当发送方是路由器，要把 IP 数据报转发到本网络上的一个主机时，用 ARP 找到目的主机的 MAC 地址。

(4) 当发送方是路由器，要把 IP 数据报转发到另一个网络上的一个主机时，用 ARP 找到本网络上的一个路由器的 MAC 地址(剩下的工作由这个路由器来完成)。

3. 网际控制报文协议(ICMP)

为了提高 IP 数据报交付成功的机会，在网络层使用了因特网控制报文协议(ICMP)，ICMP 允许主机或路由器报告差错情况和提供有关异常情况的报告。ICMP 不是高层协议，而是网络层的协议。ICMP 报文作为网络层数据报的数据部分，加上数据报的首部，组成 IP 数据报发送出去。

ICMP 报文的种类有：

1) 差错报文

差错报文的特点如下：

(1) 终点不可达，分为网络不可达，主机不可达，协议不可达，端口不可达等。

(2) 源点抑制(Source quench)，当网络产生拥塞时，向源点发送的报文，使源点将数据报发送速率放慢。

(3) 时间超时，当路由器收到生存时间 TTL＝0 的数据报时，除丢弃该数据报外，还要向源点发送超时报文。

(4) 参数问题，当收到的报文首部中参数错误时，作丢弃处理。

(5) 改变路由(重定向)(Redirect)，一般主机传送数据时先发给默认路由，但默认路由发现有更好的路由选择时，会给源主机发送一个重定向的报文。

2) 询问报文

询问报文分为以下四种：

(1) 回送请求和回答报文；

(2) 时间戳请求和回答报文；

(3) 掩码地址请求和回答报文；

(4) 路由器询问和通告报文。

4. IP 多播

IP 地址的多播是为了提高网络数据传输效率，节省网络资源。图 5-28 所示为 IP 地址中单播与多播的比较。

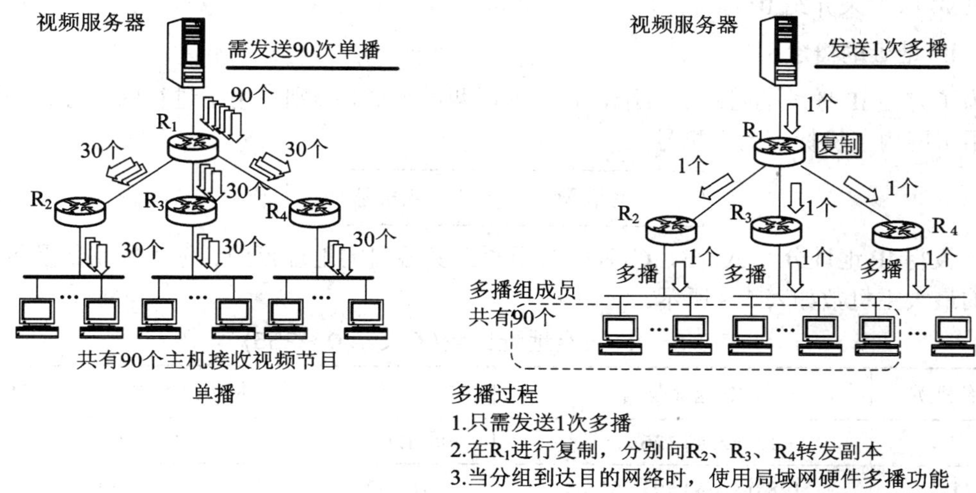

图 5-28 IP 地址单播与多播

IP 多播的特点：

(1) 多播使用组地址——D 类地址(224.x.x.x---239.x.x.x)。多播地址只能用于目的地址，而不能用于源地址。

(2) 有些 D 类地址(224.0.0.X)已经被 IANA 指派为永久组地址了，但 224.0.1.0 至 238.255.255.255 则是全球范围都可使用的多播地址。

(3) 用每一个 D 类地址标志一个多播组，这样，D 类地址一共可以标志 228 个多播组。

多播需要两种不同的协议，即 IGMP 和多播路由选择协议。仅有 IGMP 是不能完成多播的，连接在局域网上的多播路由器还必须和网络上其他多播路由器协同工作，才能把多播数据报用最小代价传送给所有组成员，这就需要多播路由选择协议。多播路由选择协议尚未标准化。

5.5.4 IP 地址

在 Internet 上连接的所有计算机，从大型计算机到微型计算机都是以独立的身份出现，我们称它为主机。为了实现各主机间的通信，每台主机都必须有一个唯一的网络地址，就好像每一个住宅都有唯一的门牌一样，才不会在传输资料时出现混乱。Internet 的网络地址是指连入 Internet 的计算机的地址编号，所以在 Internet 中，网络地址唯一地标识一台计算机，这个地址就叫做 IP(Internet Protocol)地址，即用 Internet 协议语言表示的地址。

目前 IP 地址有 IPv4 和 IPv6 两个版本。IPv4 地址是一个 32 位的二进制地址，分为 4 组，每组 8 位，由小数点分开，如 202.116.0.1，每组的数值范围是 0～255，这种书写方法叫做点数表示法。IPv6 地址长为 128 位，通常写作 8 组，每组为四个十六进制数的形式。例如，2001:0db8:85a3: 08d3: 1319:8a2e:0370:7344 是一个合法的 IPv6 地址。如果 IPv6 地址中的某一组的四个数字都是零，可以被省略，例如 2001:0db8:85a3:0000:1319:8a2e:0370:7344 等价于 2001:0db8:85a3::1319:8a2e:0370:7344。IPv6 地址正处在不断发展和完善的过程中，它在不久的将来将取代目前被广泛使用的 IPv4 地址，每个人将拥有更多 IP 地址。下面都是以 IPv4 版本来介绍 IP 地址的。

1. IP 地址的概念

为了方便 IP 地址的管理和分配，IP 地址由两部组成，分别是用于进行网络标识的网络号和用于网内主机标识的主机号。

网络号	主机号

一般将 IP 地址分为 A，B，C，D，E 五类，其各自的地址范围、最大网络数及每个网络中的最大主机数如表 5-8 所示。

表 5-8　IP 三类地址比较(X 表示 0～255)

网络类别	IP 地址范围	最大网络数	每个网络中最大主机数
A	1.x.x.x 到 126.x.x.x	126	16 777 214
B	128.0.x.x 到 191.255.x.x	16 382	65 534
C	192.0.0.x 到 223.255.255.x	2 097 150	254
D，E	不进行分配，用于特殊目的		

1) A 类地址

A 类地址的表示范围为 1.0.0.1～126.255.255.255，默认子网掩码为 255.0.0.0。A 类地址用第一组数字表示网络号，用后面三组数字表示连接网络的主机号，分配给具有大量主机而个数较少的大型网络，例如 IBM 公司的网络。

127.0.0.0～127.255.255.255 是保留地址，用来循环测试。

0.0.0.0～0.255.255.255 也是保留地址，用来表示所有的 IP 地址。

2) B 类地址

B 类地址的表示范围为 128.0.0.1～191.255.255.255，默认子网掩码为 255.255.0.0；B 类地址分配给一般的中型网络。B 类地址用第一、二组数字表示网络号，后面两组数字代表网络上的主机号。

3) C 类地址

C 类地址的表示范围为 192.0.0.1～223.255.255.255，默认子网掩码为 255.255.255.0；C 类地址分配给小型网络，如一般的局域网，它可连接的主机数量是最少的。C 类地址用前三组数字表示网络号，最后一组数字作为网络上的主机号。

为了更好地管理和使用地址，增强 IP 地址的功能，还规定了四类特殊的 IP 地址。

(1) 测试地址：127.X.X.X，用来做循环测试的，也经常被用于表示本机地址。

(2) 网络号0：一般表示本网络，相当于省略了本地网络号。

(3) 主机号全1：用于广播地址，表示目标是本网络的全体主机。

(4) 私有地址：也叫内部地址，这是为了有效利用IP地址，解决IP地址不足的问题，这类地址专门用于局域网内部的地址分配。ABC三类地址各有一个网段用作私有地址，分别是：A类，10.0.0.0～10.255.255.255；B类，172.16.0.0～172.31.255.255；C类，192.168.0.0～192.168.255.255。私有地址只能用于局域网，地址只能在本网络内使用，在外网中不被承认，也不能被送出。在局域网中若向外网(Internet)发送数据，需要将私有地址转换为公有地址，这个转换过程称为网络地址转换(Network Address Translation，NAT)，通常使用路由器来执行网络地址转换。

D类地址和E类地址用途比较特殊，在这里只是简单介绍一下。D类地址不分网络号和主机号，它的第1个字节的前四位固定为1110，其地址范围为224.0.0.1～239.255.255.254。D类地址用于多点播送，也称为广播地址，供特殊协议向选定的节点发送信息时用。E类地址保留给将来使用。

在Internet中，一台计算机可以有一个或多个IP地址，就像一个人可以有多个通信地址一样，但两台或多台计算机却不能共享一个IP地址。如果在同一网络内有两台计算机的IP地址相同，则会引起异常现象，无论哪台计算机都将无法正常工作。

2. 网关

在Internet中两个完全不同的网络若要互联，要通过一台中间网络设备实现，这台网络设备可以是专业的网关，也可以是一台计算机。中间网络设备能根据用户通信目标计算机的IP地址，决定是否将用户发出的信息送出本地网络，同时，它还将外界发送给属于本地网络计算机的信息接收过来，是一个网络与另一个网络相连的通道。为了使TCP/IP协议能够寻址，该通道被赋予一个IP地址，这个IP地址称为网关地址，一般简称网关。

3. 子网掩码

设定任何网络上的任何设备不管是主机、个人电脑、路由器等皆需要设定IP地址，而跟随着IP地址的是子网掩码。子网掩码一般是由若干个二进制的连续1和二进制的连续0组成，主要的目的是与IP地址进行相与运算，得到该IP地址的网络号，由此判断IP地址是属于哪一个网络(同样的网络有相同的网络号)，如表5-9所示。ABC三类网络地址的子网掩码分别为：A类地址子网掩码：255.0.0.0(第一组网络号，后三组主机号)；B类地址子网掩码：255.255.0.0(前二组网络号，后二组主机号)；C类地址子网掩码：255.255.255.0(前三组网络号，后一组主机号)。

表5-9 子网掩码与IP地址运算

IP地址	192.10.10.6	11000000.00001010.00001010.00000110
子网掩码	255.255.255.0	11111111.11111111.11111111.00000000
相与运算	192.10.10.0	11000000.00001010.00001010.00000000

子网掩码还有一种比较简化的表示方式，就是在IP地址后面只写出1的个数，如

210.38.224.68/24 表示 IP 地址是 210.38.224.68，子网掩码是 255.255.255.0(255.255.255.0 化为二进制后前 24 位全为 1)。子网掩码也有可能不是 255(每组刚好 8 个 1)，这是子网掩码的另一个主要功能：划分子网，即可以用于在网络内部再通过 IP 地址划分几个子网，也就是虚拟子网(VLAN)，我们在这里就不多介绍了。

4. 常用网络测试命令

1) ping 命令

进行网络测试可以判断网络配置是否合理，全面的测试应包括局域网和互联网两个方面，以下是在实际工作中利用命令行测试 TCP/IP 配置步骤：

(1) 单击“开始”，“运行”，输入 cmd 按回车，打开命令提示符窗口。

(2) 输入 ping 127.0.0.1，观查网卡是否能转发数据，如果出现“Request timed out”，表明配置出错或网络有问题。

(3) ping 一个互联网地址，看是否有数据包传回，以验证与互联网的连接是否良好。

(4) ping 一个局域网地址，观查与它的连通是否良好。

2) ipconfig 命令

ipconfig 命令用于显示当前的 TCP/IP 配置的设置值，一般用来查看人工配置的 TCP/IP 设置是否正确。但是，如果计算机和所在的局域网使用了动态主机配置协议(Dynamic Host Configuration Protocol，DHCP)，ipconfig 就更加实用，可以了解计算机是否成功的租用到一个 IP 地址，如果租用到，则可以了解它目前分配到的是什么地址。了解计算机当前的 IP 地址、子网掩码和缺省网关实际上是进行测试和故障分析的必要项目。本命令也是在命令提示符窗口输入的，下面是本命令的几种使用格式：

(1) ipconfig——不带任何参数选项，则为每个已经配置了的接口显示 IP 地址、子网掩码和缺省网关值。

(2) ipconfig /all——当使用 all 选项时，能为 DNS 和 WINS 服务器显示它已配置且所要使用的附加信息(如 IP 地址等)，并且显示内置于本地网卡中的物理地址(MAC)。如果 IP 地址是从 DHCP 服务器租用的，ipconfig 将显示 DHCP 服务器的 IP 地址和租用地址预计失效的日期。

(3) ipconfig /release 和 ipconfig /renew——这是两个附加选项，只能在向 DHCP 服务器租用其 IP 地址的计算机上起作用。release 是释放，所有接口的租用 IP 地址便重新交付给 DHCP 服务器(归还 IP 地址)；renew 是更新，本地计算机便设法与 DHCP 服务器取得联系，并重新租用一个 IP 地址。

3) netstat 命令

netstat 是控制台命令，是一个监控 TCP/IP 网络非常有用的工具，它可以显示路由表、实际的网络连接以及每一个网络接口设备的状态信息。Netstat 用于显示与 IP、TCP、UDP 和 ICMP 协议相关的统计数据，一般用于检验本机各端口的网络连接情况。

netstat 命令的功能是显示网络连接、路由表和网络接口信息，可以让用户得知有哪些网络连接正在运作，使用时如果不带参数，netstat 显示活动的 TCP 连接。一般用 netstat –an 命令来显示所有连接的端口并用数字表示。

4) nslookup

nslookup 命令很实用，网络管理员可以用它来监测网络中 DNS 服务器是否能正确实现域名解析，黑客可以通过此命令探测一个大型网站，究竟绑定了多少个 IP 地址，这可以让黑客准确地把握攻击的 IP 地址范围。本命令直接在命令提示符下使用，不带参数使用，但是进入后的命令和参数比较复杂，这里不做更多的介绍。

5. IPv6 简介

IPv6 是 IETF(互联网工程任务组，Internet Engineering Task Force)设计的用于替代现行版本 IP 协议(IPv4)的下一代 IP 协议。

与 IPv4 相比，IPv6 具有以下几个优势：

(1) IPv6 具有更多的地址空间。IPv4 中规定 IP 地址长度为 32，即有 $2^{32}-1$ 个地址；而 IPv6 中 IP 地址的长度为 128，即有 $2^{128}-1$ 个地址。

(2) IPv6 使用更小的路由表。IPv6 的地址分配一开始就遵循聚类(Aggregation)的原则，这使得路由器能在路由表中用一条记录(Entry)表示一片子网，大大减小了路由器中路由表的长度，提高了路由器转发数据包的速度。

(3) IPv6 增加了组播(Multicast)支持以及对流的控制(Flow Control)，这为网络上的多媒体应用提供了长足发展的机会，为服务质量(Quality of Service，QoS)控制提供了良好的网络平台。

(4) IPv6 加入了对自动配置(Auto Configuration)的支持。这是对 DHCP 协议的改进和扩展，使得网络(尤其是局域网)的管理更加方便和快捷。

(5) IPv6 具有更高的安全性。使用 IPv6 网络的用户可以对网络层的数据进行加密并对 IP 报文进行校验，极大地增强了网络的安全性。

目前 IPv4 和 IPv6 两全版本同时使用，等到要只使用 IPv6，还将有一个长时间的过渡。

5.6 IP 交换技术概述

IP 交换是 Ipsilon 公司提出的专门用于在 ATM 网络上传送 IP 分组的技术，它克服了 CIPOA 的一些缺陷(如在子网之间必须使用传统的路由器)，提高了在 ATM 上传送 IP 分组的效率。

IP 交换机由 ATM 交换机、IP 交换控制器组成。IP 交换控制器主要由路由软件和控制软件组成，ATM 交换机的一个 ATM 接口与 IP 交换控制器的 ATM 接口相连，用于控制信号和用户数据的传送。在 ATM 交换机与 IP 交换控制器之间使用控制协议为 RFC1987 通用交换机管理协议(GSMP)，在 IP 交换机之间使用的协议是 RFC1953Ipsilon 流管理协议(IFMP)。

GSMP 是一个多用途的协议，使得 IP 交换控制器能对 ATM 交换机进行控制，完成直接 ATM 交换。它将 IP 交换控制器设置为主控制器，而把 ATM 交换机设置为从属被控设备，IP 交换控制器利用该协议向 ATM 交换机发出各种指令，如：建立和释放经过 ATM 交换机的虚连接，在点到多点连接中增加或删除端点，进行配置信息查询等。

IFMP 用于在相邻的 IP 交换机控制器、IP 交换网关或支持 IFMP 的网络接口之间的控制数据传送，以便把现有网络或主机接入 IP 交换网中或实现相应的控制功能。

IP 交换网络将用户数据流分为两类：持续时间长、业务量大的用户数据流(如 FTP 数据、HTTP 数据、多媒体音频、视频数据等)和持续时间短、业务量小、呈突发分布的用户数据流(如 DNS 查询、SMTP 数据、SNMP 查询等)，对不同类型的用户数据流进行不同的处理。

IP 交换机的工作过程如下：

(1) IP 交换机的 ATM 输入端口从上游节点接收输入业务流，并把这些业务流送往 IP 交换机控制器中的路由软件进行处理。IP 交换机控制器根据输入业务流的 TCP 或 UDP 信头中的端口号进行流分类：持续时间长、业务量大的用户数据流在 ATM 交换机硬件中直接进行交换；持续时间短、业务量小、呈突发分布的用户数据流通过 IP 交换控制器中的 IP 路由软件进行传输，即与传统路由器一样，也是一跳接一跳(hopbyhop)进行存储转发传送。

(2) 一旦一个业务流被标识为直接 ATM 交换，IP 交换控制器将要求上游节点把该业务流放在一条新的虚通道上。

(3) 如果上游节点同意建立虚通道，则该业务流就在这条虚通道上进行传送。

(4) 同时，下游节点也要求 IP 交换控制器为该业务流建立一条呼出的虚通道。

(5) 通过步骤(3)和(4)，该业务流被分离到特定的呼入虚通道和呼出虚通道上。

(6) 通过旁路路由，IP 交换控制器指示 ATM 交换机完成直接交换。

IP 交换的实质是基于信息流的传输方案，它的特点是对于持续时间长，业务量大的用户数据流，利用 ATM 虚通道进行传输，因此传输时延小、容量大；而对于持续时间短、业务量小，呈突发分布的用户数据流，使用 IP 路由软件进行传输，从而节省了建立 ATM 虚电路的开销，提高了传输效率。IP 交换的缺点是只支持 IP 协议，同时它的效率有赖于具体的用户业务环境，对于大多数是持续时间长、业务量大的用户数据情况，能获得较高的效率，但对于大多数是持续时间短、业务量小、呈突发分布的用户数据的情况，IP 交换的效率将大幅降低。

目前主要的 IP 交换技术有：

(1) Ipsilon IP 交换，IP 交换技术由 Ipsilon 首先提出，即识别数据包流，尽量在第二层进行交换，以绕过路由器，改善网络性能。Ipsilon 改进了 ATM 交换机，删去了控制器中的软件，加上一个 IP 交换控制器，与 ATM 交换机通信。该技术适用于机构内部的 LAN 和校园网。

(2) Cisco 标签交换，给数据包贴上标签，此标签在交换节点读出，判断包传送路径。该技术适用于大型网络和 Internet。

(3) 3Com Fast IP，侧重数据策略管理、优先原则和服务质量。Fast IP 协议保证实时音频或视频数据流能得到所需的带宽。Fast IP 支持其他协议(如 IPX)，可以运行在除 ATM 外的其他交换环境中。

(4) IBM ARIS(Aggregate Route-based IP Switching)，与 Cisco 的标签交换技术相似，包上附标记，借以穿越交换网。ARIS 一般用于 ATM 网，也可扩展到其他交换技术。边界设

备是进入 ATM 交换环境的入口，含有第三层路由映射到第二层虚电路的路由表。允许 ATM 网同一端两台以上的计算机通过一条虚电路发送数据，从而减少网络流量。

(5) MPOA(Multi Protocol Over ATM)，ATM 论坛提出的一种规范。经源客户机请求，路由服务器执行路由计算后给出最佳传输路径；然后，建立一条交换虚电路，即可越过子网边界，不用再做路由选择。

5.7 MPLS 交换技术

MPLS(多协议标签交换)是一种可提供高性价比和多业务能力的交换技术，它解决了传统 IP 分组交换的局限性，在业界受到了广泛的重视，并在中国网通、中国铁通全国骨干网等网络建设中得到了实践部署。采用 MPLS 技术可以提供灵活的流量工程、虚拟专网等业务，同时，MPLS 也是能够完成涉及多层网络集成控制与管理的技术。

5.7.1 MPLS 技术概述

1. MPLS 的基本原理

MPLS 是一种第三层路由结合第二层属性的交换技术，引入了基于标签的机制，它把路由选择和数据转发分开，由标签来规定一个分组通过网络的路径。MPLS 网络由核心部分的标签交换路由器(LSR)、边缘部分的标签边缘路由器(LER)组成。LSR 的作用可以看作是 ATM 交换机与传统路由器的结合，由控制单元和交换单元组成；LER 的作用是分析 IP 包头，用于决定相应的传送级别和标签交换路径(LSP)。标签交换的工作过程(见图 5-29)可概括为以下 3 个步骤：

(1) 由 LDP(标签分布协议)和传统路由协议(OSPF、IS-IS 等)一起，在 LSR 中建立路由表和标签映射表；

(2) LER 接收 IP 包，完成第三层功能，并给 IP 包加上标签；在 MPLS 出口的 LER 上，将分组中的标签去掉后继续进行转发；

(3) LSR 对分组不再进行任何第三层处理，只是依据分组上的标签通过交换单元对其进行转发。

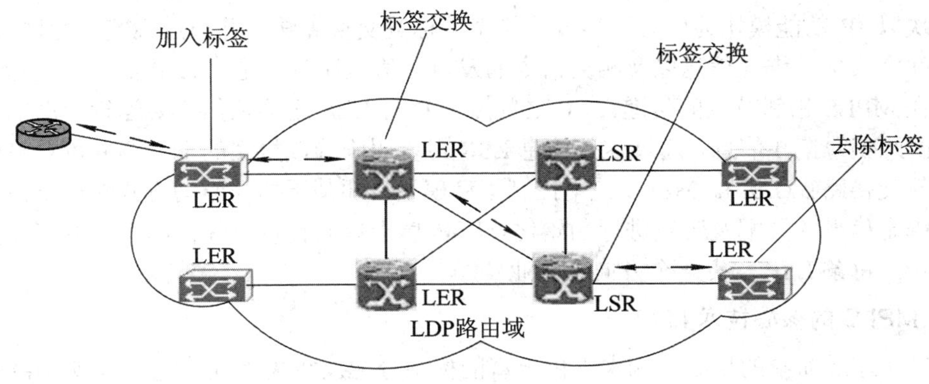

图 5-29 标签交换的工作过程

IETF 标准文档中定义的 MPLS 包头是插入在传统的第二层(数据链路层)包头和第三层 IP 包头之间的一个 32 位的字段，如图 5-30 所示。

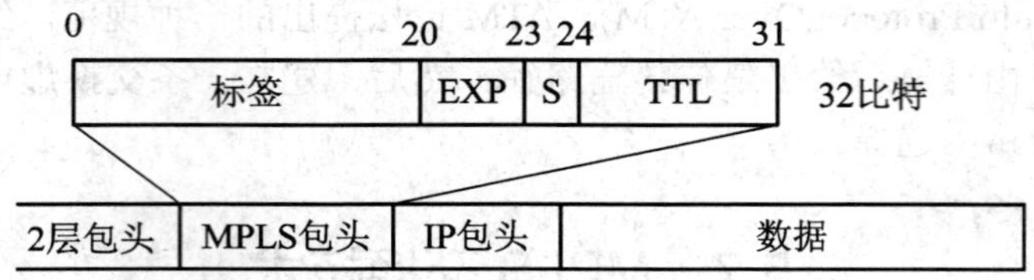

图 5-30　MPLS 包头结构

MPLS 包头各字段的长度及功能分别如下：

Label 字段——20 位，标签字段。

EXP 字段——3 位，实验字段，协议中没有明确，通常用作 COS。

S 字段——1 位，堆栈(Stack)字段。

TTL 字段——8 位，生存时间字段。

2. MPLS 信令方式

目前 MPLS 实现信令的方式可分为两类。一类是 LDP/CR-LDP(Label Dispatch Protocol，Constrain based Routing Label Dispatch Protocol)，源于 ATM 网络的思想。CR-LDP 和 LDP 是同一个协议，CR-LDP 是 LDP 的扩展，它使用与 LDP 相同的消息和机制，如对等发现、会话建立和保持、标签发布和错误处理等。另外一类是 RSVP，它基于传统的 IP 路由协议。RSVP 和 LDP/CR-LDP 是两种不同的协议，它们在协议特性上存在不同，有不同的消息集和信令处理规程。从协议可靠性上来看，LDP/CR-LDP 是基于 TCP 的，当发生传输丢包时，利用 TCP 协议提供简单的错误指示，实现快速响应和恢复；而 RSVP 只是传送 IP 包，由于缺乏可靠的传输机制，RSVP 无法保证快速的失败通知。从网络可扩展性上看，LDP 较 RSVP 更有优势，一般电信级网络中，尤其是 ATM 网络中，应采用 MPLS/LDP，ITU-T 倾向于在骨干网中采用 CR-LDP。目前所有支持 MPLS 功能的路由设置都同时支持 CR-LDP 和 RSVP 两种 MPLS 的信令协议。

3. MPLS 的网络构成

MPLS 网络由标签边缘路由器(LER)和标签交换路由器(LSR)组成。在 LSR 内，MPLS 控制模块以 IP 功能模块为中心，转发模块基于标签交换算法，并通过标签分配协议(LDP)在节点间完成标签绑定信息以及相关信令的发送。值得注意的是，LDP 信令以及标签绑定信息只在 MPLS 相邻节点间传递。LSR 之间或 ISR 与 LER 之间依然需要运行标准的路由协议，并由此获得拓扑信息，通过这些信息 LSR 可以明确选取报文的下一跳并可最终建立特定的标签交换路径(LSP)。MPLS 使用控制驱动模型，即基于拓扑驱动方式对用于建立 LSP 的标签绑定信息的分配及转发进行初始化。LSP 属于单向传输路径，因而全双工业务需要两条 LSP，每条 LSP 负责一个方向上的业务。

4. MPLS 的核心技术 LDP

MPLS 通过简单的核心机制来提供丰富的标签分配及相关处理功能。构成 MPLS 协议框架的主要元素有标签分配协议(LDP)，标签映射表(LIB)和转发信息库(FIB)，其中 LIB 和

FIB 分别作为存储标签绑定信息和相应的标签转发信息的数据库。为了能够在 MPLS 域内明确定义、分配标签，同时使用网络内各元素充分理解其标签含义，LDP 提供一套标准的信令机制用于有效地实现标签的分配与转发功能。LDP 基于原有的网络层路由协议构建标签信息库，并根据网络拓扑结构，在 MPLS 域边缘节点(即入节点与出节点)之间建立 LSP。LDP 信令位于 TCP/UDP 之上，它通过 TCP 层保证信令消息可靠传输，同时基于 UDP 传送发现消息，LDP 信令传输使用的 TCP 和 UDP 端口号均为 646。相邻的 LSR 之间必须建立一条非 MPLS 连接链路作为信令通道，用于传送 LDP 信令报文。

5. MPLS 的主要技术特点

MPLS 技术的提出主要是为了更好地将 IP 与 ATM 的高速交换技术结合起来，发挥两者的优势，充分利用目前 ATM 网络的各种资源，实现 IP 分组的快速转发交换。对传统的 IP 动态路由进行一些扩展，基于控制的动态路由实现 IP 业务流量控制、虚拟专网应用(BGP/MPLS VPN)及 IP 级的服务质量(IP Cos)。

1) 流量工程

传统 IP 网络一旦为一个 IP 包选择了一条路径，则不管这条路径是否拥塞，IP 包都会沿着这条路径传送，这样就会造成整个网络在某处资源过度利用，而另外一些地方网络资源闲置不用，MPLS 可以控制 IP 包在网络中所走过的路径，这样可以避免 IP 包在网络中的盲目行为，避免业务流向已经拥塞的节点，实现网络资源的合理利用。

2) 负载均衡

MPLS 可以使用两条和多条 LSP 来承载同一个用户的 IP 业务流，合理地将用户业务流分摊在这些 LSP 之间。

3) 路径备份

配置两条 LSP，一条处于激活状态，另外一条处于备份状态，一旦主 LSP 出现故障，业务立刻导向备份的 LSP，直到主 LSP 从故障中恢复，业务再从备份的 LSP 切换到主 LSP。

4) 故障恢复

当一条已经建立的 LSP 在某一点出现故障时，故障点的 MPLS 会向上游发送 Notification 消息，通知上游 LER 重新建立一条 LSP 来替代这条出现故障的 LSP，上游 LER 就会重新发出 Request 消息建立另外一条 LSP 来保证用户业务的连续性。

5) 路径优先级及碰撞

在网络资源匮乏的时候，应保证优先级高的业务优先使用网络资源，MPLS 通过设置 LSP 的建立优先级和保持优先级来实现。每条 LSP 有 n 个建立优先级和 m 个保持优先级，优先级高的 LSP 先建立，并且如果某条 LSP 建立时，网络资源匮乏，而它的建立优先级又高于另外一条已经建立的 LSP 的保持优先级，那么它可以将已经建立的那条 LSP 断开，让出网络资源供它使用。

6. MPLS QoS

有两种方法用以 MPLS 流中指示服务类别。一种是 IP Precedence，可以指出 8 种服务类别，它被拷贝到 MPLS 头中的 S 字段，典型应用是在核心路由器。在另一种方式中，MPLS 可用不同组的标签指定服务类别，交换机可自动获知流量需要按优先级排队。目前，MPLS

最多支持 8 种服务类别(编码与 IP Precedence 相同)，这一数量不久将增加，原因是标签的数量多于 IP 前导的服务类别，采用标签分类后实际的服务类别数量是无限的。

5.7.2 MPLS 体系结构

1. MPLS 网络结构

MPLS 网络的基本构成单元是标签交换路由器(Label Switching Router，LSR)，主要运行 MPLS 控制协议和第三层路由协议，并负责与其他 LSR 交换路由信息来建立路由表，实现 FEC 和 IP 分组头的映射，建立 FEC 和标签之间的绑定，分发标签绑定信息，建立和维护标签转发表等工作。MPLS 网络结构如图 5-31 所示。

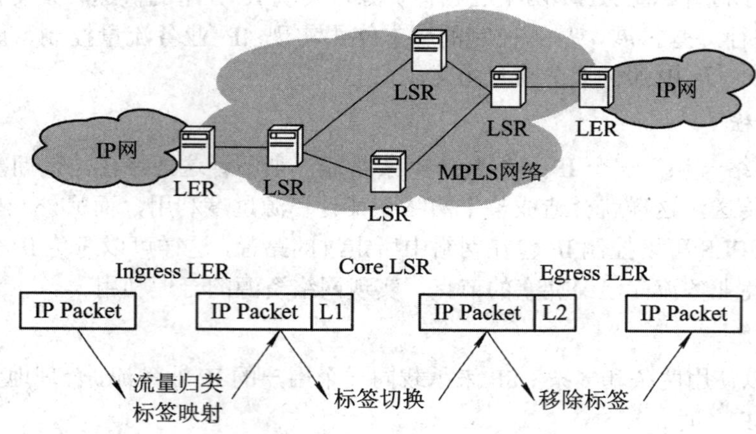

图 5-31 MPLS 网络结构

由 LSR 构成的网络叫做 MPLS 域，位于区域边缘的 LSR 称为边缘 LSR(Labeled Edge Router，LER)，主要完成连接 MPLS 域和非 MPLS 域以及不同 MPLS 域的功能，并实现对业务的分类、分发标签(作为出口 LER)、剥去标签等。其中入口 LER 叫 Ingress，出口 LER 叫 Egress，位于区域内部的 LSR 则称为核心 LSR，核心 LSR 可以是支持 MPLS 的路由器，也可以是支持 MPLS 标签交换的 LSR，它提供标签分发、交换功能(Label Swapping)。带标签的分组沿着由一系列 LSR 构成的标签交换路径 LSP(Label Switched Path，LSP)传送。

2. LSP 的建立

LSP 的建立其实就是将 FEC 和标签进行绑定，并将这种绑定通告 LSP 上相邻 LSR 的过程，这个过程是通过标签分发协议 LDP 来实现的。LDP 规定了 LSR 间的消息交互过程和消息结构，以及路由选择方式。

3. LSP 隧道与分层

1) LSP 隧道

MPLS 支持 LSP 隧道技术。在一条 LSP 路径上，LSR Ru 和 LSR Rd 互为上下游，但 LSR Ru 和 LSR Rd 之间的路径，可能并不是路由协议所提供路径的一部分，MPLS 允许在 LSR Ru 和 LSR Rd 间建立一条新的 LSP 路径，LSR Ru 和 LSR Rd 分别为这条 LSP 路径的起点和终点。LSR Ru 和 LSR Rd 间的 LSP 就是 LSP 隧道，它避免了传统的网络层封装隧

道。当隧道经过的路由和逐跳与从路由协议取得的路由一致时，这种隧道叫逐跳路由隧道；若不一致，则这种隧道叫显式路由隧道。

如图 5-32 中所示，Backup LSP2 就是 R1、R2、R3 间的一条隧道。

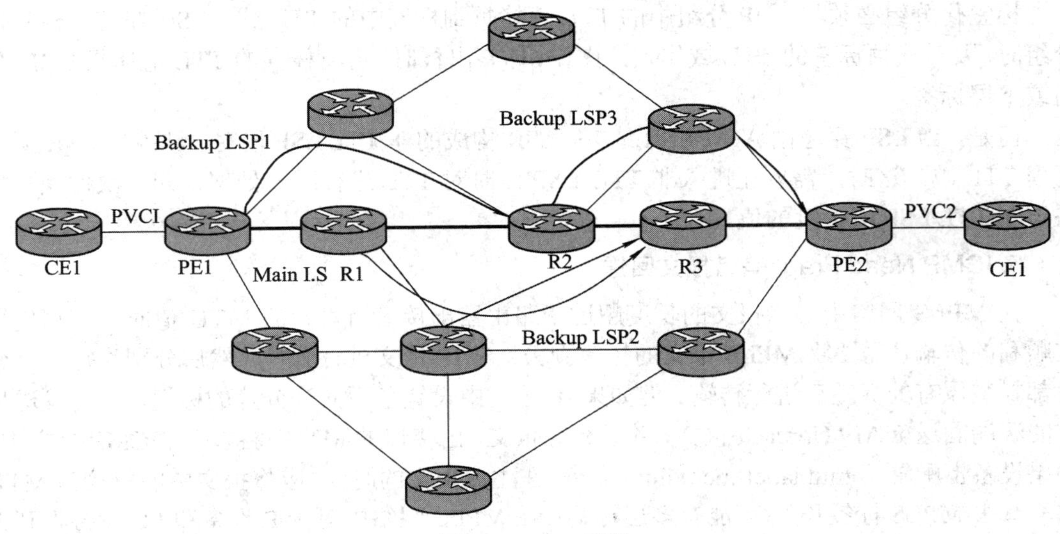

图 5-32　LSP 隧道

2) 多层标签栈

在 MPLS 中，分组可以携带多个标签，这些标签在分组中以“堆栈”的形式存在，对堆栈的操作按“后进先出”的原则，决定如何转发分组的标签始终是栈顶标签。标签入栈是指向输出分组中加入一个标签，使标签栈的深度加 1，同时，分组的当前标签就变为此新加入的标签；标签出栈是指从分组中去掉一个标签，使标签栈的深度减 1，同时，分组的当前标签将变为原来处于下一层的标签。

在 LSP 隧道中会使用多层标签栈，当分组在 LSP 隧道中传送时，分组的标签就会有多层。在每一条隧道的入口和出口处，要进行标签栈的入栈和出栈操作，每发生一次入栈操作，标签就会增加一层。MPLS 对标签栈的深度没有限制，标签栈按照“后进先出”方式组织标签，MPLS 从栈顶开始处理标签。若一个分组的标签栈深度为 m，则位于栈底的标签为 1 级标签，位于栈顶的标签为 m 级标签。未打标签的分组可以看作标签栈为空(即标签栈深度为零)的分组。

4. 标签报文的转发

在 Ingress 处，将进入网络的分组根据其特征划分成转发等价类 FEC。一般根据 IP 地址前缀或者主机地址来划分 FEC，属于相同 FEC 的分组在 MPLS 区域中将经过相同的路径(即 LSP)。LSR 对到来的 FEC 分组分配一个短而定长的标签，然后从相应的接口转发出去。

在 LSP 沿途的 LSR 上，都已建立了输入/输出标签的映射表(该表的元素叫下一跳标签转发条目，Next Hop Label Forwarding Entry，NHLFE)。对于接收到的标签分组，LSR 只需根据标签从表中找到相应的 NHLFE，并用新的标签来替换原来的标签，然后，对标签分组进行转发，这个过程叫输入标签映射(IncomingLabel Map，ILM)。

MPLS 在网络入口处指定特定分组的 FEC，后续路由器只需简单的转发即可，比常规的网络层转发要简单得多，转发速度得以提高。

TTL 处理：

标签化分组必须将原 IP 分组中的 TTL 值拷贝到标签中的 TTL 域，LSR 在转发标签化分组时，要对栈顶标签的 TTL 域作减一操作。标签出栈时，再将栈顶的 TTL 值拷贝回 IP 分组或下层标签。

但是，当 LSP 穿越由 ATM-LSR 或 FR-LSR 构成的非 TTL LSP 段时，域内的 LSR 无法处理 TTL 域。这时，需要在进入非 TTL LSP 段时对 TTL 进行统一处理，即一次性减去反映该非 TTL LSP 段长度的值。

5. ICMP Need Frag 差错报文回送

在 MPLS 网络中，当报文的长度超过了路由器出接口所设置的 MTU 值时，若想使报文顺利的传输，需要将 MPLS 报文的标签剥去，对 IP 报文进行分片，然后分别为每一个分片都封装原有的标签后进行传输。但如果 IP 报文中设置了不允许分片的标记，则向发送报文的源端回送 ICMP Unreach 报文，并丢弃源报文。出接口的 MTU 将被填入 ICMP 报文中，如果设备上配置了 mtu label-including 命令，在生成报文的时候，应将报文中的出接口 MTU 字段减去 MPLS 标签长度(可能有多层标签)。在 MPLS 网络中对于 P 设备和 PE 设备收到大于其出接口 MTU 的报文后回送 ICMP 差错报文的方式有所不同，如图 5-33 所示。下面将分别介绍。

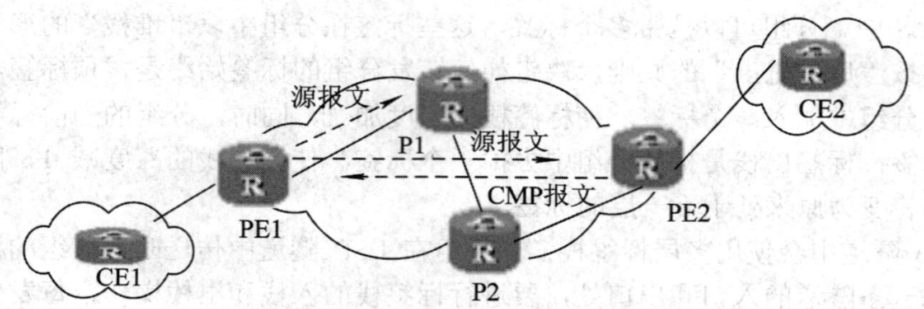

图 5-33　ICMP Need Frag 差错报文回送示意图

1) PE 设备的处理方式

PE1 收到 CE1 发来的报文，报文目的地址为 CE2，且该报文携带不可分片标记。PE1 将对此报文进行转发处理，封装 MPLS 标签，生成 MPLS 报文后进行转发。此时如果报文的长度超过了出接口的 MTU 时，PE1 会给 CE1 回送 ICMP Unreach 报文，并丢弃源报文。

2) P 设备的处理方式

P1 收到一份 MPLS 报文需要进行标签交换，该报文为 CE1 发往 CE2 的报文，携带不可分片标记。完成标签交换后，如果发现报文的长度超过了出接口的 MTU，此时，由于 P1 设备上可能没有到 CE1 的路由，P1 会将 MPLS 报文中封装的 IP 报文取出，根据这个 IP 报文生成 ICMP Unreach 报文，然后重新封装标签发往 PE2 方向。当 PE2 收到此 ICMP 报文时，将此报文转发到 CE1 的方向。

5.7.3 MPLS 交换基本原理

1. 路由和交换概念

在对 MPLS 技术进行详细介绍前，首先回顾几个与交换技术相关的概念。

路由协议(如 RIP，OSPF)是一种机制，使网络中的每台设备都知道将一个分组送向其目的地时，传送这个分组的下一跳(Next-Hop)是哪里。路由器使用路由协议构建路由表，当它们接收到一个分组而必须进行转发判决时，路由器用分组中的目的地址 IP 地址作为索引(Index)查寻路由表，利用特定算法获得下一跳机器的地址。路由表的构造和分组在转发时的查寻基本上是两个独立的操作。

交换概念通常用来描述从一个设备的输入端口到输出端口的数据传送，这种传送一般是基于第二层的(如 ATM 的 VPI/VCI)信息。

控制部件为一个节点建造并维护一个路由转发表(Forwarding Table)，它与其他节点的控制部件共同协作，持续并正确地交换发布路由信息，同时在本地建立转发表。标准的路由协议(如 OSPF、BGP 和 RIP)用于控制部件之间交换路由信息。

转发部件执行分组转发功能，它使用转发表、分组所协携带的地址等信息及本地的一系列操作来进行转发判决。在传统路由器中，最长匹配算法将分组中的目的地址与转发表中的条项进行对比，直到获得一个最优的匹配。更为重要的是，从源节点到目的地节点的沿路节点都要重复这一操作。在一个标志交换路由器中，(最佳匹配)标志交换算法使用分组的标志和基于标志的转发表来为分组获取一个新的标志及输出端口。

路由转发表包含若干条项，提供信息给转发部件，执行其交换功能。转发表必须将每个分组与一个条项(传统条项为目的地址)相关联起来，为分组的下一步路由提供指引。

转发同等类(FEC)定义了这样一组分组，从转发的行为来看，它们都具有相同的转发属性。一种 FEC 是一组单目广播分组，其目的地址均与一个 IP 地址前缀相匹配；另一种 FEC 是分组的源及目的地址都相同的一组分组。FEC 可以在不同的级别上进行定义。

标签(label)相对较短，长度固定且无结构标识，可在转发进程中使用。标签通过一种绑定操作与一个 FEC 关联起来，正常情况下，对于一个单一数据链路来说仅具有本地意义，不具有全局意义。在 ATM 环境中相当于它们的 VPI/VCI。由于 ATM 使用固定短区域进行交换，因此可以相信标签交换能成为一种 IPoverATM 应用的有效方案。在某种事件驱动下，标签与 FEC 进行绑定，从而具有一定意义，这种事件可分为以下两种类型。一种是数据驱动绑定，即在数据流开始产生时进行绑定。标签绑定仅在需要时建立，在转发表中只存在很少的几个条项。标签被分配给不同的 IP 数据流，在一个 ATM 网络环境中，它需要使用大量的虚电路资源，不易于扩展。另一种是拓扑驱动绑定，当控制平面激活时来建立，与数据流的产生无关。标签绑定可能与路由的更新或 RSVP 消息的接收有关。拓扑驱动绑定较数据驱动绑定更易于扩展，因此用于 MPLS 中。

2. 标签交换转发

标签与分组的绑定有若干种方式。对一些网络而言，可以将标签嵌入到链路层的头端(ATMVCI/VPI，和帧中继的 DLCI)，有时也可以将它嵌入到位于数据链路头端和数据链路协议数据单元(PDU)之间的小标签头端(如位于第二层头端与第三层数据负载之间)，称为

“Shim”。这种标签信息能够在链路层进行承载，“Shim”结构可以用于 Ethernet，IEEE802.3，或点对点(PPP)链路上，其中一个是单目广播，另一个是多目广播(Multicast)。每个标签长为 4 字节。

在 MPLS 骨干网络边缘，边界 LSR 对进来的无标签分组(正常情况下)按其 IP 头端进行归类划分(Classification)及转发判决，这样 IP 分组在边界 LSR 被打上相应的标签，并被传送至到达目的地址的下一跳。

在后续的交换过程中，由 LSR 所产生的固定长度的标签替代 IP 分组头端，大大简化了以后的节点处理操作。后续节点使用这个标签进行转发判决。一般情况下，标签的值在每个 LSR 中交换后改变，这就是标签转发。

如果分组从 MPLS 的骨干网络中出来，出口边界 LSR 发现它们的转发方向是一个无标签的接口，就简单地移除分组中的标签。这种基于标签转发的最重要的优势在于对多种交换类型只需要唯一一种转发算法，可以用硬件来实现非常高的转发速度。

3. 标签交换控制部件

标签由标签交换路径(LSP)的上游 LSR(Upstream LSR)节点来附加至分组中，下游 LSR(Downstream LSR)收到标签分组后判决处理，由标签交换的控制部件来完成，它使用标签转发表中的条项内容作为引导。

标签交换控制部件除了基本的转发表的建立和维护外，还负责以一种连续的方式在 LSR 之间进行路由的分布及进行将这些信息生成为转发表的操作。标签交换控制部件包括所有的传统路由协议(如 OSPF，BGP，PIM 等等)，这些路由协议为 LSR 提供了 FEC 与下一跳地址的映射。

4. 标签信息的分布(Distribution)

标签交换转发表中的条项内容最少应能提供输出的端口信息和下一个新的标签，当然也可以包含更多的信息。例如，它可以为被交换的分组产生一种输出队列原则，输入分组必须在转发表中有唯一的条项与之对应。

每一个分配的标签必须与转发表中的一个条项绑定起来，这种绑定可以在本地 LSR 执行或在远端 LSR 执行。目前 MPLS 版本使用下游绑定，这种情况下，本地绑定的标签用作进入分组标签，而远端绑定标签用作输出标签。另一种方式为上游绑定，与下游绑定相反，也是一种可行的方法。在 MPLS 技术中，转发表又称为标签转发信息库(LFIB)，LFIB 的每一个条项中包括输入标签，输出标签，输入接口 和输出端口 MAC 地址，由输入标签对条项进行检索查找。另外 LFIB 既可以在一个标签交换路由器上，也可以存在于一个接口上。

5. 标签交换路由器(LSR)

MPLS 的设备按其在 MPLS 路由网络中所处的位置可分为边界标签交换路由器和中间标签交换路由器。边界 LSR 除对分组的标签进行添加或移除外，还负责对流量进行分类。标签的分配除了基于目的地址外还有其他很多因素。边界 LSR 判定流量是否为一个长持续流，采取管理政策和访问控制，并在可能的情况下将普通业务流汇聚成较大的数据流，这些都是在 IP 与 MPLS 的边界处所要具有的功能，因此边界 LSR 的能力将会是整个标签交换环境能否成功的关键环节。对于服务提供者而言，这也是一个管理和控制点。

6. MPLS 和 ATM 协议关系

MPLS 为公共的转发算法，基于标签的交换技术，在与 ATM 技术的结合上，MPLS 使用 ATM 的用户平面(user plane)，以 ATM 的 VPI/VCI 作为其标签；MPLS 的控制功能部件，以网络层的动态路由协议(如 IS-IS，OSPF，BGP，PIM)及标签分配协议(LDP)来替代 ATM 传统的控制平面，完成对整个 MPLS 网络的控制功能。

5.7.4 基于 MPLS 的 VPN 技术

VPN 被一致认可为网络运营商的核心应用。网络运营商经常面临的挑战是商业用户需要将他们建立的网络通过 VPN 扩展到分支机构或外部用户网。这些基于 IP 的主流应用要求网络的特殊处理，包括私密性，服务质量以及 any-to-any 的连通性。网络运营商的 VPN 业务必须具备高度的可扩展性，高性价比并可适应广泛的用户需求。

1. 基本原理

目前基于 MPLS 的 VPN 方案中，以 RFC 2547 中规定的 BGP/MPLS VPN 得到了大多数厂家的支持，如 Cisco，Juniper 等。在 BGP/MPLS VPN 概念中，把整个网络中的路由器分为三类：用户边缘路由器(CE)、运营商边缘路由器(PE)和运营商骨干路由器(P)，其中，PE 充当 IP VPN 接入路由器。由于 BGP/MPLS VPN 采用 PE 之间通过扩展后的 BGP 协议(MP-BGP)来承载 VPN 成员关系和 VPN 网络可达性，所以使 MPLS VPN 网络具有良好的扩展性、灵活性和可靠性。MPLS VPN 的工作过程如图 5-34 所示。

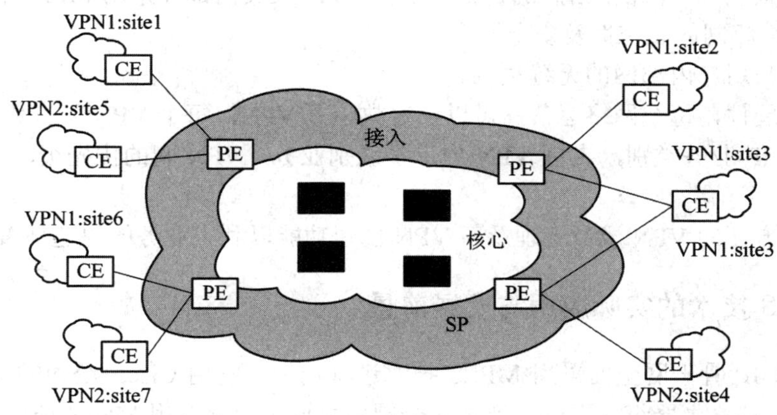

图 5-34 基于 MPLS 的 VPN 工作过程

(1) CE 到 PE 间通过 IGP 或 BGP 协议将用户网络中的路由信息通知运营商路由器(PE)，在 PE 上有对应于每个 VPN 的虚拟路由表(VRF)，类似有一台独立的路由器与 CE 进行连接。

(2) PE 之间采用 MP-BGP 传送 VPN 内的路由信息以及相应的标签(VPN 的标签，以下简称为内层标签)，而在 PE 与 P 路由器之间则采用传统的 IGP 协议相互学习路由信息，采用 LDP 协议进行路由信息与标签(用于 MPLS 标签转发，以下称为外层标签)的绑定。到此时，CE，PE 以及 P 路由器中基本的网络拓扑以及路由信息已经形成，PE 路由器拥有了骨干网络的路由信息以及每一个 VPN 的路由信息(VRF)。

(3) 当属于某一 VPN 用户端路由器(CE)有数据进入时，在 CE 与 PE 连接的接口上可以

识别出该 CE 属于哪一个 VPN，进而到该 VPN 的 VRF 路由表中去读取下一跳的地址信息，同时，在前传的数据包中打上 VPN 标签(内层标签)。下一跳地址为与该 PE 作 Peer 的 PE 的地址，为了到达这个目的端的 PE，在起始端 PE 中需读取 MPLS 骨干网络的路由信息，从而得到下一个 P 路由器的地址，同时采用 LDP 在用户前传数据包中打上用于 MPLS 标签交换的标签(外层标签)。

(4) 在 MPLS 骨干网络中，初始 PE 之后的 P 路由器均只读取外层标签的信息来决定下一跳，因此骨干网络中只是简单的标签交换。

(5) 达到目的端 PE 之前的最后一个 P 路由器，将把外层标签去掉，读取内层标签，找到 VPN，并送到相关的接口上，进而将数据传送到 VPN 的目的地址。

(6) P 路由器是 MPLS LSR，完全依据 MPLS 的标签来作出转发决定。由于 P 路由器完全不需要读取原始的数据包信息来作出转发决定，P 路由器不需要拥有 VPN 的路由信息，因此 P 路由器只需要参与骨干 IGP 的路由，不需要参加 MP-BGP 的路由。

从 MPLS VPN 工作过程可见，MPLS VPN 丝毫不改变 CE 和 PE 原有的配置，一旦有新的 CE 加入到网络时，只需在 PE 上作简单配置，其余的改动信息由 BGP 自动通知到 CE 和 P 路由器。

2. 主要优点

(1) 提供一个可快速部署实施增值 IP 业务的平台，包括内部网、外部网、语音、多媒体及网络商务。

(2) 通过限制 VPN 路由信息的传播，仅在 VPN 成员内部并采用 MPLS 前转，可提供与第二层 VPN 相同的私密性及安全性。

(3) 提供与用户内部网的无缝集成。

(4) 高扩展性，每个网络运营商可以设定数十万 VPN，每个 VPN 可有数千个现场。

(5) 提供 IP 业务类别，支持 VPN 内部多级别业务，VPN 间的优先级，灵活的服务级别选定。

(6) 提供方便的 VPN 成员管理及新 VPN 创建功能以利于业务的快速部署实施。

5.7.5 MPLS 技术的实际应用与发展前景

中国铁通 IP 骨干网全面采用 MPLS 技术进行构架，它由 Cisco 公司的 12000 系列及 7000 系列的高端路由器组建而成。通过在全国各大城市部署专用 MPLS VPN 路由器(PE)，中国铁通 IP 骨干网可在全国范围内提供的 MPLS VPN 业务，这种结构可提供方便的演进策略，使铁通可以根据自己的计划及客户的需求逐步引入 VPN 业务。将来更多的 MPLS VPN 功能会要求更新的软件版本，采用专用 VPN 路由器后，这些软件的更新都不会影响其他路由器。

采用 MPLS VPN 的网络，所有 PE 路由器运行 IBGP 以交换 VPN 信息，包括 VPN-IP 地址、路由目标(RT)、下一跳和标签，这就要求所有 PE 间的全网状 IBGP 连接，这就存在网络复杂度过高的问题不便管理，通过路由反射(RR)技术可以解决这个问题。中国铁通 IP 骨干网采用专用 VPN-RR，这种方式可以带来以下优势：

(1) 只有 PE 需要与 VPN-RR 对应，这样可使 VPN-RR 有更好的扩展性。

(2) 骨干网的拓扑变化不会影响 VPN-RR，同时 VPN 内部需求的变化也不会影响骨干网中的 RR。

(3) VPN-RR 的部署非常灵活，在 MPLS VPN 推广的初期，只配置少量 VPN-RR，当网络规模变得非常大时，可以采用多 RR 组，每个 RR 组只对某个选定的 MPLS VPN 组提供服务。

随着光波长路由技术的进一步发展，以及标准化工作的不断深入，光波长路由器间交换控制信息和建立光通路所用的协议 MPλS(多协议波长交换)将逐渐可以与 IP 层面的 MPLS(多协议标签交换)互通，从而为 IP Over Optical 网络建立起统一的、开放的、标准的控制平面提供了可能。

5.8　小　　结

异步传输模式(ATM)交换技术是一种包含传输、 组网和交换等技术内容的高速通信技术，它是由产业界、用户团体、研究机构和标准化组织开发和定义的。ATM 被设计满足下一代通信技术要求，如支持带宽资源的有效利用，有利于有各种类型的网络互连以及能够提供各种先进的通信业务，被看作是先进和有效的军用和民用通信的先进通信技术。ATM 适用于局域网和广域网，是具有高速数据传输率和支持许多种类型如声音、数据、传真、实时视频、CD 质量音频和图像的通信技术。

从原理上说，ATM 包含了 OSI 低三层的功能，例如：VC 的建立隐含了网络层路由选择的功能，ATM 信元的组织属于数据链路层的任务。类似于帧中继的实现，ATM 交换也融合和简化了 OSI 下三层的功能。由于网络层的流量控制功能被简化，而路由选择又隐含在 ATM 交换的过程中，因此，从数据流的角度出发，ATM 网络主要包含物理层和数据链路层，再进一步，数据链路层又被划分为两个子层：ATM 适配层(AAL)和 ATM 层。

ATM 交换机由软件进行控制和管理。软件主要指指挥交换机运行的各种规约，包括各种信令协议和标准。交换机必须能够按照预先规定的各种规约工作，自动产生、发送和接收、识别工作中所需要的各种指令，使交换机受到正确控制并合理地运行，从而完成交换机的任务。

TCP/IP 协议是 Internet 最基本的协议、Internet 国际互联网的基础，它实际上已经成为了 Inetrnet 的实际标准，采用了 4 层结构。通俗而言，TCP 负责发现传输的问题，一有问题就发出信号，要求重新传输，直到所有数据安全正确地传输到目的地，而 IP 是给因特网的每一台电脑规定一个地址。TCP/IP 协议主要特点如下：

(1) TCP/IP 协议不依赖于任何特定的计算机硬件或操作系统，提供开放的协议标准，即使不考虑 Internet，TCP/IP 协议也获得了广泛的支持，所以 TCP/IP 协议成为一种联合各种硬件和软件的实用系统。

(2) TCP/IP 协议并不依赖于特定的网络传输硬件，能够集成各种各样的网络。用户能够使用以太网(Ethernet)、令牌环网(Token Ring Network)、拨号线路(Dial-up line)、X.25 网以及其他所有网络的传输硬件。

(3) 统一的网络地址分配方案，使得所有 TCP/IP 设备在网络中都具有唯一的地址。

(4) 标准化的高层协议，可以提供多种可靠的用户服务。

随着 Internet 网络规模的快速扩展和运行各种多媒体业务的需要，IP 交换技术越来越受到人们的重视，因为它将网络交换机的高速性和路由器的灵活性结合起来，解决了传统 IP 网络在运行实时业务时不能保证服务质量(QOS)的问题，并且克服了传统路由器包转发速度太慢造成的网络拥塞瓶颈问题。本章介绍了 IP 交换的关键技术，分析比较了几种不同的 IP 交换方式，其中 MPLS 作为核心技术已经被大量运用到网络运营商的全国骨干网及各省市的城域网建设中，一些大型的园区网、企业网甚至也将 MPLS 技术用于组建 VPN 网络。

习　题

1. ATM 适配层分为哪几类，分别是什么？
2. 请画出 ATM 信头结构。
3. 简述 ATM 管理平面的功能。
4. 简述 ATM 适配层的功能。
5. 已知 IP 地址 202.97.224.68，回答下列问题：
(1) 试分析是哪类 IP 地址？
(2) 网络号是多少？
(3) 主机号是多少？
6. IP 层的作用主要包括哪些？IP 层的作用都是如何实现的？
7. TCP 协议有哪些功能？简述 TCP 协议如何保证可靠的数据传输服务？
8. IP 地址的私有地址有哪些？
9. 传输层的作用是什么？主机有传输层吗？路由器有传输层吗？
10. 什么是 MPLS？MPLS 的作用是什么？
11. 两个系统间的多重 Telnet 连接是如何相互确认并协调一致的？

第六章　软交换技术

软交换技术作为下一代网络(Next Generation Network，NGN)呼叫与控制的核心，结合了传统 PSTN 网的可靠性和 IP 技术灵活性、可扩展性的优点，是传统的以电路交换为主的 PSTN 网络向以分组交换为主的 IP 网络过渡的重要网络技术。本章主要介绍软交换的概念、功能、特点及软交换网络体系结构，并介绍了软交换的基本协议及呼叫建立过程。

本章重点

- 下一代网络分层结构
- 下一代网络特点
- 软交换的定义
- 软交换的体系结构
- 软交换实现的功能
- H.323 协议
- SIP 协议
- H.248/MEGACO 协议

本章难点

- 软交换的体系结构

6.1　下一代网络(NGN)

NGN 是分层的全开放网络，具有独立的模块化结构，是集语音、数据、多媒体等多种电信业务于一体的综合性、全开放的网络平台体系。NGN 是一种业务驱动型网络，通过业务和呼叫完全分离，呼叫控制和承载完全分离，从而实现相对独立的业务体系，使业务独立于网络。

6.1.1　NGN 分层结构

NGN 承载了 PSTN 网络的所有业务，同时把大量的数据传输卸载到 ATM/IP 网络中，同时又以 ATM/IP 技术的新特性增加了许多新业务，也增强了许多老业务。从这个意义上讲，NGN 是基于 TDM 的 PSTN 语音网络和基于 ATM/IP 的分组网络融合的产物。因此在构建 NGN 的网络结构时，要充分考虑现有网络包括 PSTN、ATM/IP 的结构特点，图 6-1 给出了 NGN 的物理模型。

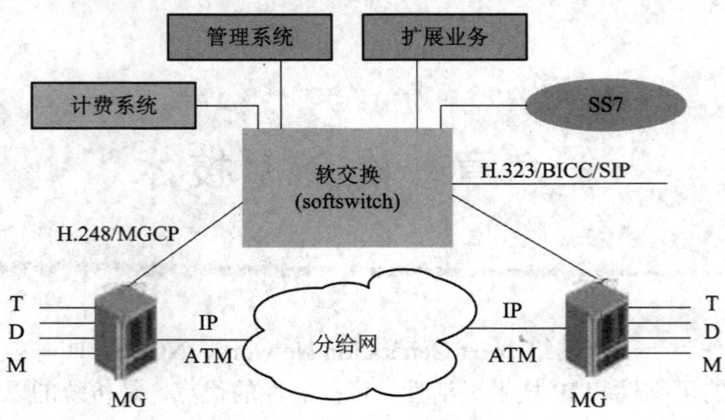

图 6-1　NGN 物理模型

在 NGN 物理模型基础上，国际、国内网络设备提供商和 NGN 研究组织就 NGN 的功能结构基本能达成一种默契。NGN 功能结构如图 6-2 所示。

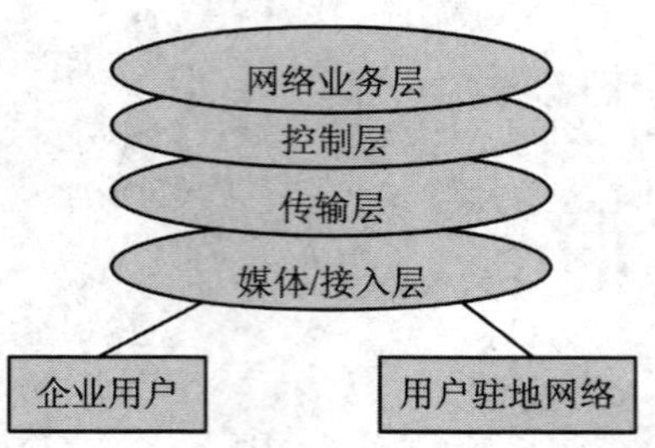

图 6-2　NGN 功能结构

从图 6-2 可以看出，NGN 每一层功能如下：

(1) 媒体/接入层，与现有网络相关的各种接入网关或终端设备相连，将用户接入网络。

(2) 传输层，采用分组技术，提供一个高可靠性、QoS 保证和大容量的统一的综合传送平台。

(3) 控制层，完成呼叫处理控制、接入协议适配、互联互通等综合控制处理功能，提供应用支持平台，其核心技术就是软交换技术。

(4) 网络业务层，提供面向客户的综合智能业务，实现业务的客户化。

6.1.2　NGN 特点

1. 业务和呼叫控制完全分离，呼叫控制与承载完全分离

业务是网络用户的需求，需求的无限性决定了业务将是无限和不收敛的。如果将业务与呼叫集成在一起，则呼叫的规模和复杂度也必将是无限的，无限的规模和复杂度是不可控和不安全的。事实上，呼叫控制相对于业务而言是相对稳定和收敛的，我们将呼叫控制从业务中分离出来，可以保持网络核心的稳定和可控，而不会妨碍无限的需求。人们可以通过业务服务器(Application Server)，不断延伸用户的需求。

呼叫控制与承载分离的最大好处是承载可以重用现有分组网络(ATM/IP)，因此 NGN 可

以很好地与现有分组网络实现互连互通。就成本和效益而言，重用现有分组网络可以大大降低运营商的初期设备投资成本，对现有网络挖潜增效，提高现有分组网络的利用率。就容量而言，重用现有分组网络，其容量经过多年的投资，部分地区容量已经存在一定冗余。就可靠性而言，网络单点或局部故障对 NGN 网络没有影响或影响有限。另外呼叫控制与承载以标准接口分离，可以简化控制，让更多的中小企业参与竞争，打破垄断，降低运营商采购成本。

2. 接口标准化、部件独立化

部件之间采用标准协议，如媒体网关控制器(或软交换)与媒体网关之间采用 MGCP、H.248、H.323 或 SIP 协议，媒体网关控制器(或软交换)之间采用 BICC、H.323 或 SIP-T 协议等。接口标准化是部件独立化的前提和要求，部件独立化是接口标准化的目的和结果。部件独立化，可以简化系统、促进专业化社会分工和充分竞争，优化资源配置，并进而降低社会成本。

另外，接口标准化可以降低部件之间的耦合，各部件可以独立演进，而网络形态可以保持相对稳定，业务的延续性有一定保障。

3. 开放的 NGN 体系

不仅 NGN 采用开放的标准接口，而且 NGN 还对外提供 Open API，开放的网络接口设置可以满足人们业务的自编自演。

4. 核心交换单一化、接入层面多样化

在核心交换层，NGN 采用单一的分组网络，网络形态单一、网络功能简单，这与 IP 核心网络的发展方向一致，因为核心网络的主要功能是快速路由和转发，如果功能复杂，则难以达到这个目标。

接入层面向广大用户，这些用户来自各个国家、各个地区、各个民族和种族，不同年龄、不同性别、不同职业，背景的不同决定了需求的差异。所以，单一的接入层面根本无法满足千差万别的需求，以个性化、人性化的接入层面亲近用户是网络发展的方向。

核心层面单一化与接入层面多样化字面上看是矛盾的，但实际上是可以调和的，这种矛盾可以通过媒体网关这个桥梁来解决。

6.2　软　交　换

6.2.1　软交换的定义

软交换这个术语是从 Softswitch 翻译而得，Softswitch 借用了传统电信领域 PSTN 网中的“硬”交换机“switch”的概念，所不同的是强调其基于分组网上呼叫控制与媒体传输承载相分离的含义。国际分组通信协会 IPCC(原国际软交换协会 ISC)对软交换的定义为：软交换是提供呼叫控制功能的软件实体。软交换机是基于分组网，利用程控软件提供呼叫控制功能的设备和系统。

软交换是 NGN 的控制功能的实现，它为 NGN 提供实时性业务的呼叫控制和连接控制功能，是 NGN 呼叫与控制的核心。软交换技术作为业务/控制与传送/接入分离思想的体现，是 NGN 体系结构中的关键技术，其核心思想是硬件软件化，通过软件方式实现原来交换机的控制、接续和业务处理等功能。各实体之间通过标准的协议进行连接和通信，便于在 NGN 中更快地实现各类复杂的协议，提供业务。

6.2.2 软交换的体系结构

图 6-3 给出了基于软交换技术的网络结构图。

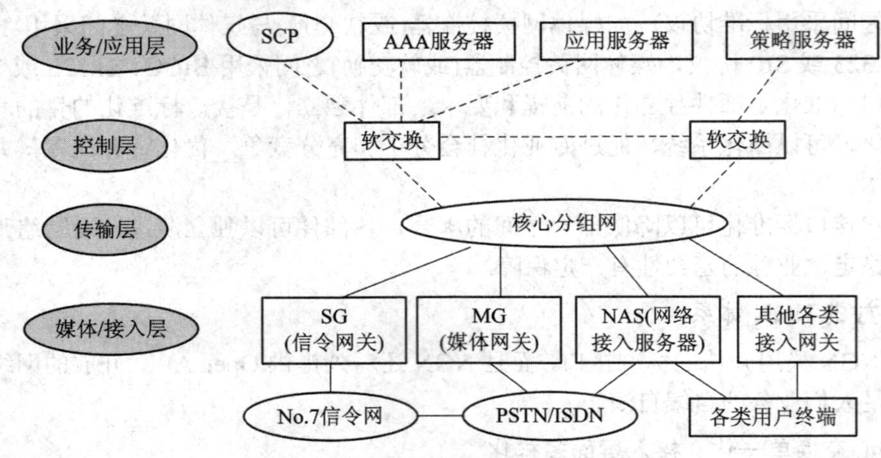

图 6-3 基于软交换技术的网络结构图

从图 6-3 可以看出，网络从下向上划分为 4 层，各层的网络组成单元及其功能分别如下：

1. 媒体/接入层

媒体/接入层提供丰富的接入手段，负责将各种不同网络和终端设备接入到分组网络，并将信息格式转换为能够在分组网络上传递的信息格式。媒体/接入层设备主要有：

(1) 信令网关(Signalling Gateway，SG)：目前主要指 No.7 信令网关设备。传统的 No.7 信令系统是基于电路交换的，所有应用部分都是由 MTP 承载的，在软交换体系中则需要由 IP 来承载，因此信令网关提供 No.7 信令网和分组网之间信令的转换。

(2) 媒体网关(Media Gateway，MG)：负责将各种终端和接入网络接入到核心分组网，主要将一种网络中的媒体格式转换成另一种网络所要求的媒体格式。按照其所在位置和所处理媒体流的不同可分为：中继网关(Trunking Gateway)、接入网关(Access Gateway)、多媒体网关(Multimedia Service Access Gateway)、无线网关(Wireless Access Gateway)等。

2. 传输层

传输层对各种不同业务和媒体流提供公共的传送平台，一般采用分组传送方式，目前公认的传送网为 IP 骨干网。

3. 控制层

控制层的主要设备是软交换机，也称为呼叫代理、呼叫服务器或媒体网关控制器，完成呼叫控制、路由、认证、资源管理等功能。

4. 业务层

在呼叫控制的基础上向最终用户提供传统交换机的业务和各种增值业务，同时也提供业务和网络的管理功能，主要功能设备有：

(1) 应用服务器。应用服务器负责各种增值业务和智能业务的逻辑产生和管理，并且还提供各种开放的 API，为第三方业务的开发提供创作平台。应用服务器是一个独立的组件，与控制层的软交换无关，从而实现了业务与呼叫控制的分离，有利于新业务的引入。

(2) 策略服务器。策略服务器完成策略管理功能，定义各种资源接入和使用的标准，对网络设备的工作进行动态干预，包括可支持的排队策略、丢包策略、路由规则以及资源分配和预留策略等。

(3) AAA 服务器，也称为认证、授权和计费服务器。AAA 服务器负责提供用户的认证、管理、授权和计费功能。

(4) SCP(业务控制点)。SCP 原是智能网的业务控制点，用来存储用户数据和业务逻辑，主要功能是接收查询信息并查询数据库，进行各种译码，启动不同的业务逻辑，实现各种智能呼叫。

6.2.3 软交换的主要功能

软交换所完成的功能相当于原有交换机所提供的功能。软交换是实现传统程控交换机的“呼叫控制”功能的实体，但传统的“呼叫控制”功能是和业务结合在一起的，不同的业务所需要的呼叫控制功能不同，而软交换则是与业务无关的，这就要求软交换提供的呼叫控制功能是各种业务的基本呼叫控制。具体而言，软交换主要完成以下功能：

1. 媒体网关接入功能

媒体网关接入功能可以认为是一种适配功能，它可以连接各种媒体网关，如 PSTN/ISDN IP 中继媒体网关、ATM 中继媒体网关、用户媒体网关、无线媒体网关、数据媒体网关等，完成 H.248 协议功能，同时还可以直接与 H.323 终端和 SIP 客户端进行连接，提供相应业务。

2. 呼叫控制功能

呼叫控制功能是软交换的重要功能之一，它完成基本呼叫的建立、维持和释放，包括呼叫处理、翻译和选路、连接控制、智能呼叫触发检出和资源控制等。

3. 业务提供功能

由于软交换在网络从电路交换网向分组网演进的过程中起着十分重要的作用，因此软交换应能够提供 PSTN/ISDN 交换机提供的全部业务，包括基本业务和补充业务，同时还应该可以与现有智能网配合提供现有智能网所提供的业务。另外由于软交换提供开放的、标准的 API 接口，可以为第三方业务提供平台。

4. 互通功能

软交换为 NGN 的控制中心，可以通过一定的协议与外部实体如媒体网关、信令网关、应用服务器、策略服务器、SCP、其他软交换等进行交互，NGN 系统内部各实体协同运作来完成各种复杂业务。

5. 资源管理功能

软交换提供的资源管理功能，对系统中的各种资源进行集中的管理，如资源的分配、释放和控制等。

6. 计费功能

软交换具有采集详细话单及复式计次功能，并能够按照运营商的需求将话单传送到相应的计费中心。当使用记账卡等业务时，软交换还具备实时断线的功能。

7. 认证与授权功能

软交换支持本地认证功能，可以将所管辖区域内的用户、媒体网关进行认证与授权，以防止非法用户/设备的接入。软交换能够与认证中心连接，并可以将所管辖区域内的用户、媒体网关信息送往认证中心进行认证与授权，以防止非法用户/设备的接入。

8. 地址解析功能

软交换设备应可以完成 E.164 地址至 IP 地址、其他地址至 IP 地址的转换功能，同时也可以完成重定向功能。

软交换设备不仅是下一代分组网中语音业务、数据业务和视频业务呼叫、控制、业务提供的核心设备，也是电路交换电信网向分组网演进的重要设备。我国制定的《软交换设备(呼叫服务器)总体技术要求》是以国际电联、计算机标准化组织和软交换论坛制定的相关标准为基础，结合国内网络的实际情况和相关国内标准制定的，是软交换设备研制、开发和生产的主要依据。这一标准规定了软交换设备的系统结构、主要功能、通信接口、协议及其性能要求，并重点规定分组语音业务的技术要求；标准还规定，软交换处理的协议及控制的媒体流基于 TCP/IP 承载方式；另外，标准中关于直接利用 ATM 方式承载呼叫控制协议和媒体流的技术要求及相关系统结构部分待定。

6.3 软交换支持的标准协议及接口

软交换拥有一个开放式、分布式、多协议的网络架构体系，采用标准的协议和接口与接入层和应用层的各种设备进行通信。

根据软交换的分层结构，软交换与各层之间的接口协议主要有：

1. 软交换与媒体网关间的接口

软交换与媒体网关间的接口用于软交换对媒体网关的承载控制、资源控制及管理，可使用媒体网关控制协议(MGCP)、Internet 设备控制协议(IPDC)、SIP 协议、H.323 或 H.248 协议。

2. 软交换与信令网关间的接口

软交换与信令网关间的接口用于传递软交换和信令网关间的信令信息，可使用信令控制传输协议(SCTP)或其他类似协议。

3. 软交换间的接口

软交换间的接口实现不同软交换间的交互，可使用 SIP-T、H.323 或 BICC 协议。

4. 软交换与应用/业务层之间的接口

软交换与应用/业务层之间的接口是访问各种数据库、三方应用平台、各种功能服务器等的接口，实现对各种增值业务、管理业务和三方应用的支持，包括：

(1) 软交换与应用服务器间的接口，可使用 SIP 或 API，如 Parlay 提供对三方应用和各种增值业务的支持功能。

(2) 软交换与策略服务器间的接口，对网络设备的工作进行动态干预，此接口可使用 COPS(Common Open Policy Service)协议。

(3) 软交换与网关中心间的接口，实现网络管理，可使用 SNMP。

(4) 软交换与智能网的 SCP 之间的接口，实现对现有智能网业务的支持，可使用 INAP。

6.3.1　H.323 协议

H.323 协议是由 ITU 制定的通信控制协议集，在无服务质量保证的分组交换网中提供语音通信、视频通信、数据会议等多媒体业务。呼叫控制是其中的重要组成部分，可以用来建立点到点的媒体会话和多点间媒体会议。从整体上来说，H.323 是一个框架性建议，它由一系列协议组成，如图 6-4 所示。

<table>
<tr><th colspan="2">数据</th><th>信令</th><th>音频</th><th>视频</th></tr>
<tr><td>T.126</td><td>T.127</td><td rowspan="3">H.245
H.225.0
RAS</td><td rowspan="3">G.711
G.729
G.723.1
G.723.A</td><td rowspan="3">H.261
H.263</td></tr>
<tr><td colspan="2">T.324</td></tr>
<tr><td colspan="2">T.124 T.125</td></tr>
<tr><td colspan="2">T.123</td><td></td><td colspan="2">RTP RTCP</td></tr>
<tr><td colspan="3">TCP</td><td colspan="2">UDP</td></tr>
<tr><td colspan="5">网络层</td></tr>
<tr><td colspan="5">链路层</td></tr>
<tr><td colspan="5">物理层</td></tr>
</table>

图 6-4　H.323 协议栈

H.323 协议采用 Client/Server 模型，主要通过网关(Gateway)与网守(Gatekeeper)之间的通信来完成用户呼叫的建立过程。

从图 6-4 可以看出，H.323 协议栈是在应用层实现的，主要描述在不保障服务质量(QoS)的 IP 网上用于多媒体通信的终端、设备和业务，它包括 G.729、G.723.1、G.711、H.261、H.263、T.120 系列、RTP、RTCP、H.245、H.225.0(包含 Q.931 和 RAS 协议)等协议，其中 G.711、G.729、G.723.1、G.723.A 是音频编解码协议，H.261、H.263 是视频编解码协议，T.120 系列(包括 T.123、T.124、T.125、T.126、T.127、T.324 等)协议是多媒体数据传输协议，H.245、H.225.0 等协议为信令控制协议，RTP(Real-Time Transfer Protocol，实时传输协议)和它的控制协议 RTCP(Real-Time Transfer Control Protocol，实时传输控制协议)共同确保了语音信息传送的实时性。RTP 的功能通过 RTCP 获得增强，RTCP 的主要作用是提供对数据分发质量反馈信息，应用系统可利用这些信息来适应不同的网络环境，RTCP 有关传输质量的反馈信息对故障定位和诊断十分有用。

1. H.323 组件

图 6-5 给出了一个简单的 H.323 系统的拓扑图，从图中可以看出，H.323 一般有四个组件：终端(Terminal)、网关(Gateway，GW)、多点控制单元(Multipoint Control Units，MCU)和网守(Gatekeeper，GK)。终端、网关和多点控制单元都可称为端点(Endpoint)。

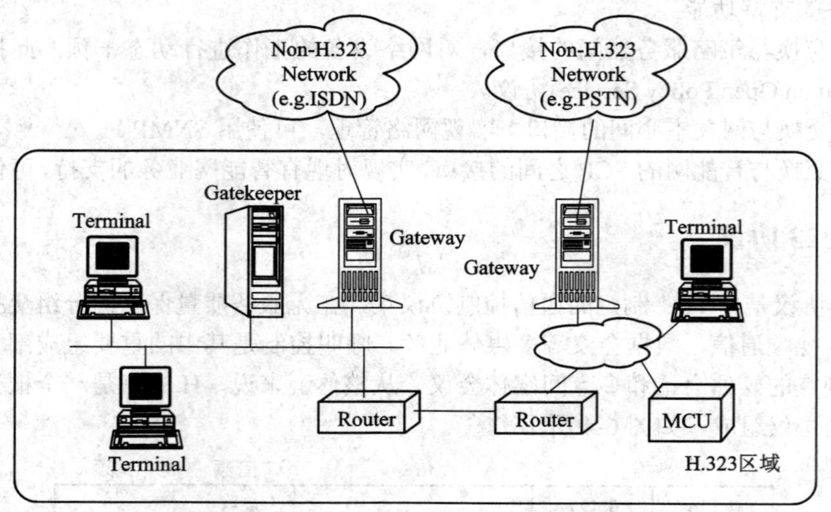

图 6-5　一个简单的 H.323 拓扑图

(1) 终端：终端是一个产生和终止 H.323 数据流/信令的端点，它是一个带有 H.323 协议栈的器件，例如 PC、嵌入式 IP 电话机和 IP 电话软件 Net2Phone 等。根据 H.323 的规定，终端必须支持音频通信，而视频通信和数据会议则是可选的。

(2) 网关：网关是 H.323 网络的一个可选组件。网关最重要的作用就是协议转换，通过网关，两个不同协议体系结构的网络得以通信。例如，有了网关，一个 H.323 终端能够与 PSTN 终端语音通信。当我们的通信要经过不同协议体系结构的网络时，网关是必需的。

(3) 网守：网守也是 H.323 网络的一个可选组件。网守主要负责认证控制、地址解析、带宽管理和路由控制等。当 H.323 网络中不存在网守时，两个终端不需要经过认证就能直接通信，这不便于运营商开展计费服务，而且两个终端的地址解析被分散到网关中，这无疑会加大网关的复杂度。另外，如果没有网守，扩充新功能(如添加带宽管理和路由控制)是比较困难的。

网守恰好弥补了上述缺陷，当然也带来了成本的提高。网守本质上是将认证控制、地址解析、带宽管理和路由控制等功能集成到一个器件中。这样，当 H.323 网络中存在网守时，两个端点要通信，必须先经过网守的认证，然后网守从端点提交的认证信息(如 Net2Phone 提供的号码序列)中，获取到两个端点间的路由，从而让两个端点实现通信。

(4) 多点控制单元：MCU 主要负责多方会话。MCU 由一个必需的 MC(Multipoint Controller)和可选的多个 MP(Multipoint Processor)组成。MC 负责信令控制，如终端之间的协商，决定处理语音或视频共享的能力。MP 负责会话中的媒体流的处理，如语音的混合、语音/视频交换。

上面提到的四个组件只是逻辑上的功能组件，在具体的物理实现中，它们中的几个有

可能被集成到一个器件上，例如 GW、GK 和 MCU 有可能集成到一个器件上，就像链路层交换和网络层路由往往能被集成到一个路由器上一样。

2. 信令控制协议

1) H.225.0 RAS 信令

H.225.0 RAS 信令包括认证/接受/状态(Registration/Admission/Status)三种，用来实现端点和网守间的认证。RAS 信令提供如下功能：

(1) 允许网守管理端点。

(2) 允许端点向网守提出各种请求，如认证请求、接受请求和带宽调整等请求。

(3) 允许网守响应端点的请求，接受或拒绝提供某项服务，如认证许可、带宽调整和地址解析等。

在 RAS 协议中，一般模式都是网关向网守发送一个请求，然后网守返回接受或拒绝消息。

表 6-1 为 RAS 信令的主要消息。

表 6-1 RAS 信令的主要消息

操 作	消 息
注册登记消息	RRQ、RCF、RRJ
注销消息	URQ、UCF、URJ
修改消息	MRQ、MCF、MRJ
接入认证授权消息	ARQ、ACF、ARJ
地址解析消息	LRQ、LCF、LRJ
拆线消息	DRQ、DCF、DRJ
状态消息	IRQ、IRR、IACK、INAK
带宽改变消息	BRQ、BCF、BRJ
网关资源可利用性消息	RAI、RAC
RAS 定时器修改消息	RIP

我们以 RAS 认证过程为例来讲述 RAS 的交互过程。图 6-6 给出了 RAS 的认证交互过程。

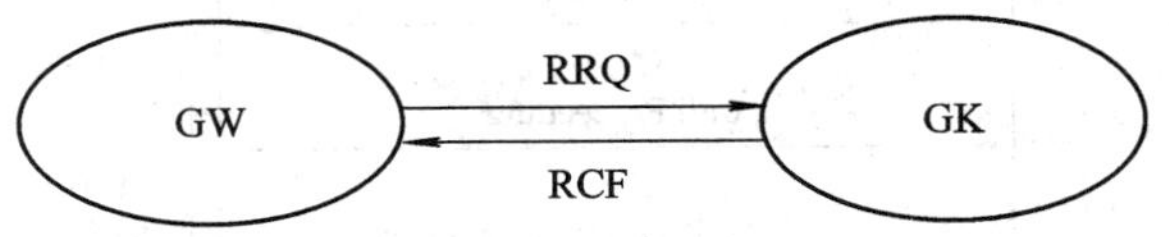

图 6-6 RAS 认证交互过程

由图 6-6 知，RAS 的认证交互过程如下(其他交互过程是类似的)：

(1) GW 向 GK 发送 RRQ 认证请求消息，RRQ 认证请求给出了必要的认证信息。

(2) GK 处理 GW 传来的认证信息，并向 GW 回送相应的响应。如果认证成功，则回送 RCF 认证确认消息；如果认证失败，则回送 RRJ 认证拒绝消息。

2) H.245 媒体控制信令

媒体传输时，有很多配置需要调整，如需要协商发送方的发送特性和接收方的接收特

性，需要打开或关闭某逻辑传输信道，需要实时控制媒体流等。H.245 媒体控制信令就是用来实现上述媒体控制功能的，具体的功能如下：

(1) 能力协商：H.323 允许各端点具有不同的发送和接收能力。因此两个端点要通信，必须先通过 H.245 消息来协调各自的能力。

(2) 打开或关闭逻辑信道：H.323 中的音频通信、视频通信和数据会议通信的信道是独立的，H.245 被用来管理这些信道。H.245 本身使用逻辑信道 0。

(3) 媒体流或数据流控制：H.245 的反馈信息可用来调节端点的各项操作。

(4) 其他管理功能：主要还是用来协调端点间的行为。例如，当发送端点的传输编码改变时，接收端点也需做相应的改变，由 H.245 负责。

H.245 消息有如下四种常用的类型：

(1) 请求(Request)，例如主从确定请求 masterSlaveDetermination 和终端能力配置请求 terminalCapabilitySet。

(2) 响应(Response)，例如主从确定响应 masterSlaveDeterminationAck 和终端能力配置响应 terminalCapabilitySetAck。

(3) 命令(Command)，例如发送终端能力配置命令 sendTerminalCapabilitySet。

(4) 指示(Indication)，例如用户输入指示 userInput。

H.245 的交互过程与 RAS 的交互过程类似，可以参考 RAS 认证的相应内容。

3) H.225.0 呼叫信令

H.225.0 呼叫信令用来在两个端点间建立或释放一个呼叫连接，它部分地采用了 Q.931(ISDN 呼叫信令)，并加上了一些适合分组交换网的特定内容。H.225.0 呼叫消息也部分地采用了 Q.932。

H.225.0 呼叫信令的交互也是通过呼叫信令消息实现的。呼叫信令消息的常见类型有：Setup、Call Proceeding、Alerting、Information、Release Complete、Facility、Progress、Status、Status Inquiry、Setup Ackowledge、Notify、Connect。

图 6-7 给出了一个基本的呼叫信令的交互过程，网关之间是直接交互的，而没有通过网守的中转。其中“Call Proceeding”、“Progress”和“Alerting”是可选的步骤，这些步骤主要是用来避免超时错误和提供带内(in-band)广播等服务。

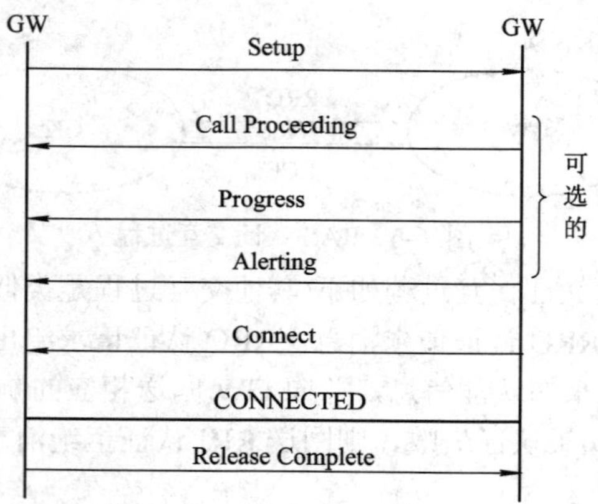

图 6-7　H.225.0 呼叫信令的建立过程

上面讲述了这三种控制协议为完成一次呼叫而共同配合，H.255.0 RAS 协议完成 H.323 实体向 GK 的注册，H.245 完成要连接实体之间的参数协商和准备，H.225.0(Q.931)完成实体的连接，三者协调工作为 H.323 体系提供好的媒体控制功能。

3. 一个简单的 H.323 语言网络工作原理

本小节以一个简单的 H.323 语言网络的工作原理，来讲解其建立、通话、释放阶段的信令控制协议。

一个简单的 H.323 语音网络如图 6-8 所示。在一个由网守管理的区域内，对所有呼叫来说，网守不仅提供呼叫业务控制并且起到了中心控制点的作用。网关实体通常以路由器作为硬件载体，通过命令行接口完成对路由器 IP 语音网关功能的配置。网关通过 ITU-T H.225.0 协议中的 RAS(Registration，Admission and Status)消息与网守进行交互通信。

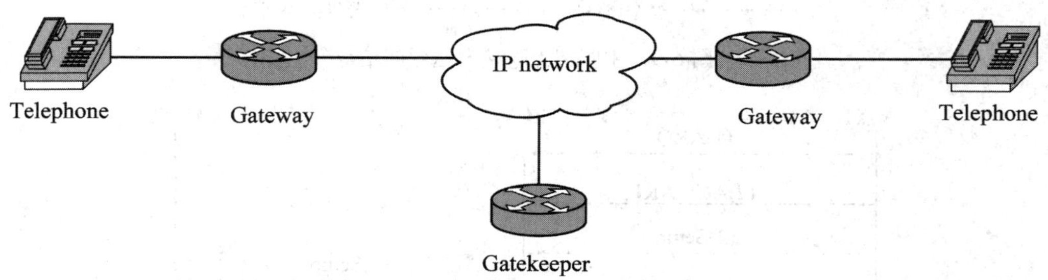

图 6-8　一个简单的 H.323 语言网络

具体的工作过程如下：

1) 网守发现

一个端点想与另一个端点建立呼叫连接，首先要寻找可以为它服务并对它进行控制的网守，这个过程叫做网守发现，端点和网守之间使用 RAS 协议信令进行交互操作。主叫端点会发送网守请求消息给某一个特定的网守，收到消息的网守响应主叫端点，发送消息表明接受请求还是拒绝请求。

2) 注册

当主叫端点收到网守发来的确认消息后，将向网守发送注册请求，请求加入网守所在的控制区域。如果网守接受注册，则发送注册确认消息，否则发送注册拒绝消息。注册成功后，主叫端点和网守都可以发送注册取消消息，网守可以决定是否取消注册，而端点只能以取消注册确认消息响应，并取消注册。

3) 地址转换

如果主叫端点只知道被叫端点的别名，而不知道被叫端点的呼叫信令地址，主叫端点就会向网守发送位置请求消息来取得被叫端点的呼叫信令地址。

4) 接入控制

有了被叫端点的地址，主叫端点将向网守发送接入请求消息，网守将决定是否允许此端点加入一个呼叫过程，这是网守的接入控制功能。通过许可请求消息，主叫端点可以向网守申请直接向被叫端点发送呼叫信令(如图 6-9 所示)，或是通过网守发送(如图 6-10 所示)，最终采用哪种方式将由网守决定，并通过许可确认消息告知主叫端点。

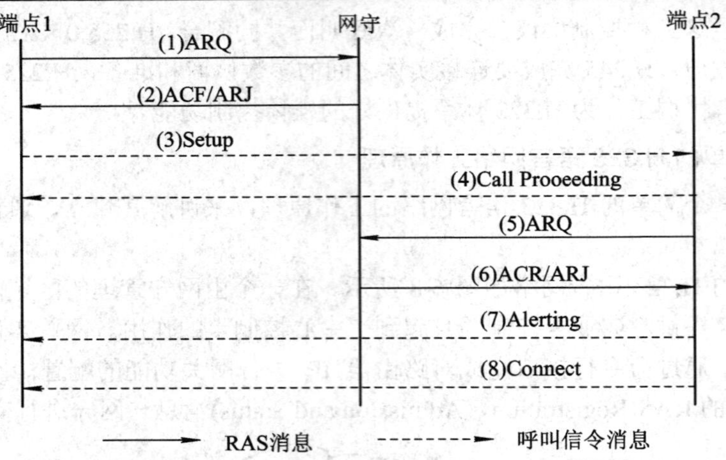

图 6-9 主叫端点直接发送呼叫信令

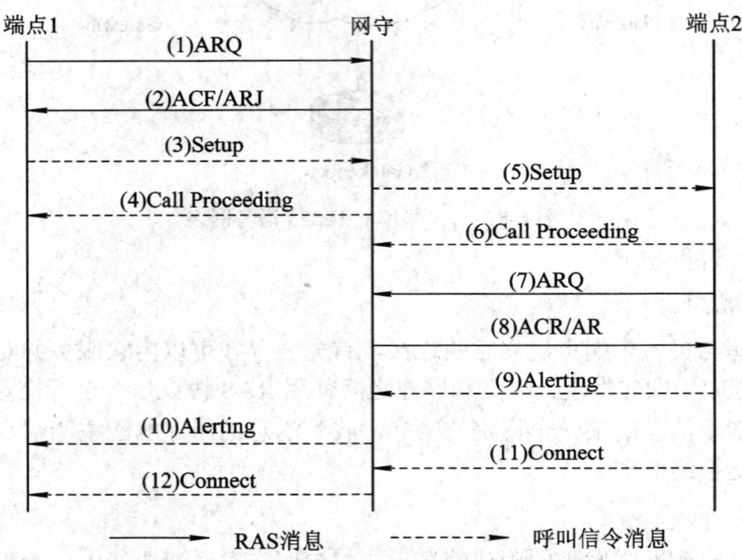

图 6-10 通过网守发送呼叫信令

5) 请求建立呼叫

当主叫端点接收到网守发出的接入许可确认后，主叫端点将发出呼叫信令来请求建立呼叫。以主叫端点直接向被叫端点发送呼叫信令为例，主叫端点首先发送呼叫建立请求信令(Setup)，以表明主叫呼叫被叫的要求。

6) 呼叫处理中

被叫端点收到呼叫建立请求消息 Setup 后，可以发送呼叫处理中消息(Call Proceeding)来告知主叫端点正在处理该呼叫建立请求，当然也可以不发送此信息。

7) 激活

接下来，被叫端点可以向主叫端点发送激活消息(Alerting)，表明被叫端点已经处于激活状态，比如电话在振铃，此消息也是可选的。

8) 连接

如果被叫端点接受了主叫端点发起的呼叫，被叫端点将发送连接消息(Connect)，此消息是必须发送的。

9) 能力协商

当主叫端点收到被叫端点发来的连接消息后，两个端点之间的媒体会话将由 H.245 控制信令管理。首先，通话双方将进行能力交换，了解对方的通话能力，比如媒体格式等信息。

10) 建立/关闭逻辑通道

然后，通话双方会建立一条或多条逻辑通道，即由 IP 地址和端口号组成的二元组，媒体流将在这些逻辑通道中被传送。通话结束后，逻辑通道将会被关闭。

11) 完全释放

最后，任何一方都可以发出完全释放的呼叫信令来释放资源。

12) 拆线

端点向各自的网守发送拆线请求，网守将根据实际情况决定是否同意拆线。网守也可以给端点发送拆线请求，而端点只能确认并拆线。

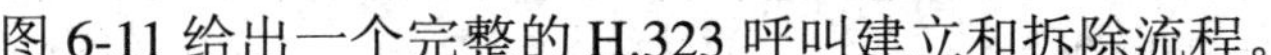

图 6-11 给出一个完整的 H.323 呼叫建立和拆除流程。

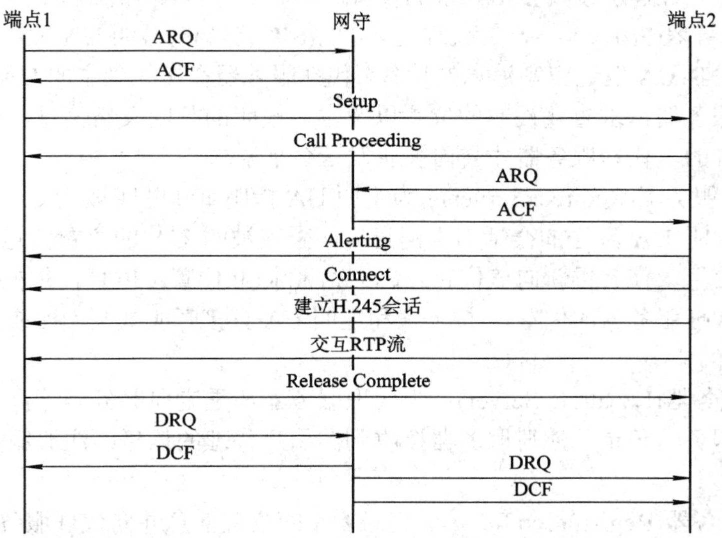

图 6-11 H.323 呼叫建立和拆除流程

6.3.2 SIP

会话发起协议(Session Initiation Protocol，SIP)是一个与 H.323 并列的协议。ITU 提出的 H.323 协议更多地考虑满足传统通信的要求，对以 Web 为基础的新应用考虑不足，而 IETF(Internet 工程任务组)提出的 SIP，它是一个工作在 TCP/IP 应用层的信令控制协议，用于创建、修改和终止一个或多个参与者之间的多媒体会话。这些会话可以是因特网多媒体会议，也可以是因特网(或任何 IP 网络)电话呼叫和多媒体发布。

SIP 是 IETF 多媒体数据和控制体系结构的核心协议，它借鉴了 SMTP(简单邮件传送协议)和 HTTP(超文本传送协议)的思想，支持代理、重定向、注册、定位用户等功能，支持用户移动，与 RTP/RTCP、SDP、RTSP、DNS 等协议配合，也可以支持和应用于语音、视频、数据等多媒体业务，同时可以应用于 Presence(呈现)、Instant Message(即时消息，类似QQ)等特殊业务。

SIP 采用基于文本格式的 Client/Server 模型，以文本的形式表示消息的语法、语义和编码，客户机发起请求，服务器进行响应。SIP 独立于底层协议——TCP 或 UDP，采用自己的应用层可靠性机制来保证消息的可靠传送。

1. 术语及定义

(1) 多媒体会话(Multimedia Session)：指一组多媒体发送者和接收者以及从发送者到接收者的数据流，例如一个多媒体会议就是一个多媒体会话。一个会话由一组用户名称、会话 ID、网络类型、地址类型以及各个单元的地址来确定。

(2) 用户代理(User Agent，UA)：也称 SIP 终端，指支持 SIP 的多媒体会话终端，例如 SIP 电话、SIP 网关、支持 SIP 的路由器等。

UA 包含两个功能实体：用户代理客户机(User Agent Client，UAC)和用户代理服务器(User Agent Server，UAS)。UAC 是指在 SIP 会话建立过程中主动发送会话请求的设备，UAS 指在 SIP 会话建立过程中接收会话请求的设备。

(3) 代理服务器(Proxy Server)：代理主叫 UA(SIP 终端)向被叫 UA 发送会话请求，并代理被叫 UA 向主叫 UA 发送应答消息的设备。代理服务器在接收到主叫 UA 的会话请求后，首先要向注册服务器请求查找被叫的位置以及主、被叫的呼叫策略信息。只有找到被叫并且此呼叫是允许的，代理服务器才会向被叫发送会话请求。

(4) 重定向服务器(Redirect Server)：为主叫 UA 指明重新呼叫被叫 UA 的位置。当重定向服务器收到主叫 UA 发送的会话请求消息后，查找被叫 UA 的位置信息，并向主叫 UA 返回一个位置信息，使其重新向该位置发起会话请求(此位置可以直接是被叫 UA 的位置，也可以是一个代理服务器的位置)，接下来和主叫 UA 直接呼叫被叫 UA 或者向代理服务器呼叫的流程一样。

(5) 位置服务器(Location Server)：为代理服务器和重定向服务器等提供用户代理信息的设备。位置服务器记录了注册服务器接收到的用户代理的信息，注册服务器通常在同一个设备上。

(6) 注册服务器(Registration Server)：记录 UA 的位置信息并向代理服务器提供查询 UA 的位置信息的设备。在简单的应用中，注册服务器和代理服务器通常也在同一个设备上。

2. SIP 网络基本构成

图 6-12 给出了一种分布式架构的 SIP 网络。图 6-12 中的用户代理是发起和终止会话的实体。代理服务器与重定向服务器及位置服务器有联系，它的功能是为其他的客户机代理进行 SIP 消息的路由转发。重定向服务器与位置服务器有联系，将用户新的位置返回给呼叫方，呼叫方可根据得到的新位置重新呼叫。与代理服务器不同的是，重定向服务器不会发起自己的呼叫；与用户代理不同的是，重定向服务器不接受呼叫终止或主动终止呼叫。位置服务器是一个数据库，用于存放终端用户当前的位置信息，为 SIP 重定向服务器或代

理服务器提供被叫用户可能的位置信息。注册服务器接受 REGISTER 请求完成用户地址的注册，可以支持鉴权的功能。

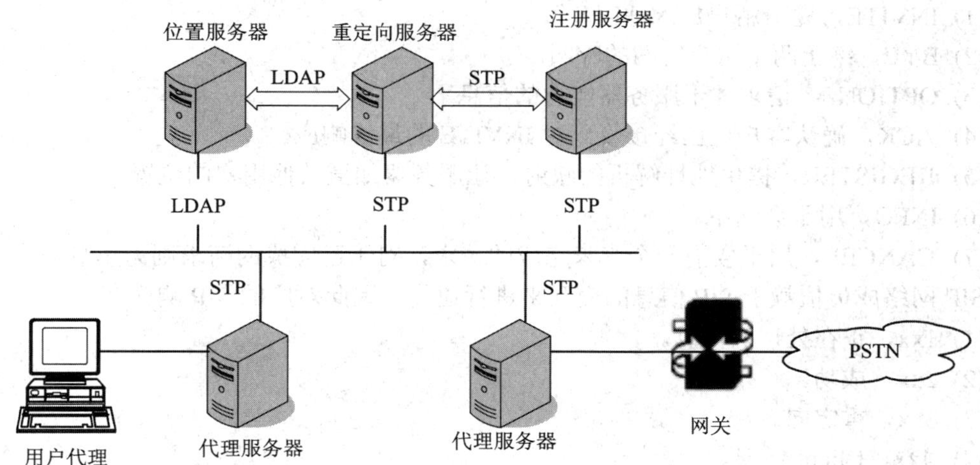

图 6-12 一种分布式架构的 SIP 网络

SIP 代理服务器、重定向服务器、注册服务器、位置服务器可共存于一个设备，也可以分布在不同的物理实体中。SIP 服务器完全是纯软件实现，可以根据需要运行于各种相关设备中，体现了 SIP 网络的灵活性。位置服务器是一个 SIP 网络公共资源，对它的信息咨询所采用的协议不是 SIP，而是 LDAP(Light Directory Access Protocol)。

3. SIP 基本功能

SIP 基本功能如下：

(1) 确定用户位置，确定被叫 SIP 终端所在的位置。SIP 的最强大之处就是用户定位功能，SIP 本身含有向注册服务器注册的功能，也可以利用其他定位服务器如 DNS、LDAP 等提供的定位服务器来增强其定位功能。

(2) 确定用户可用性，确定被叫 SIP 终端是否可以参加此会话。SIP 支持多种地址描述和寻址，包括：用户名@主机地址、被叫号码@PSTN 网关地址和普通电话号码(如 Tel: 01088888888)等。这样，主叫 SIP 终端按照被叫地址，就可以识别出被叫 SIP 终端是否在传统电话网上，然后通过一个与传统电话网相连的网关向被叫 SIP 终端发起并建立呼叫。

(3) 确定用户能力，确定被叫 SIP 终端可用于参加会话的媒体类型及媒体参数。SIP 终端在消息交互过程中携带自身的媒体类型和媒体参数，这使得会话都可以明确对方的会话能力。

(4) 建立会话，建立主被叫 SIP 终端的会话参数。SIP 会话双方通过协商媒体类型和媒体参数，最终选择双方都具有的能力建立起会话。

(5) 管理会话，可以更改会话参数或中止会话。

4. SIP 消息的组成

SIP 采用文本编码格式，有两种类型的 SIP 消息：

(1) 请求消息，从客户机发到服务器，包含请求行、头、消息体三个元素。

(2) 响应消息，从服务器发到客户机，包含状态行、头、消息体三个元素。

请求行和头根据业务、地址和协议特征定义了呼叫的本质，消息体独立于 SIP 并且可以包含任何内容。SIP 定义了下述请求行的方法：

(1) INVITE，邀请用户加入呼叫。

(2) BYE，终止两个用户之间的呼叫。

(3) OPTIONS，请求关于服务器能力的信息。

(4) ACK，确认客户机已经接收到对 INVITE 的最终响应。

(5) REGISTER，提供地址解析的映射，让服务器知道其他用户的位置。

(6) INFO，用于会话中。

(7) CANCEL，用于取消一个尚未完成的请求，对于已完成的请求则无影响。

SIP 网络成员依赖于 SIP 信息的交互来进行通信，因此对应的 SIP 响应有：

(1) 1xx，正在处理的信息。

(2) 2xx，成功。

(3) 3xx，重定向。

(4) 4xx，Client 错误。

(5) 5xx，Server 错误。

(6) 6xx，Global 错误。

5. SIP 呼叫的建立流程

用 SIP 来建立呼叫常需要有六个步骤：

(1) 注册，用于发起和定位用户。每当用户打开 SIP 终端时(如 PC，IP_PHONE)，将向代理服务器/注册服务器发起注册过程，其中携带了用户当前的地址信息。注册过程需要周期刷新，注册服务器将把 SIP 终端所注册的信息传送到位置服务器存放，如图 6-13 所示。

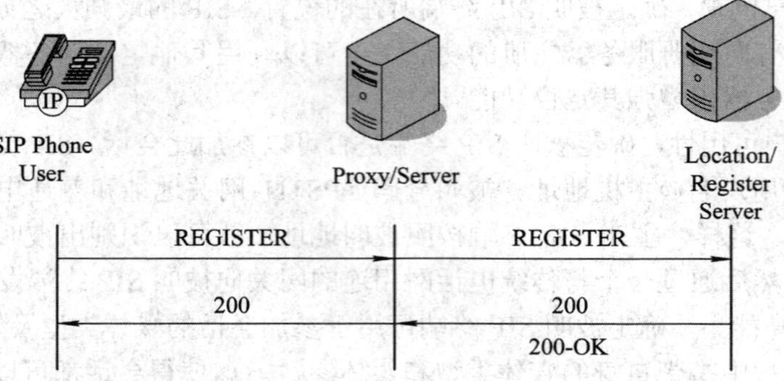

图 6-13 用户注册流程

(2) 进行媒体协商，通常采用 SDP 方式来携带媒体参数。

SDP(Session Description Protocol，会话描述协议)是传送会话信息的协议，包括会话的地址、时间、媒体和建立等信息，定义了会话描述的统一格式。基于文本的 SDP 媒体描述可以作为消息体嵌入在 SIP 数据包中，在呼叫建立的同时完成媒体信道的建立。

(3) 由被叫方来决定是否接纳该呼叫。

(4) 呼叫媒体流建立并交互。

(5) 呼叫更改或处理。

(6) 呼叫终止。

图 6-14 给出一个 SIP 成功呼叫的流程控制图，该流程具体说明如下：

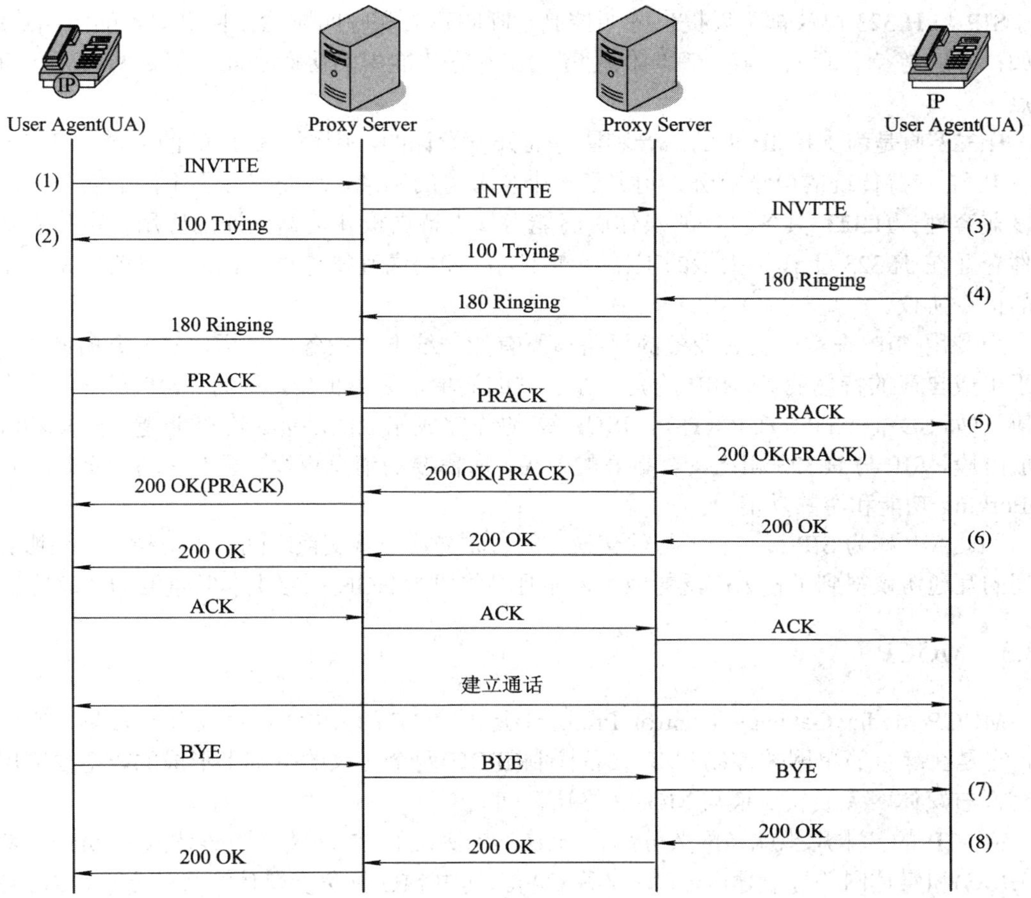

User Agent(UA)　Proxy Server　Proxy Server　IP User Agent(UA)

(1) INVTTE → INVTTE → INVTTE (3)

(2) 100 Trying ← 100 Trying

180 Ringing ← 180 Ringing ← 180 Ringing (4)

PRACK → PRACK → PRACK (5)

200 OK(PRACK) ← 200 OK(PRACK) ← 200 OK(PRACK)

200 OK ← 200 OK ← 200 OK (6)

ACK → ACK → ACK

建立通话

BYE → BYE → BYE (7)

200 OK ← 200 OK ← 200 OK (8)

图 6-14　SIP 成功呼叫控制流程

(1) 主叫 UA 向主叫 Proxy Server 发送 INVITE 请求。

(2) 主叫 Proxy Server 向主叫 UA 回送确认信号 100 Trying，表示正在处理该请求。经过路由分析，主叫 Proxy Server 将请求转发给被叫 Proxy Server。

(3) 被叫 Proxy Server 向主叫 Proxy Server 回送确认信号 100 Trying，并将请求转发给被叫 UA。

(4) 被叫 UA 振铃，回送 180 Ringing 响应提示主叫端产生回铃音，该响应被依次路由到主叫 UA。

(5) 主叫 UA 发送 PRACK 确认收到 180 响应，该消息被依次路由到被叫 UA，被叫 UA 对 PRACK 响应 200 OK，并依次路由到主叫 UA。

(6) 被叫 UA 摘机应答以后，向主叫 UA 发送 200 响应。主叫 UA 发送确认信号 ACK，主叫 Proxy Server 和被叫 Proxy Server 依次将 ACK 转发给被叫 UA。

经过以上步骤，主叫 UA 和被叫 UA 之间的会话建立。

(7) 主叫 UA 挂机，Proxy Server 将 BYE 消息依次转发到被叫 UA。

(8) 被叫 UA 发送 200 OK 确认收到 BYE 消息，会话结束。

6. SIP 与 H.323 协议比较

SIP 与 H.323 协议都可以提供呼叫控制、呼叫建立和呼叫删除；提供基本的呼叫业务，比如：呼叫等待、呼叫转移、呼叫保持等；支持呼叫能力的协商功能，但是两者又各有其特点。

H.323 原是为支持 IP 上的语音和图像而开发设计的，因而得到广泛的应用。H.323 为了在 IP 上支持传统的电话业务，制定了一个全覆盖的标准，从而保证了不同的实体之间的高度兼容性。H.323 具备较好的媒体协商能力，支持白板和数据互通的应用。电信企业和软件企业在 H.323 上作了大量的工作来增加功能和提高互操作性，H.323 目前仍是一个重要的信令协议。

而利用 SIP 来实现已有业务的思路与原有的传统电信业务不一样，SIP 更加灵活，更易于生成自己的特色业务。SIP 的亮点在于它的简单、易于扩展，同时，SIP 易于与许多其他协议(如 SDP，RTP/RTCP/RTSP，ISUP 等)协作完成相应的功能。在呼叫建立阶段和呼叫释放阶段，SIP 与 H.323 相比具有更好的效果，所需要的消息更少，且 SIP 的一个显著特点是 Forking 功能和游牧功能。

因此 SIP 作为 SIP 接入设备与软交换之间、软交换与软交换之间、软交换与应用服务器之间的互通协议得到了较为广泛的应用，而且必将成为 NGN 网络中非常重要的主流协议。

6.3.3 MGCP

MGCP(Media Gateway Control Protocol)是由 IETF 的 MEGACO 工作组较早定义的协议，它是在综合简单网关控制和 IP 设备控制(IPDC)两个协议的基础上形成的，主要应用在软交换与媒体网关或软交换与 MGCP 终端之间。

MGCP 的基本思想就是网关分离，将 H.323 协议的 IP 网关分为媒体网关(MG)、信令网关(SG)和媒体网关控制器(MGC，又称 CA)。其中 MG 仅负责媒体格式的变换，SG 负责信令的转换，MGC 根据收到的信令控制 MG 的连接建立和释放，因此 MGCP 主要用于 MGC 与 MG 之间的通信。

MGCP 连接模型基于端点(Endpoint)和连接(Connection)两个构件，并通过命令来实现呼叫控制。其中端点是数据的发源端或者接收端，而连接是由 MGC 控制的终端在呼叫所涉及的端点间建立的连接，如图 6-15 所示。

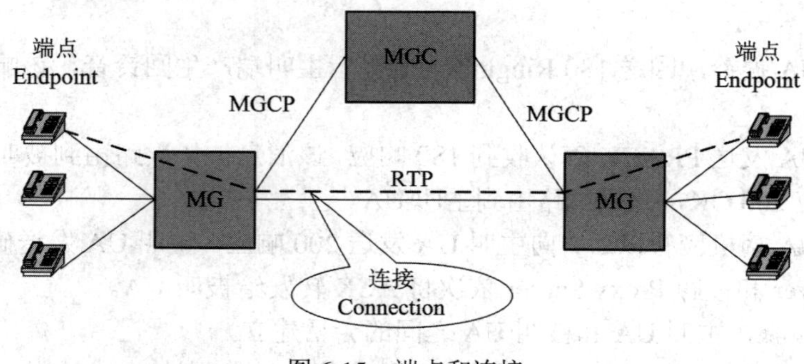

图 6-15　端点和连接

MGCP 采用文本协议，协议消息分为命令和响应，每个命令需要接收方回送响应，采用三次握手方式证实，以确保传输的可靠性。MGCP 协议共有 9 个命令，如表 6-2 所示。

表 6-2　MGCP 协议命令名称及功能

序号	命令名称	代码	描　述
1	EndpointConfiguration	EPCF	MGC 向网关发送该命令，通知网关“线路侧”所期望的编码特性
2	CreateConnection	CRCX	MGC 使用该命令来建立一个连接，该连接终止于网关内的某个端点
3	ModifyConnection	MDCX	MGC 使用该命令来修改先前建立连接的相关参数
4	DeleteConnection	DLCX	MGC 使用该命令来删除先前建立的连接。网关也可以使用该命令来指示不再保持某个连接
5	NotificationRequest	RQNT	MGC 向网关发送此命令，通知网关在指定的端点上观察指定的事件，如摘挂机动作或 DTMF 音
6	Notify	NTFY	网关用该命令通知 MGC 关于其请求事件的发生
7	AuditEndpoints	AUEP	MGC 使用此命令获得某端点的详细信息
8	AuditConnection	AUCX	MGC 使用此命令获得某端点上某连接的详细信息
9	RestartInProgress	RSIP	MG 使用该命令通知 MGC，它所管理的一组端点正在退出服务或恢复服务

所有的 MGCP 命令都要被证实。证实包含一个响应码，它指示了命令的执行状态。响应码是一个三位整数，且按照方位进行分类定义：

(1) 000 到 099 表示响应证实；

(2) 100 到 199 表示临时响应；

(3) 200 到 299 表示成功完成；

(4) 400 到 499 表示临时错误；

(5) 500 到 599 表示永久错误。

ISO 明确指出 MGCP 最终将被 H.248/MEGACO 所代替，不过由于 MGCP 已经在现有网络中部署，MGCP 协议也在不断修订，它与 H.248/MEGACO 将在一段时间内共存。根据信息产业部颁布的《软交换设备总体技术要求》，在我国软交换组网中 H.248/MEGACO 和 MGCP 均可被采用，而 H.248/MEGACO 为必选。因此这里就不再详细介绍 MGCP 协议的呼叫流程，重点介绍 H.248/MEGACO 协议。

6.3.4　H.248/MEGACO 协议

H.248 和 MEGACO 是同一种协议的两个名称，是 ITU 与 IETF 两大国际标准组织共同制定的，ITU-T 称为 H.248，而 IETF 则称为 MEGACO。H.248 协议是在 MGCP 的基础上，结合其他媒体网关控制协议的特点发展而成的一种媒体网关控制协议。H.248 协议弥补了 MGCP 描述能力上的欠缺，主要用于媒体网关控制设备(媒体网关控制器/软交换设备)和相应的媒体处理设备(网关/媒体服务器/IP 智能终端等)之间的通信，图 6-16 给出了该协议在

网络中的位置。

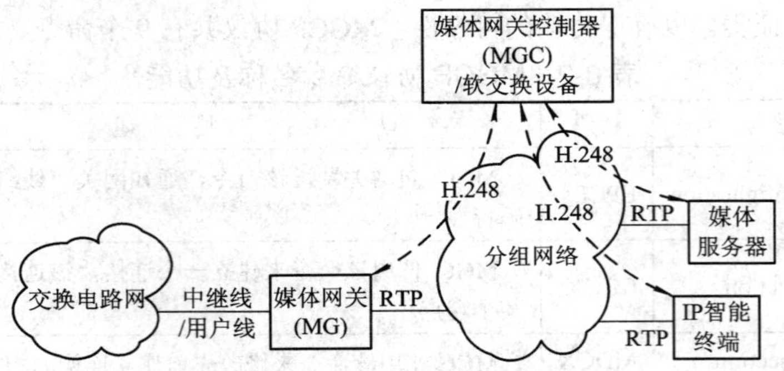

图 6-16　H.248 协议在网络中的位置

H.248 协议也采用业务与控制分离、控制与承载分离的思想，提供了 MGC 在呼叫处理过程中控制媒体网关中各类静态和动态资源(IP/ATM/TDM)的能力(包括终端属性、终端连接交换关系及其承载的媒体流)；还提供了独立于呼叫的媒体网关状态维护与管理能力。

H.248 协议的连接模型主要描述媒体网关中的逻辑实体，这些逻辑实体由媒体网关控制器控制，该连接模型中的主要抽象概念是终端(Termination)和关联(Context)。

1. 术语及定义

1) 终端

终端位于媒体网关中，是发送或接收媒体流和控制流的逻辑实体。终端的特征通过属性来描述，这些属性被转换成描述符在命令中携带。终端被创建时，媒体网关会为其分配一个唯一标识。

不同类型的网关上可以实现不同类型的终端。H.248 协议通过允许终端具有可选的属性、事件、信号和统计来实现不同类型的终端。其中：

(1) 属性(Property)，终端本身具有的属性，如状态属性和媒体流特性。

(2) 事件(Events)，终端需要检测和上报的事件，例如：摘机、挂机、拍叉、拨号等。

(3) 信号(Signals)，请求网关向终端传送的信号，例如：拨号音、忙音、回铃音等。

(4) 统计(Statistics)，用于描述一个终端的统计信息，可以在一次呼叫完成后向 MGC 上报，也可以由 MGC 下发命令 AuditValue 查询相关的统计信息。

为了实现 MG 和 MGC 之间的相互操作，H.248 协议将这些可选项组合成包(Packages)。MGC 可以通过对终端进行审计来确定终端实现了哪些类型的包。

2) 关联

关联所描述的内容是一些终端之间的连接关系。如果一个关联中超过两个终端，那么关联就对终端之间的拓扑结构和媒体混合和(或)交换参数进行描述。空关联是一种特殊的关联，它包含所有那些与其他终端没有联系的终端。关联中能存在的最大终端数是由媒体网关的特性决定的。若媒体网关仅支持点到点连接，则每个关联仅支持两个终端；若媒体网关支持多点连接，则每个关联可支持多个终端。H.248 规定关联具有以下属性：

(1) 关联标识符(ContextID)，在网关范围内唯一标识一个关联。

(2) 拓扑(Topology)，表示关联中终端之间媒体的流向。

(3) 优先级(Priority)，标识 MG 对关联处理的优先级。级别为 0～15 级，其中，“0”为

最低级，“15”为最高级。

(4) 紧急呼叫标识符(Indicator of Emergency Call)，MG 优先处理使用紧急呼叫标识符的呼叫。

3) 事务(Transaction)

MG 和 MGC 之间的一组命令构成事务。一个事务可以由一个或多个动作(Action)组成，每个动作又由作用范围局限在同一个关联中的一个或多个命令组成。事务的交互可以保证对命令的有序处理，即在一个事务交互中的命令是顺序执行的，但并不保证各个事务交互之间的有序处理，即对一个事务交互的处理可以以任何顺序进行，也可以同时进行。

2. H.248 协议命令

H.248 协议定义了 8 个命令，如表 6-3 所示。这些命令用于对协议连接模型中的逻辑实体(关联和终端)进行操作和管理，提供了实现对关联和终端进行完全控制的机制。

表 6-3 H.248 协议命令名称及功能

命令名称	命令代码	描 述
Add	ADD	MGC→MG，增加一个终端到一个关联中，当向一个关联添加第一个终端时，同时创建一个关联
Modify	MOD	MGC→MG，修改一个终端的属性、事件和信号，指示检测相关的事件
Subtract	SUB	MGC→MG，从一个关联中删除一个终端，并把该终端放入空关联中。如关联中再没有其他的终端将删除此关联
Move	MOV	MGC→MG，将一个终端从一个关联移到另一个关联。不能用来将终端从空关联中移走和移入
AuditValue	AUD_VAL	MGC→MG，获取有关终端的当前特性、事件、信号和统计信息
AuditCapabilities	AUD_CAP	MGC→MG，获取 MG 所允许的终端的特性、事件和信号的所有可能值的信息
Notify	NTFY	MGC→MG，MG 将检测到的事件通知给 MGC
ServiceChange	SVC_CHG	MGC→MG/MG→MGC，MG 使用此命令向 MGC 报告一个终端或一组终端将要推出服务或者恢复服务；MG 也可以使用此命令向 MGC 进行注册，并且向 MGC 报告 MG 将要开始或者已经完成重新启动工作；同时，MGC 可以使用此命令通知 MG 将一个终端或一组终端进入服务或者退出服务

所有 H.248 协议命令都要接收者回送响应，响应有两种：Relay 和 Pending。

(1) Relay 表示已经完成了命令执行，返回执行成功或失败信息。

(2) Pending 表示命令正在处理，但仍然没有完成。当命令处理时间较长时，可以防止发送者重发事务请求。

3. 典型交互流程

1) 网关注册流程

H.248 媒体网关要开通业务首先要先向 MGC 注册，网关注册流程如图 6-17 所示。

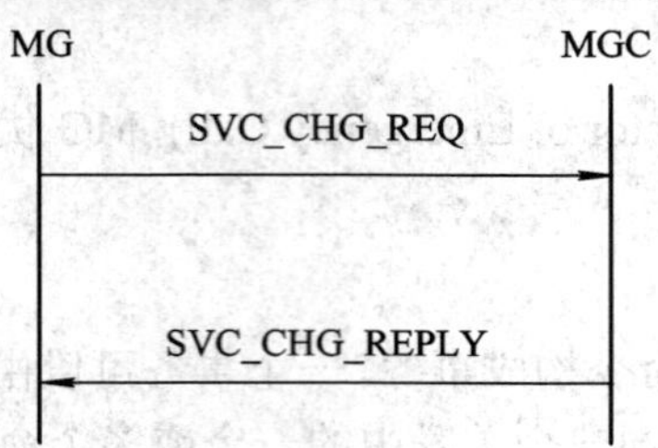

图 6-17　网关注册流程

MG 向 MGC 发送 SVC_CHG_REQ 命令进行注册，MGC 收到 MG 的注册消息后，回送响应 SVC_CHG_RERLY 给 MG。

2) AG-AG 呼叫建立流程

接入网关(Access Gateway，AG)负责用户终端的接入。图 6-18 给出了 AG-AG 的呼叫建立流程，该流程具体说明如下：

(1) MG1 检测到 User1 摘机，将此摘机事件通过 Notify 消息上报给 MGC，MGC 向 MG1 返回 Reply。

(2) MGC 向 MG1 发送 Modify 消息，向 MG1 发送号码表(Digitmap)，请求 MG1 放拨号音，MG1 向 MGC 返回 Reply 响应，并给 User1 送拨号音。

(3) User1 拨号，MG1 根据 MGC 所下发的号码表进行收号，并将所拨号码及匹配结果用 Notify 消息上报 MGC，MGC 向 MG1 返回 Reply。

(4) MGC 向 MG1 发送 Add 消息，在 MG 中创建一个新的关联，并在关联中加入 User1 的 termination 和 RTP termination，其中 RTP 的模式设置为 ReceiverOnly，并设置语音压缩算法；MG1 为所需 Add 的 RTP 分配资源 RTP1，并向 MGC 应答 Reply 消息，其中包括该 RTP1 的 IP 地址，采用的语言压缩算法和 RTP 端口号等。

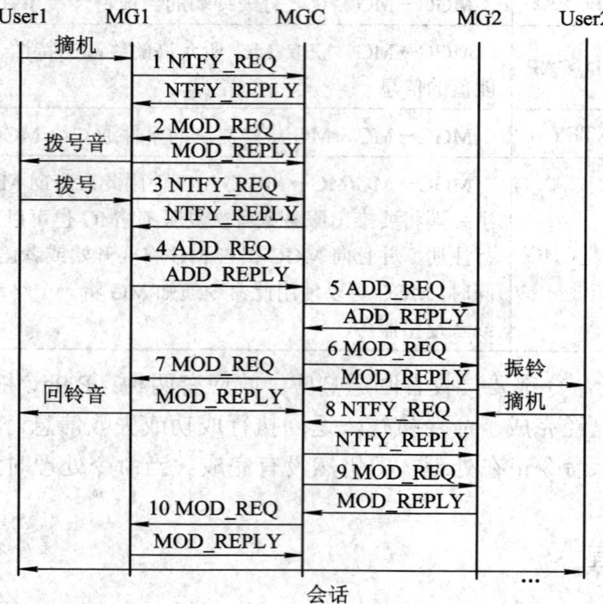

图 6-18　AG-AG 呼叫建立流程

(5) MGC 向 MG2 发送 Add 消息，在 MG2 创建一个新关联，在关联中加入 User2 的 termination 和 RTP termination，其中 RTP 的模式设置为 SendReceive，并设置远端 RTP 地址及端口号，语音压缩算法等；MG2 为所需 Add 的 RTP 分配资源 RTP2，并向 MGC 应答 Reply 消息，其中包括该 RTP2 的 IP 地址，采用的语音压缩算法和 RTP 端口号等。

(6) MGC 向 MG2 发送 Modify 消息，MG2 向被叫送振铃音，MG2 向 MGC 应答。

(7) MGC 向 MG1 发送 Modify 消息，让 User1 放回铃音，设置 RTP1 的模式为 SendReceive，并设置 RTP1 的远端 RTP 地址及端口号、语音压缩算法等，MG1 向 MGC 返回 Reply。

(8) MG2 检测到 User2 摘机，将此摘机事件通过 Notify 消息上报给 MGC，MGC 向 MG2 返回 Reply。

(9) MGC 向 MG2 发送 Modify 消息，让 MG2 检测 User2 的挂机、拍插簧事件，MG2 向 MGC 返回 Reply。

(10) MGC 向 MG1 发送 Modify 消息，让 User1 停回铃音，MG1 向 MG 返回 Reply，User1 和 User2 正常通话。

3) AG-AG 呼叫释放流程

图 6-19 给出了 AG-AG 采用互不控方式的呼叫释放流程，该流程具体说明如下：

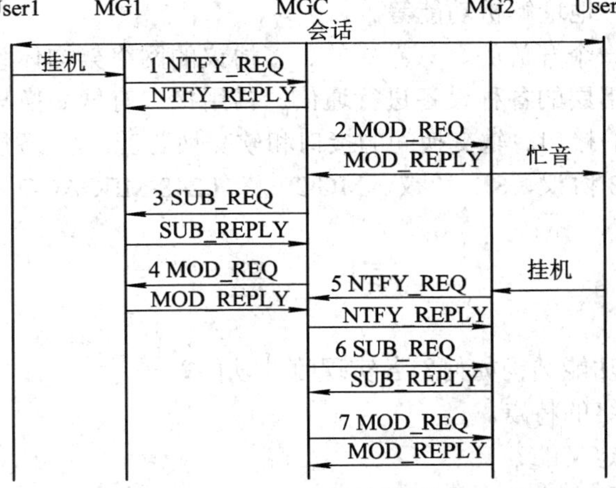

图 6-19　AG-AG 互不控方式呼叫释放流程

(1) MG1 检测到 User1 挂机，将此挂机事件通过 Notify 消息上报给 MGC，MGC 向 MG1 返回 Reply。

(2) MGC 向 MG2 发送 Modify 消息，让 MG2 对 User2 放忙音，MG2 向 MGC 返回 Reply 响应，并给 User2 送忙音。

(3) MGC 向 MG1 发送 Subtract 消息，释放 User1 和 RTP1，MG1 向 MGC 返回 Reply，释放资源，并向 MGC 上报呼叫的媒体流统计信息。

(4) MGC 向 MG1 发送 Modify 消息，让 MG1 检测 User1 挂机，MG1 向 MGC 返回 Reply。

(5) MG2 检测到 User2 的挂机，将此挂机事件通过 Notify 消息上报给 MGC，MGC 向 MG2 返回 Reply。

(6) MGC 向 MG2 发送 Subtract 消息，释放 User2 和 RTP2，MG2 向 MGC 返回 Reply，

并向 MGC 上报呼叫的媒体流统计信息。

(7) MGC 向 MG2 发送 Modify 消息，让 MG2 检测 User2 挂机，MG2 向 MGC 返回 Reply。

H.248/MEGACO 协议继承了 MGCP 的所有优点，在扩展性、互通性、QoS、安全性等方面更有优势，因此有取代 MGCP 的趋势。因此，该协议是软交换技术中的主流协议之一，在 NGN 中发挥着积极而重要的作用。

6.4 小　结

下一代网络是采用分层的全开放的网络，具有独立的模块化结构，是集语音、数据、多媒体等多种电信业务于一体的综合性的、全开放的网络平台体系，而软交换技术为下一代网络提供实时性业务的呼叫控制和连接控制功能。软交换技术作为业务/控制与传送/接入分离思想的体现，其核心思想是硬件软件化，通过软件方式实现原来交换机的控制、接续和业务处理等功能。

基于软交换技术的网络包括接入层、传输层、控制层和业务层，主要由媒体网关、信令网关、软交换设备、应用服务器、策略服务器、AAA 服务器等组成。软交换设备主要完成媒体网关接入功能、呼叫控制功能、业务提供功能、互通功能、资源管理功能、计费功能、认证与授权功能、地址解析功能等。

软交换网络作为一个开放的、分布式的、多协议的网络架构体系，必须采用标准协议和接口与接入层和应用层的各种设备进行通信。常用接口有软交换与媒体网关间的接口、软交换与信令网关间的接口、软交换间的接口和软交换与应用/业务层之间的接口。使用的接口协议主要有 H.323 协议、SIP 协议、MGCP 及 H.248/MEGACO 协议等。

习　题

1. 下一代网络的功能结构如何？各实现哪些功能？
2. 简述下一代网络的特点。
3. 软交换是如何定义的？
4. 绘图说明基于软交换技术的网络结构。
5. 软交换包括哪两种网关，主要功能是什么？
6. 软交换的主要协议有哪些，简要说明。
7. 比较 H.323 协议和 SIP。

参 考 文 献

[1] 卞佳丽. 现代交换原理与通信网技术. 北京：邮电大学出版社，2005.
[2] 郑少仁，罗国明，等. 现代交换原理与技术. 北京：电子工业出版社，2006.
[3] 毛京丽，李文海. 现代通信网. 2 版. 北京：北京邮电大学出版社，2007.
[4] 王喆，罗进文. 现代通信交换技术. 北京：人民邮电出版社，2008.
[5] 叶敏. 程控数字交换与现代通信网. 北京：人民邮电出版社，1998.
[6] 乐正友，杨为理. 程控交换与综合业务通信网. 北京：清华大学出版社，1999.
[7] 邮电部. 电话交换设备总技术规范书，YDN065-1997.
[8] 杨晋儒，吴立贞. No.7 信令系统技术手册. 北京：人民邮电出版社，2001.
[9] 邮电部. 中国国内电话网 No.7 信令方式技术规范(GF 001-9001). 北京：人民邮电出版社，1990.
[10] 陈锡生，糜正琨. 现代电信交换. 北京：北京邮电大学出版社，1999.
[11] 金慧文，陈建亚，等. 现代交换原理. 2 版. 北京：电子工业出版社，2005.
[12] 赵慧玲，叶华，等. 以软交换为核心的下一代网络技术. 北京：人民邮电出版社，2002.
[13] 糜正琨. No.7 公共信道信令系统. 北京：人民邮电出版社，1996.
[14] 中华人民共和国通信行业标准. 软交换设备总体技术要求. YD/T 1434-2006.
[15] 中华人民共和国通信行业标准. 第 1 部分：基于会话初始协议(SIP)的呼叫控制的应用. YD/T 1522.1-2006.
[16] 中华人民共和国通信行业标准. 第 2 部分：基于会话初始协议(SIP)的呼叫控制的应用. YD/T 1522.2-2006.
[17] 中国电信. MGCP 媒体网关控制协议(送审稿). 2003.
[18] 中国电信. H.248 媒体网关控制协议规范(暂行). 2007.
[19] 马虹. 现代通信交换技术. 北京：机械工业出版社，2010.

参考文献